普通高等教育"十二五"规划教材 公共课系列
中国科学院教材建设专家委员会"十二五"规划教材

Visual Basic 程序设计

高巍 姜楠 肖峰 主编

科学出版社
北京

内 容 简 介

Visual Basic 是一种具有良好的图形用户界面的程序设计语言，深受广大用户欢迎。本书在编写中采用案例驱动方式，力求加强程序设计基础训练，突出实用，提倡创新。

本书以程序结构为主线，介绍可视化程序设计的基本知识和编程方法。内容包括 Visual Basic 编程环境、窗体和基本控件、语言基础、程序结构、数组、过程、用户界面设计、图形、文件、数据库应用等。

本书可以作为高等院校非计算机专业学生的教材，也可作为广大计算机爱好者学习 Visual Basic 程序设计语言的参考书。

图书在版编目（CIP）数据

Visual Basic 程序设计/高巍，姜楠，肖峰主编. —北京：科学出版社，2012
ISBN 978-7-03-033227-1

Ⅰ.V… Ⅱ.①高… ② 姜… ③ 肖 Ⅲ. ①BASIC 语言-程序设计-高等学校-教材 Ⅳ.①TP312

中国版本图书馆 CIP 数据核字（2011）第 279655 号

责任编辑：陈晓萍 宋 丽／责任校对：耿 耘
责任印制：吕春珉／封面设计：北大彩印

科 学 出 版 社 出版
北京东黄城根北街16号
邮政编码：100717
http://www.sciencep.com

铭浩彩色印装有限公司 印刷

科学出版社发行 各地新华书店经销
*

2012 年 2 月第 一 版 开本：787×1092 1/16
2012 年 2 月第一次印刷 印张：17 3/4
字数：398 000

定价：30.00 元

（如有印装质量问题，我社负责调换〈骏杰〉）

销售部电话 010-62142126 编辑部电话 010-62135397-8003

本书编写人员

主　编　高巍　姜楠　肖峰

副主编　张立忠　张丽秋　张颜

参　编　王淮中　刘素丽　张特来

前　言

Visual Basic（简称 VB）语言是在 Basic 语言的基础上推出的，它继承了 Basic 简单易学的特点，同时又引入可视化图形用户界面的程序设计方法和面向对象的机制，具有易学易用、开发快捷、功能强大等特点，深受广大计算机专业人员和非专业人员的喜爱。

全书共分 10 章，内容安排如下。

第 1 章和第 2 章是入门知识篇，首先介绍了 VB 编程环境和面向对象设计的基本概念，为学习以后章节打下基础；然后介绍了 VB 的常用控件，如窗体、命令按钮、标签和文本框，使读者对 VB 有一个初步认识，并掌握其简单的应用。

第 3 章～第 6 章是 VB 语言基础篇，其中包括语法基础、程序结构、数组和过程，它们组成了 VB 语言的完整结构。

第 7 章是用户界面设计，内容涉及 VB 常用标准控件以及 VB 菜单、通用对话框和工具栏。通过学习，可以充分领略到 VB 丰富的功能，进一步提高应用 VB 语言编程的技巧。

第 8 章～第 10 章代表了 VB 编程的三个应用方向，即设计图形应用程序、设计文件应用程序和设计数据库应用程序。

本书具有以下特点。

1. 突出实用、力求创新。本书没有面面俱到地罗列 VB 的所有功能，而是本着实用性的原则对内容有所取舍。书中介绍了大量的 VB 的编程实例，对所讲述的原理、概念加以辅助说明，读者可以通过这些实例加深对 VB 编程的基本原理、方法的掌握与理解。

2. 突出"程序设计"主题。本书针对初学者，在内容体系结构的安排上，符合学习计算机编程知识的要求。

3. 采用案例驱动方式，在介绍常用控件、菜单、文件、图形设计等功能时，采用的实例都围绕简单应用程序进行剖析。通过这些实例，并加以编程实现，读者可以掌握 VB 可视化程序的通用方法与步骤，为以后学习其他面向对象编程语言打下坚实的基础。

另外，与本书配套使用的《Visual Basic 程序设计习题与上机指导》（高巍等主编，科学出版社）同时出版。

本书虽经多次讨论并反复修改，但限于作者水平，不当之处仍在所难免，恳请广大读者指正。

目　　录

第 1 章 Visual Basic 6.0 概述

本章要点

- VB 6.0 的功能及其特点
- VB 6.0 的集成开发环境
- 创建一个 VB 6.0 的应用程序
- VB 6.0 的术语及相关概念

本章学习目标

- 了解 VB 6.0 的功能及其特点
- 了解 VB 6.0 的集成开发环境
- 初步熟悉窗体、标签和文本框等基本控件的应用
- 掌握 VB 6.0 程序设计的步骤

1.1 Visual Basic 语言介绍

Basic 语言出现于 20 世纪 60 年代，英文全名是 "Beginner's All-Purpose Symbolic Instruction Code"，含义就是"适用于初学者的多功能符号指令码"。BASIC 语言简单、易学，很快就普遍流行起来。20 世纪 80 年代，较有影响的有 True Basic、Quick Basic 和 Turbo Basic 等。

"Visual" 指的是采用可视化的开发图形用户界面（GUI）的方法，一般不需要编写大量代码去描述界面元素的外观和位置，而只要把需要的控件拖放到界面相应位置即可。1991 年 Microsoft 公司推出的 Visual Basic（以下简称 VB）1.0 是一种 Windows 应用程序开发工具，它以可视化工具为界面设计、结构化 Basic 语言为基础，以事件驱动为运行机制。

最初版本的 VB 容量小、简单易学，适合初学者，经过多次版本升级，它的功能也更强大、更完善，应用面更广。目前，功能最为强大的是 VB.NET。VB 是 Microsoft 公司推出的，是当今世界上使用非常广泛的编程语言之一，它也被公认为是编程效率最高的一种编程方法。无论是开发功能强大、性能可靠的商务软件，还是编写能处理实际问题的实用小程序，VB 都是最快速、最简便的方法。

VB 提供了学习版、专业版和企业版，用于满足不同的开发需要。学习版使编程人员很容易地开发 Windows 和 Windows NT 的应用程序；专业版为专业编程人员提供了功能完备的开发工具；企业版允许专业人员以小组的形式来创建强健的分布式应用程序。

1.2 典型 Visual Basic 案例

VB 是一种功能强大的语言，用户所能想到的编程任务，它基本都能完成。从设计新型的用户界面到利用其他应用程序的对象；从处理文字图像到使用数据库；从开发个人或小组使用的小工具，到大型企业应用系统，甚至通过 Internet 的遍及全球分布式应用程序，都可在 VB 提供的工具中各取所需。

VB 是微软公司的一种通用程序设计语言，甚至包含在 Microsoft Excel、Microsoft Access 等众多 Windows 应用软件中的 VBA 都使用 VB 语言，以供用户二次开发；目前，制作网页使用较多的 VBScript 脚本语言也是 VB 的子集。

利用 VB 的数据访问特性，用户可以对包括 Microsoft SQL Server 和其他企业数据库在内的大部分数据库格式创建数据库和前端应用程序，以及可调整的服务器端部件。利用 ActiveXTM 技术，VB 可使用如 Microsoft Word、Microsoft Excel 及其他 Windows 应用程序提供的功能，甚至可直接使用 VB 专业版和企业版创建的应用程序对象。

下面用几个实例来说明 VB 的应用领域。

1.2.1 拼图游戏软件

益智游戏为广大网民所喜爱，尽管其看似简单，但既可开动脑筋，又能起到放松的作用，是大家休闲娱乐时的最佳选择，常见的有拼图游戏、俄罗斯方块、贪吃蛇、五子棋、扫雷等。在编写拼图游戏软件时，需要先深入理解游戏中的一些规则，将这些规则转变为 VB 所识别的算法语言，其次再设计图形界面，用一些绘图工具设计时，尽量要考虑界面给人的舒适性。

益智程序在编写的过程中主要是对鼠标和键盘操作的有效识别，一些拼图游戏的大部分操作是通过鼠标操作的，编写算法以实现界面的显示、关闭和移动，还有图片的加载与分割也需通过算法所实现，并且可以通过鼠标的点击来移动子图片。此外，还得加入设置选项，该选项可调节游戏的难度及更换其他图片。

总而言之，用 VB 开发游戏可大大减少编程难度，再加上其具有可视化界面设计的能力，所以为一些游戏编程者所看好。

1.2.2 加密软件

目前网络随处可见各种加密软件，其中有一些就是 VB 所编写的，如按字节倒排序法加密的加密软件。在编这个程序时需掌握加密算法，即可将文本中的字符读出并将其转换为计算机所识别的二进制串，然后将该二进制串按字节逐位倒排序成另一个二进制字符串，最后将该串转换成十进制存入文本中的相应位置，这就完成了一个字节的加密。重复上述步骤即可完成文本中所有字节的加密。

为使用户操作更方便，需设计用户图形界面，该界面应该有输入区域，加密显示区域及解密显示区域和相应的按钮。因为解密算法本身就是加密算法的逆过程，故想解密只需再运行加密程序即可。当然，这只是一个很简单的加密软件，通过逐步对 VB 语言的学习，能够了解更多、更复杂的加密软件的实现过程。

1.2.3　图片浏览器

用 VB 编写图片浏览器不仅快捷方便，而且利用 VB 自带的工具可以制作出形象、生动的图片浏览器。例如，从当前目录中过滤出图片格式文件（gif、jpg、bmp、ico 等），用 VB 自带的工具就可以轻松地实现上述功能，在打开目录时就只会显示图片格式的文件，节省了不少的时间。此外，还可实现将当前目录下的图片按分页的方式显示，此功能也不用进行编程，只需用 VB 自带的工具就可实现，并能修改每页图片显示的数量，以缩放预览的方式显示图片。

图片浏览器的基本功能实现后，剩下的就是图形界面的设计，界面的布局设计是：上方包括菜单及常用工具栏，左侧显示目录结构树，右侧为显示图片区域（图片预览区），下方为状态栏，用来显示简单的图片信息，如图片的存储路径、大小及格式等。

通过上述步骤，一个完整的图片浏览器软件就完成了。由此可知，利用 VB 所拥有的一些工具可大大压缩编程周期，省掉一些没必要的代码，且编出来的软件功能齐全。

1.2.4　学生信息管理系统

随着计算机技术和网络技术的飞速发展，计算机早已深入到人们生活的各个方面，计算机的应用不再是简单的文字处理和最初的科学计算，更多的是利用计算机来进行管理，从而提高工作效率。计算机的应用对于学校而言，也为办学提出了新的模式。但一直以来，学校使用传统人工的方式进行管理，这种管理方式存在着许多缺点，如效率低、保密性差，另外，时间一长，将产生大量的文件和数据，给查找、更新和维护带来了不少的困难。

采用学生信息管理系统，可以帮助学校、老师方便、快捷地掌握学生的情况，实现学生信息的系统化、规范化、自动化，达到提高学生信息管理效率的目的。学生信息管理系统将学生信息、课程信息、选课信息紧密地联系起来，后台的数据连接是通过数据库来完成的，而前台的用户界面和一些功能的实现则可用 VB 来完成。

从学校来看，使用该系统时需管理者对学生、课程、选课的信息进行添加，还需对学生、课程、选课的信息做及时的更新，当然，管理者通过登录后设定个人密码，以防他人随意更改。为了完成这些功能，设计如下应用程序。

管理员打开该系统时，首先显示的是登录窗口，输入账号和密码后，与数据库中存放的管理员信息相对比，如果经过核对后发现密码错误就会作出相应提示，只有密码正确时才会进入主窗口。

进入主窗口后单击学生信息管理项，可对学生信息进行添加、更改及删除。同理，可以对课程信息和选课信息进行相同的操作。

当所有信息都添加进数据库后就可以进行查询，单击学生、课程、选课信息查询项，进入各界面，如输入学生姓名或学号即可找到该学生的相关信息，其他亦然。

学生信息管理系统是一个典型的数据库应用程序，可使用 VB 的数据库访问技术设计并实现。由于当今社会对该类程序的应用非常广泛，所以 VB 在人类的生产生活中将扮演着十分重要的角色。

1.3   Visual Basic 开发环境

VB 是伴随 Windows 操作系统而发展的,在中国使用较广的版本有 VB 4.0、VB 5.0、VB 6.0。

VB 4.0 是为配合 Windows 95 的问世于 1995 年推出的,既可用于编写 Windows 3.X 平台的 16 位应用程序,也可编写 Windows 95 平台的 32 位应用程序;VB 5.0 主要用于编写 Windows 95 平台的 32 位应用程序,较之 VB 4.0 主要扩展了数据库、ActiveX 和 Internet 方面的功能;VB 6.0 是与 Windows 98 配合于 1998 年推出的,进一步加强了数据库、Internet 和创建控件方面的功能。下面介绍 VB 6.0 集成开发环境的主要组成部分。

启动 VB6.0 后,显示如图 1.1 所示的"新建工程"对话框,该对话框中有三个选项卡,即"新建"、"现存"和"最新"。

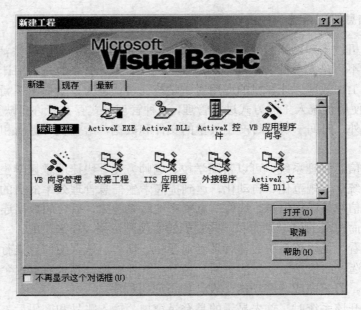

图 1.1   "新建工程"对话框

"新建"选项卡中列出了 13 种工程类型供选择,可以根据用户的需要选择工程类型,默认的是"标准 EXE"工程;"现存"选项卡中列出了可以选择和打开的现有工程;"最新"选项卡列出了最近使用过的工程。

在"新建"选项卡中选择新建一个"标准 EXE"工程,就可以进入 VB 6.0 的主界面,如图 1.2 所示,在集成开发环境中可以进行程序设计、编辑、编译和调试等工作,该界面内有多个独立的小窗口,这些小窗口的大小和位置都可根据需要自行调节,这些子窗口也可以被打开或关闭。

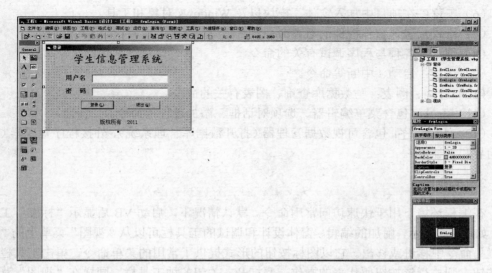

图 1.2 VB 6.0 的主界面

VB 6.0 集成开发环境（Integrated Developing Environment，IDE）由以下元素组成。

1. 标题栏

标题栏用于显示正在开发或调试的工程名和系统的工作状态（设计态、运行态、中断态），位于最上方。当标题栏显示"设计"状态时，可以进行程序的设计；当标题栏显示"运行"状态时，用户可以看到程序运行的结果；当标题栏显示"break"状态时，用户可以查看程序运行的中间结果，如图 1.3 所示。

图 1.3 标题栏

2. 菜单栏

菜单栏用于显示所使用的 VB 6.0 命令。VB 6.0 标准菜单包括 13 个菜单项，每个菜单项都有一个下拉菜单，内含若干个菜单命令，单击某个菜单项，即可打开该菜单，单击某个菜单中的某一条，就执行相应的命令，如图 1.4 所示。

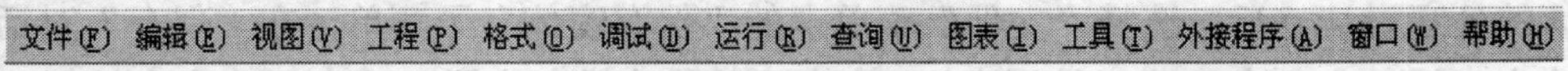

文件(F) 编辑(E) 视图(V) 工程(P) 格式(O) 调试(D) 运行(R) 查询(U) 图表(I) 工具(T) 外接程序(A) 窗口(W) 帮助(H)

图 1.4 菜单栏

（1）文件：包含项目的打开、保存以及生成 EXE 文件等。
（2）编辑：包含复制、粘贴、撤销等。
（3）视图：包含关闭、打开各种窗口、工具栏。
（4）窗口：包含窗口布局命令。
（5）帮助：包含帮助信息。

（6）工程：在项目中加入窗体、模块以及 Windows 对象和工具。

（7）格式：包含窗体控件的对齐命令。

（8）调试：各种与程序调试有关的命令。

（9）运行：启动、中断等命令。

（10）查询、图表：与数据库查询、图表有关的命令。

（11）工具：包含菜单编辑器、选项对话框、添加过程等命令。

（12）外接程序：包含可视数据管理器（打开数据库管理系统）、外接程序管理器（多种向导和设计器）。

3．工具栏

在编程环境下用于快速访问常用命令。默认情况下，启动 VB 后显示"标准"工具栏，如图 1.5 所示，附加的编辑、窗体设计和调试的工具栏可以从"视图"菜单上的"工具栏"命令中移进或移出。它以图标按钮的形式提供了常用的菜单命令，单击工具栏上的按钮，则执行该按钮所代表的操作。要打开、关闭各种工具栏，同样在"视图"菜单上的"工具栏"的子菜单中选择。选择"自定义"，可打开"自定义"对话框，内有以下三个选项卡。

（1）工具栏选项卡——用来指定显示哪个工具栏；更名、删除或生成新的工具栏。

（2）命令选项卡——包含主菜单选项和一列已选中选项的命令。

（3）选项选项卡——可以指定所有工具栏的常规选项。

图 1.5　工具栏

4．窗体设计器

窗体设计器用来设计应用程序的界面。启动 VB 后，窗体设计器中自动出现一个名为 Form1 的空白窗体，可以在该窗体中添加控件、图形和图片等来创建所希望的外观，窗体的外观设计好后，选择"文件"菜单上的"保存窗体"子菜单，在"保存"对话框中给出合适的文件名（注意扩展名），并选择所需的保存位置，单击"确定"按钮。需要再设计另一个窗体时，单击工具栏上的"添加窗体"按钮即可，一个工程可包含若干个窗体，每一个窗体必须有一个窗体名字即其 NAME（中文版中的"名称"）属性。建立窗体时默认名字为 Form1、Form2……应注意它与窗体文件名的区别。该窗口是用来对应用程序设计可视化界面时使用的，在窗口中可添加各种对象并可直接观察程序运行时的界面，体现出了 VB 的可视化编程思想。

5. 控件（工具）箱

由一组控件按钮组成，用于设计时在窗体中放置控件，当设计图形界面时，比如用于输入的文本框、用于选中的单选按钮或多选按钮，就用到了这些控件。除了默认的工具箱布局之外，还可以通过从上下文菜单中选定"添加"选项卡，并在"结果"选项卡中添加控件来创建自定义布局。工具箱上有 20 个标准控件图标，如图 1.6 所示，将这些控件放在窗体上，生成应用程序的用户接口，用以实现人机对话。除标准控件外，用户可以根据需要添加其他控件，只需要在工具箱的空白处右击，在弹出的快捷菜单中选择"部件"命令，则弹出"部件"对话框，然后在该对话框中选择要添加的控件即可。如果工具箱窗口关闭了，可以使用工具栏按钮或"视图"菜单中的"工具箱"子菜单来打开。

6. 工程资源管理器窗口

工程资源管理器窗口用于浏览工程中所包含的窗体和模块，还可以从中查看代码、对象，只需单击工程资源管理器中的三个按钮。在此，首先介绍"工程"的概念，VB 把一个应用程序称为一个工程（project），而一个工程又是各种类型的文件的集合，这些文件包括工程文件（.vbp）、窗体文件（.frm）、标准模块文件（.bas）、类模块文件（.cls）、资源文件（.res）、ActiveX 文档（.dob）、ActiveX 控件（.ocx）、用户控件文件（.ctl）、属性页文件（.pag）。当然，在创建一个工程时不需要将上述文件都包括进去，但至少要包含两个文件，即工程文件（.vbp）和窗体文件（.frm）。

至于一个工程要包括多少种文件，由程序设计的复杂程度来决定。工程窗口中列出了当前工程所包含的所有文件，方便查看，图 1.7 所示为启动 VB 后建立的一个工程结构。

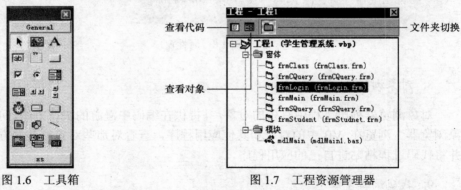

图 1.6 工具箱 图 1.7 工程资源管理器

打开工程资源管理器的方法如下。

（1）按 Ctrl+R 组合键。

（2）选中"视图"菜单中的"工程资源管理器"子菜单项。

（3）在工具栏中单击"工程资源管理器"按钮。

7. 属性窗口

属性窗口是 VB 中一个比较复杂的窗口，其中列出了对选定窗体和控件的属性设置值，如图 1.8 所示。VB 中正是通过改变属性来改变对象的特征，如大小、标题或颜色。

其中，对象下拉列表用来选择对象；显示方式选项卡有两个，用来决定属性列表中属性是分类排列，还是直接按字母顺序排列；而在属性列表框中选中一个属性名，就可以修改它的值的设置；在属性说明区对属性的含义作了进一步的说明。

打开属性窗口的方法如下。

（1）按下 F4 键。

（2）单击工具栏中的"属性窗口"按钮。

（3）选中"视图"菜单中的"属性窗口"子菜单项。

（4）右击对象，在其快捷菜单中选"属性窗口"项。

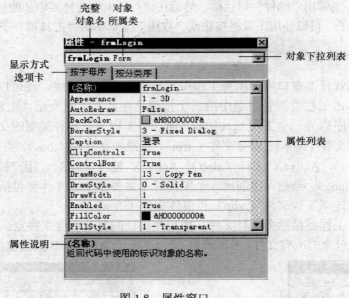

图 1.8　属性窗口

8. 对象浏览器

对象浏览器列出工程中有效的对象，并提供在编码中漫游的快速方法。可以使用"对象浏览器"浏览在 VB 中的对象和其他应用程序，查看对那些对象有效的方法和属性，并将代码过程粘贴进自己的应用程序。

9. 代码编辑窗口

代码编辑窗口是显示和编辑代码的窗口，应用程序中的每一个窗体或标准模块都有一个对应的代码编辑窗口。进入代码编辑窗口有如下几种方法。

（1）右击窗体中的对象，从工程资源管理器中单击"查看代码"按钮。

（2）双击窗体或窗体上的控件。

（3）右击窗体，在快捷菜单中选择"查看代码"命令。

（4）单击"视图"菜单中的"代码窗口"子菜单项。

代码窗口如图 1.9 所示，其中包含如下对象。

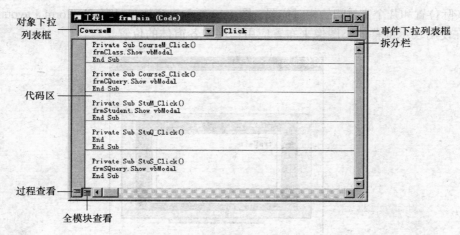

图 1.9　"代码编辑"窗口

（1）对象下拉列表框。在这里列出当前窗体及其上的所有控件的名字。其中，"通用"表示该模块中的通用代码，在此声明模块级变量或用户编写的自定义过程。

（2）过程下拉列表框。列出选中对象的所有事件过程。其中，"声明"表示声明模块级变量。

（3）代码区。在这里编写程序代码。当在对象下拉列表框中选好了一个对象，又在过程下拉列表框中选好了一个过程名之后，在代码区就自动生成一个事件过程模板（过程的开头和结尾语句），在头尾语句之间输入代码即可。

（4）拆分栏。拉动拆分栏即可把代码区分为上下两部分，可以同时对代码的不同部分进行修改，并作对照检查。

（5）"过程查看"按钮。选中该按钮，代码区中仅显示当前过程的代码。

（6）"全模块查看"按钮。选中该按钮，代码区中显示当前模块中所有过程代码。

此外，为了方便代码的编辑和修改，VB 还具有自动提示和语法检查功能。VB 提供了"自动列出成员特性"、"自动显示快速信息"、"自动语法检查"等功能。这些功能的打开或关闭，需要在"选项"对话框（用"工具"菜单中的"选项"命令可打开该对话框）中进行设置。

（1）自动列出成员特性。在编写代码时，只要在一个对象名后加上一个小数点，系统马上就会自动列出这个对象所有的属性和方法供用户选择。只要键入属性名和方法名头几个字母，系统就会选中它，这时按住 Tab 键，空格键或双击它即可完成该成员名的输入。该功能也可用 Ctrl+J 组合键得到。

（2）自动显示快速信息。当在代码窗口输入一个合法的语句或函数名后，其语法格式立即显示当前行的下面，用黑字体显示它的第一个参数；输完第一个参数，第二个参数马上变为黑体。该功能也可用 Ctrl+I 组合键得到。

（3）自动语法检查。当输完一行代码按 Enter 键后，如果该行代码中有错，系统就会出现警告对话框，并将该语句变成红色。

10. 窗体布局窗口

通过窗体布局窗口中调整各个窗体相对于屏幕的位置来决定程序运行时窗体显示

的实际位置和几个窗体间的相对位置，图 1.10 所示为窗体布局窗口。Form Layout window 允许使用表示屏幕的小图像来布置应用程序中各窗体的位置。

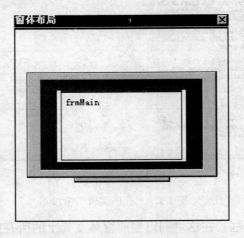

图 1.10   "窗口布局"窗口

11. 立即、本地和监视窗口

这些附加窗口是为调试应用程序提供的，它们只在 IDE 之中运行应用程序时才有效。

1.4   Visual Basic 应用程序开发过程

一个 VB 程序也称为一个工程，由窗体、标准模块、自定义控件及应用所需的环境设置组成。开发步骤一般如下。

（1）新建一个工程。

（2）创建程序的用户界面。

（3）设置界面上各个对象的属性。

（4）编写对象响应事件的程序代码。

（5）调试并运行应用程序，排除错误。

（6）保存工程。

（7）创建可执行程序。

例 1.1   设计一个在窗口中显示欢迎词的简单小程序。

首先在窗体上设计一个标签、"欢迎"按钮和"退出"按钮，启动窗体时显示"这是我的第一个程序"。如果单击"欢迎"按钮，则显示内容改变为"欢迎使用 VisualBasic6.0！"；单击"退出"按钮将程序关闭。

在开始编程之前，先在计算机上建立一个文件夹，更名为 test。

1.4.1   建立新工程

先前已经讲过，VB 应用程序的所有资源都由一个工程来管理，在编写一个应用程序时，首先创建一个新的工程。单击"文件"中的"新建工程"项，弹出如图 1.1 所示的对话框,在默认状态下单击"打开"即可自动建立一个包含一个窗体的新工程。

1.4.2　设计用户界面

首先要建立的是一个欢迎界面,欢迎词为"欢迎使用 VB 6.0"。单击工程窗口中的窗体文件"Form1"选项,即可选中该窗体,如想调整窗体大小,选中需要调整的窗体,窗体上便会出现八个深蓝色的手柄,将鼠标放在手柄上,然后长按鼠标左键拖曳,直到窗体的大小达到适合程度即可放开鼠标左键;通过单击窗体内部控件并拖动至任意位置,可以移动当前控件。此种方法可适用所有可见的控件。下面来设计用户界面,具体步骤如下所述。

1.　添加控件

(1)用鼠标单击工具箱中的 Label(标签)控件,然后用鼠标画出该控件,或双击工具箱中的 Label 控件即可出现在窗体上。

(2)用鼠标单击工具箱中的 CommandButton(按钮)控件,同样用鼠标在窗体中画出该控件。

(3)重复步骤(2)。

此时,窗体上就有了三个控件,即一个标签和两个按钮。这些控件的名称都是系统默认的,如标签的名称为 Label1,两个按钮的名称分别为 Command1 和 Command2。

为了方便和快捷,有时用户在设计多个相同的控件时,可对控件进行复制,这时只需单击一个已添加的控件,然后按下 Ctrl+C 组合键复制当前控件,最后按下 Ctrl+V 组合键即可复制在当前窗体中。这样窗体上就会出现一个与当前控件外形一样的同类控件,只不过该控件与被复制的控件的"名称"属性值不同。

注　意

如果在"是否创建控件数组"对话框中选择了"是",则会创建一个控件数组。该控件数组与被复制控件的"名称"属性值就会相同,而 Index 属性值不同。关于控件数组的概念可在第 5 章中学到,在此不再作出解释。

2.　属性值的设置

每个控件的属性开始都是默认的,用户可根据程序的要求自行在属性窗口更改属性的值,或在运行状态下用程序代码设置控件的属性,图 1.11 所示为第一个窗体设计的效果。

在设计用户界面时,想要调整控件属性必须先将要调节的控件的属性显示在属性窗体上,可以采用两种方法达到目的。第一种是在窗体设计器窗口中单击对象;第二种是在属性窗口的对象下拉列表框中选择该对象。然后就可以对该控件属性进行修改了,在修改属性值时,通常会碰到如下三种情形。

(1)直接修改属性值。在属性窗口中单击要修改的属性名,然后对其后的值进行删除,再键入新的值即可。

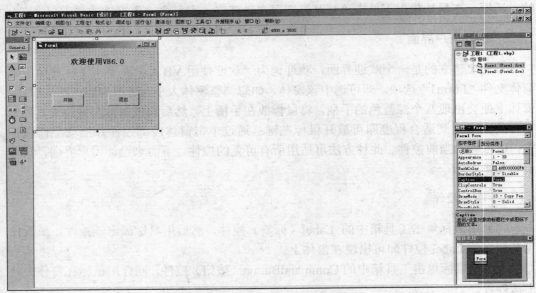

图 1.11   第一个窗体设计效果图

（2）单击下拉列表框选择特定的属性值。在属性窗口中，对于某些属性不能对其值直接进行修改，而只能选择特定的值，此时单击属性名，在其右栏中有一个下拉按钮，单击该按钮即可从下拉列表中选出需要的属性值。

（3）运用对话框设置属性值。在属性窗口中单击属性名，在其右栏出现"…"按钮。单击该按钮，在弹出的对话框中设置合适的属性值，然后单击"确定"按钮。

除了在属性窗口修改控件属性外，还可用代码对控件的属性值进行修改，格式如下。

     对象名称.属性名称=属性值

例如，在这个程序中设计的欢迎窗口中的 Label1 标签标题可设置为"这是我的第一个程序！"，代码如下。

     Label1.Caption="这是我的第一个程序！"

程序中各控件的属性设置如表 1.1 所示。

表 1.1   控件属性值的设置

对象类型	对象名	属 性	属性值
窗口	Form1	Caption	欢迎
标签	Label1	Caption	这是我的第一个程序！
按钮	Command1	Caption	欢迎
按钮	Command2	Caption	退出

窗体设计效果如图 1.12 所示。

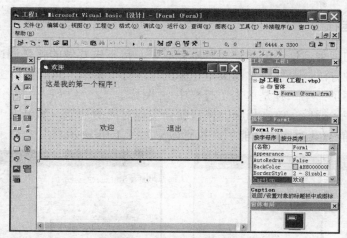

图 1.12　窗体设计效果图

1.4.3　程序代码的编写

将所有的用户界面都设计好后，并不代表程序的编写就完成了，这仅仅是给程序披上了华丽的外表，而其内部却空无一物。例如，现在单击第一个窗体中的"欢迎"和"退出"按钮时不会有丝毫反应。这就需要为每个控件编写代码，使其具有一定的功能。在该程序中的第一个窗体中有两个按钮，它们分别要实现两个功能：单击"开始"按钮就会在屏幕上显示"欢迎使用 VisualBasic6.0"；单击"退出"按钮就应该关闭窗口。在此需要了解一下 VB 程序事件驱动的工作方式，第一个窗体中应该对两个事件作出处理，一个是"欢迎"按钮的鼠标单击事件和"退出"按钮的鼠标单击事件，此事件叫做 Click 事件。下面就这两个事件给出程序的编码过程。

1. "欢迎"按钮的 Click 事件过程

用鼠标双击对象窗口中的"欢迎"按钮，就会打开该控件的代码窗口，然后在该按钮的 Click 事件过程中输入语句 Label1.Caption = "欢迎使用 VisualBasic6.0！"，如图 1.13（a）所示，该语句的功能是将标签 Label1 中显示的文字设置为"欢迎使用 VisualBasic6.0！"。

2. "退出"按钮的 Click 事件过程

与"欢迎"按钮的操作基本一样，如图 1.13（b）所示，输入语句为 End，该语句实现程序的结束功能。

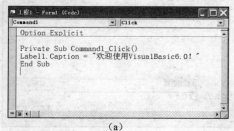

（a）

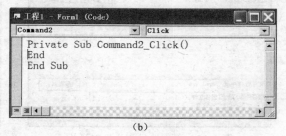

（b）

图 1.13　代码编辑窗口

1.4.4　程序的运行

经过前面的步骤，程序的设计就基本完成了，接下来要做的就是调试和运行程序。运行程序有两种方法：一种是单击菜单栏中的"运行"菜单，然后再单击"启动"按钮就可以执行程序了；第二种是单击工具栏中 ▶ 图标。

这样，程序运行后，单击相应的按钮就会实现对应的功能，如单击"欢迎"按钮和"退出"按钮就能有其对应的功能了，执行效果如图 1.14 所示。

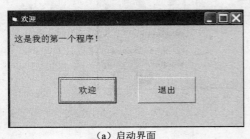 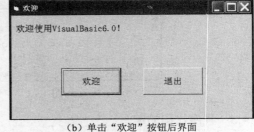

（a）启动界面   （b）单击"欢迎"按钮后界面

图 1.14 　执行效果

1.4.5　保存工程

编程者在编写程序时要养成随时保存的好习惯，以防丢失程序。在保存应用程序时，一般有如下几种方法。

1.　保存窗体文件

首先单击"文件"菜单中的"保存工程"选项或单击工具栏中的 🖫 图标，还可以右击工程资源管理器中的窗体文件，在其下拉快捷菜单中选择"保存 Form1"，就会弹出如图 1.15 所示的"文件另存为"对话框，提示保存窗体文件。此时窗体文件的名称为默认的文件名"Form1"，用户可根据需要给出其适当的名称，然后单击"保存"按钮，继续下一步操作。

2.　保存工程

当窗体文件保存完后就会弹出如图 1.16 所示的"工程另存为"对话框，进行工程文件的保存。此时的工程文件的名称为默认的文件名"工程 1"，用户可根据需要给出其适当的名称。最后，单击"保存"按钮就完成了程序的保存。

 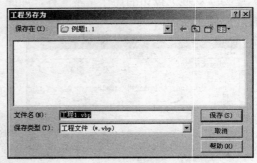

图 1.15 　"文件另存为"对话框   图 1.16 　"工程另存为"对话框

1.4.6　生成可执行文件 EXE

虽然在 VB 6.0 的集成环境中可以执行该程序，但一旦脱离该集成环境，程序就不能再执行了，这就需要生成可执行文件 EXE。为了在 Windows 环境下无需任何编程，仅双击该程序的 EXE 文件就可执行，需要对该程序进行可执行文件生成，单击"文件"菜单中的"生成工程 1.exe"选项，弹出"生成工程"对话框，在默认情况下，该可执行文件的名称与工程名同名，可根据用户的需求对名称作出相应更改，最后将该 EXE 文件存储在硬盘的合适位置，单击"确定"按钮就生成了该程序的可执行文件。这样，用户只需双击计算机中的 EXE 文件就可运行该程序，或将该可执行文件复制在其他安装有 Windows 操作系统的计算机中，也能直接执行。

1.5　面向对象基础

VB 采用的是面向对象、事件驱动编程机制，不像传统编程方式，必须得面向过程、按顺序进行编程的方法。这样，程序员按照事件驱动方式工作，只需编写一些事件代码，就可实现程序的功能，如单击事件。此外，VB 还提供了许多"控件"，可以方便、快捷地建立应用程序，去掉了一些冗余的操作。

面向对象程序设计方法不同于标准的过程化程序设计。程序设计人员在进行面向对象的程序设计时，不再是从代码的第一行一直编到最后一行，而是考虑如何创建对象，利用对象来简化程序设计，提供代码的可重用性。对象之间的相互作用通过消息来实现。在 VB 6.0 集成环境中窗体、控件等都是对象，对象可以用控件来创建。

1.5.1　基本术语

1. 对象和对象类

在变量、数组、语句、函数、子过程等基础上，引入新的程序元素：对象和类。对象是基本运行时的实体，如窗体、各种控件等，它包括作用于对象的操作（方法）和对象的响应（事件）。

从对象的角度看问题，数据和操作不再是分离的，而是封装于一体中，属性保存数据，方法完成操作。这样，对象就具有较强的独立性和自治性，不仅符合客观事物的本质，而且具有很好的模块性，为软件重用奠定了坚实的基础。

对象是代码和数据的组合，可以作为一个单位来处理。对象可以是应用程序的一部分，如可以是控件或窗体。整个应用程序也是一个对象。

类是一个抽象的整体概念，对象是类的实例化。类与对象是面向对象程序设计语言的基础。

VB 中的每个对象都是用类定义的。用饼干模子和饼干之间的关系作比喻，就会明白对象和它的类之间的关系。饼干模子是类，它确定了每块饼干的特征，如大小和形状。用类创建对象，对象就是饼干。类是面向对象程序设计的核心技术，可以理解成一种定义了对象行为和外观的模板；把对象看作是类的原原本本的复制品。

VB 是一个以对象为基础的程序设计语言，处处都有对象的存在，下面列出几种常用的对象类型。

窗体：VB 工程中的每一个窗体都是一个独立的对象。

控件：窗体上的控件，如按钮或文本框，它们都是对象。

数据库：数据库是对象，查询出来的记录集是对象，包含的字段也是对象。

外部程序提供的对象，Word 文档或 Excel 中的图标都是对象。

自定义对象：将某些数据库和代码组织成类，然后使用，如计数器对象，可以使用对象浏览器显示工程和对象库中所有的类，包括控件和自定义的类。

类具有继承性、封装性、多态性、抽象性。

2. 属性

属性是对象中的数据，是对对象特性的描述，所有对象都有自己的属性。它们是用来描述和反映对象特征的参数，例如，控件名称（Name）、标题（Caption）、颜色（Color）、字体（FontName）等属性决定了对象展现给用户的界面具有什么样的外观及功能。

VB 中为每一类对象都规定了若干属性，设计中可以改变具体对象的属性值，如窗体的背景颜色、高度与宽度。

例如，一个标签对象的属性。

Caption：标题，指标签的文字内容。

ForeColor：前景颜色，指文字的颜色。

BackColor：背景色，指标签的底色。

Font：字体，指文字的字体。

3. 事件（Event）

事件是 VB 预先设置好的、能被对象识别的动作，即发生在对象上的事情。例如，按钮的单击 Click、键盘按下 KeyPress 事件等。

在 VB 中事件的调用形式如下：

```
Private Sub 对象名_事件名
    (事件内容)
End Sub
```

例如，

```
Sub  cmdOk_Click()
    cmdOk.FontSize=20      '设置命令按钮的字体大小为20
End Sub
```

4. 方法（Method）

方法指的是控制对象动作行为的方式。它是对象本身内含的函数或过程，也是一个动作，是一个简单的不必知道细节的无法改变的事件，但不称为事件；同样，方法也不是随意的，一些对象有一些特定的方法。在 VB 里方法的调用形式如下：

[对象.]方法[参数列表]

如省略对象，表示当前对象，一般指窗体。

5.　控件

VB 为用户预先定义好的，在程序中能够直接使用的对象，称为控件。常见的控件有以下两种。

（1）标准控件（也称为内部控件）。启动 VB 后，内部控件就出现在工具箱中，既不能添加，也不能删除。

（2）ActiveX 控件。这类控件保存在.ocx 类型的文件中，这些控件用于完成特定的动作。

控件的命名：在一般情况下，窗体和控件都有默认值，如 Forml、Command1、Text1 等。在应用程序中使用约定的前缀，可以提高程序的可读性。例如，窗体对象前缀为 frm；命令按钮对象前缀为 cmd；文本框对象前缀为 txt；标签对象前缀为 Lbl 等。

控件的值：为了方便使用，Visual Basic 为每个控件规定了一个默认属性，在设置这样的属性时，不必给出属性名，通常把该属性称为控件的值。例如，下面两行代码功能相同。

```
text1.text="default attributes"
text1="default attributes"
```

1.5.2　属性、方法和事件之间的关系

VB 对象具有属性、方法和事件。属性是描述对象的数据；方法是告诉对象应做的事情；事件是对象所产生的事情，事件发生时可以编写代码进行处理。

VB 的窗体和控件是具有自己的属性、方法和事件的对象。可以把属性看作一个对象的性质，把方法看作对象的动作，把事件看作对象的响应。

日常生活中的对象，如小孩玩的气球同样具有属性、方法和事件。气球的属性包括可以看到的一些性质，如它的直径和颜色。其他一些属性描述气球的状态（充气的或未充气的）或不可见的性质，如它的寿命。通过定义，所有气球都具有这些属性；这些属性也会因气球的不同而不同。

气球还具有本身所固有的方法和动作。例如，充气方法（用氢气充满气球的动作），放气方法（排出气球中的气体）和上升方法（放手让气球飞走）。所有的气球都具备这些能力。

气球还有预定义的对某些外部事件的响应。例如，气球对刺破它的事件响应是放气，对放手事件的响应是升空。

在 VB 程序设计中，基本的设计机制就是：改变对象的属性、使用对象的方法、为对象事件编写事件过程。程序设计时要做的工作就是决定应更改哪些属性、调用哪些方法、对哪些事件作出响应，从而得到希望的外观和行为。

1.5.3　事件驱动模型

在面向过程的应用程序中，应用程序自身控制了执行哪一部分代码和按何种顺序执行代码。从第一行代码执行程序并按应用程序中预定的路径执行，必要时调用过程。

在事件驱动的应用程序中，代码不是按照预定的路径执行，而是在响应不同的事件时执行不同的代码片段。事件可以由用户操作触发，也可以由来自操作系统或其他应用程序的消息触发，甚至由应用程序本身的消息触发。这些事件的顺序决定了代码执行的顺序，因此应用程序每次运行时所经过的代码的路径都是不同的。

因为事件的顺序是无法预测的，所以在代码中必须对执行时的"各种状态"作一定的假设。当作出某些假设时（例如，假设在运行来处理某一输入字段的过程之前，该输入字段必须包含确定的值），应该组织好应用程序的结构，以确保该假设始终有效（例如，在输入字段中有值之前禁止使用启动该处理过程的命令按钮）。

在执行中代码也可以触发事件。例如，在程序中改变文本框中的文本将引发文本框的 Change 事件。如果 Change 事件中包含有代码，则将导致该代码的执行。如果原来假设该事件仅能由用户的交互操作所触发，则可能会产生意料之外的结果。正因为这一原因，所以在设计应用程序时理解事件驱动模型并牢记在心是非常重要的。

1.5.4 交互式开发

传统的应用程序开发过程可以分为三个步骤：编码、编译和测试。但是，VB 与传统的语言不同，它采用交互式方法开发应用程序，使三个步骤之间不再有明显的界限。

VB 在用户输入代码时便进行解释，及时捕获并突出显示大多数语法或拼写错误，看起来就像一位专家在监视代码的输入。

除及时捕获错误以外，VB 也在输入代码时部分地编译该代码。当准备运行和测试应用程序时，只需极短时间即可完成编译。如果编译器发现了错误，则将错误突出显示于代码中。这时可以更正错误并继续编译，而无需从头开始。

VB 的交互特性使程序运行结果在开发时即可测试。

小　　结

本章介绍了 VB 的发展和用途，介绍了 VB 6.0 集成开发环境。通过一个实例学习了创建 VB 应用程序的步骤，介绍了对象、事件和方法的相关概念，初步建立起面向对象、以事件驱动的程序设计思想。

第2章　窗体和基本控件

本章要点

- 窗体及其常用属性、事件和方法
- 多窗体设计方法
- 命令按钮、标签和文本框的使用
- 焦点的概念

本章学习目标

- 掌握窗体的概念
- 掌握窗体中的常用属性、事件和方法
- 掌握命令按钮、标签和文本框的使用
- 理解焦点的概念

2.1　窗　　体

窗体（Form）是应用程序界面的窗口，它位于 VB 集成开发环境的窗体设计器窗口（或对象窗口）中，它既是一个控件，又是其他控件的容器。设计 VB 应用程序的第一步就是创建用户界面，窗体就相当于用户界面的一块"画布"，将应用程序中需要的控件画在窗体上，并摆放在适当的位置，就完成了应用程序设计的第一步。程序运行时，每个窗体对应一个窗口，用户使用窗口与应用程序进行交互。

与 Windows 环境下的应用程序窗口一样，VB 中的窗体也具有控制菜单、标题栏、最大化/还原按钮、最小化按钮、关闭按钮、边框及窗口区，如图 2.1 所示。

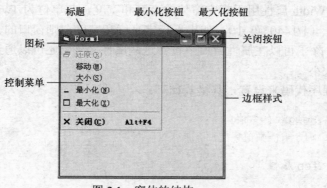

图 2.1　窗体的结构

　　窗体是 VB 中的对象，具有自己的属性、事件和方法。

2.1.1　窗体的基本属性

　　通过修改窗体的属性可以改变窗体内在或外在的结构特征，控制窗体的外观。窗体的大部分属性可用两种方法来设置：通过属性窗口设置和通过程序代码设置。有少量的属性不能在程序代码中设置。

　　VB 中，窗体的属性有几十种之多，在属性窗口可以查阅和设置所有属性，下面就对程序设计中常用的属性进行介绍。

　　1. Name（名称）属性

　　在 VB 工程中添加一个窗体，就是创建一个窗体对象。Name 属性用来标识它的名称，必须以字母或汉字开头，由字母、数字和下划线组成，长度不超过 40 个字符。该属性值不允许与其他对象重名，也不允许使用 VB 的保留关键字和对象名。窗体默认的 Name 属性为 FormX（X=1，2，3，…），新建工程时，窗体的名称默认为 Form1；添加第二个窗体，其名称默认为 Form2，以此类推。任何对象都具有 Name 属性，对该属性的设定或修改只能在应用程序的设计状态下通过属性窗口来完成，而不能在程序运行时动态地改变。控件的 Name 属性通常作为对象的标识而被引用，不会显示在窗体上。

　　2. Caption（标题）属性

　　Caption 属性用于设置或获得窗体的标题，可以是任意字符串。该属性既可以在属性窗口中设定，也可以在代码中修改，例如，

```
Me.Caption="第一个 Visual Basic 程序"
```

上述语句用于对当前窗体标题进行设置，Me 指当前窗体。

该事件响应后，原窗体标题"Form1"将被修改为"第一个 Visual Basic 程序"。

如果想获得当前窗体的标题，可以用以下语句完成。

```
x=Me.Caption        '将当前窗体的标题赋给变量 x
```

　　3. Height、Width 属性

　　Height、Width 属性用于指定窗体的高度和宽度，其单位为 Twip，是一点（Point）的二十分之一（1/1440 英寸）。如果不指定高度和宽度，则窗口的大小与用户设置界面时大小相同。除了可以在属性窗口中设置这些属性之外，还可以通过拖动鼠标的方法来改变窗体的大小。

　　若通过程序代码来设置，其格式如下：

```
对象.Height[=数值]
对象.Width[=数值]
```

　　4. Left、Top 属性

　　Left、Top 属性用于设置窗体左边框距屏幕左边界的距离和窗体上边距屏幕顶端的

距离，其单位为 Twip。可以使用 VB 的窗体布局窗口改变窗体的位置，一般位于 VB 环境的右下角，其外观如一个显示器模样，将鼠标移到此"小显示器"内的窗体上，鼠标立即变成一个"十"字形，此时按住鼠标左键拖动，即可改变窗体的位置。

该属性也可以通过程序代码来设置，其格式如下：

```
对象.Left[=数值]
对象.Top[=数值]
```

注 意

上述四个属性决定窗体（或控件）的大小及在容器中的位置，如图 2.2 所示。

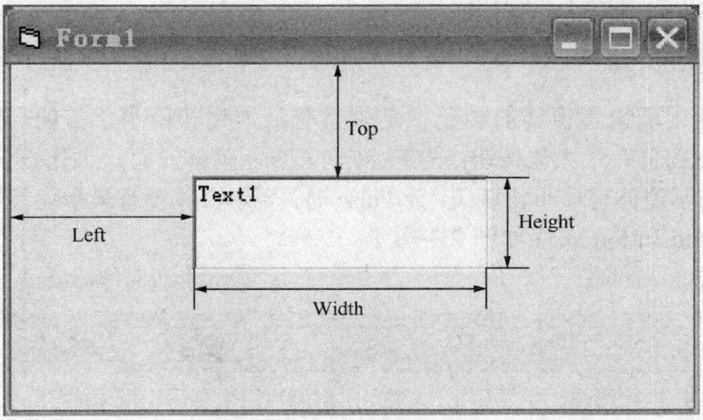

图 2.2　对象的 Height、Width、Top 和 Left 属性

5．Font 属性

Font 属性用来改变文本的字体类型、大小及其修饰，其中：

- FontName 属性决定对象上正文的字体（默认为宋体）。
- FontSize 属性决定对象上正文的字体大小。
- FontBold 属性决定对象上正文是否为粗体。
- FontItalic 属性决定对象上正文是否为斜体。
- FontStrikeThru 属性决定对象上正文是否加删除线。
- FontUnderline 属性决定对象上正文是否带下划线。

6．BackColor 和 ForeColor 属性

BackColor 属性：用于返回或设置对象的背景颜色。

ForeColor 属性：用于返回或设置在对象中显示图片和文本的前景颜色。

颜色值是一个十六进制常量，每种颜色都用一个常量来表示。在设计过程中，不必用颜色常量来设置背景，可以通过调色板来直观地设置，其操作是：选择属性窗口中的 BackColor 属性条，单击右端的箭头，将显示一个对话框，在该对话框中选择"调色板"，即可显示一个"调色板"。此时，只要单击调色板中的某个色块，即可把这种颜色设置为窗体的背景色。

在程序代码中也可以应用 Windows 运行环境的红-绿-蓝（RGB）颜色方案，使用 RGB（Red，Green，Blue）函数来产生颜色代码。其中，Red、Green、Blue 都是介于 0～255 之间的整数，分别代表红、绿、蓝三原色的分量。例如，RGB（0，0，0）为黑色，RGB（255，255，255）为白色，RGB（255，255，0）为黄色，而 RGB（0，255，255）则为青色。

7. ControlBox（控制菜单框）属性

ControlBox 属性用来设置窗口控制菜单框的状态。设置为 True，表示有控制菜单；设置为 False，表示无控制菜单。同时窗体也无最大化按钮和最小化按钮，即使 MaxButton 属性和 MinButton 属性设置为 True。

8. MaxButton 和 MinButton 属性

这两个属性用于设置窗体的标题栏是否具有最大化和最小化按钮。MaxButton 属性为 True 时，表示窗体有最大化按钮；为 False 时，表示窗体没有最大化按钮。MinButton 属性为 True 时，表示窗体有最小化按钮；为 False 时，表示窗体没有最小化按钮。ControlBox、MaxButton 和 MinButton 属性如图 2.3 所示。

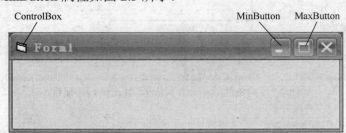

图 2.3　窗体的 ControlBox、MinButton 和 MaxButton 属性

9. BorderStyle（边框类型）属性

BorderStyle 属性用来设置窗体边框的类型。其属性值在运行时不能修改，只能在设计模式下，通过属性窗口修改。该属性取值范围为 0～5，共六种类型。通过改变 BorderStyle 属性，可以控制窗体如何调整大小。Border Style 属性值的含义如表 2.1 所示。

表 2.1　BorderStyle 属性取值

属　　性	说　　明
0—None	无边框的窗口。没有标题栏和控制菜单，窗体无法移动及改变大小
1—Fixed Single	固定单边框。包含控制菜单框、标题栏和关闭按钮，窗体可以移动，但不可以改变大小
2—Sizable（默认值）	可调整的边框。包含所有边框元素，控制菜单包括所有控制菜单项，窗体可以移动并可以改变大小
3—Fixed Dialog	固定对话框。包括控制菜单框、标题栏和关闭按钮，窗体可以移动，但不可以改变大小
4—Fixed ToolWindow	固定工具窗口。不能改变尺寸，显示关闭按钮并用缩小的字体显示标题栏。运行窗体在 Windows 的任务栏中不显示
5—Sizable ToolWindow	可变尺寸工具窗口。不能改变尺寸，显示关闭按钮并用缩小的字体显示标题栏。运行窗体在 Windows 的任务栏中不显示

> **注 意**
>
> 当设置为 0（窗体无边框）时，ControlBox（控制框）属性、MaxButton（最大化按钮）和 MinButton（最小化按钮）属性的设置将不起作用。

10. WindowState（窗口状态）属性

WindowState 属性用于设置程序启动后窗体的初始状态，有三种形式可供选择，如表 2.2 所示。

表 2.2　WindowState 属性表

.属　　性	说　　明
0—vbNormal	正常状态，窗口有边界。启动程序时，窗体的大小为设置的大小，其位置也为设置的位置
1—vbMinimized	最小化状态，启动时窗体缩小为任务栏里的一个图标（Icon 属性值）
2—vbMaximized	最大化状态，无边界。启动时窗体布满整个屏幕

11. Enabled 属性

Enabled 属性用于设置窗体以及其内部的控件是否可以被操作，其取值为 True 或 False。当取值 True 时，允许用户进行操作；取值为 False 时，不允许用户操作。Enabled 属性一般在程序运行时设置，用于临时屏蔽对窗体或其他控件的控制。

12. Movable 属性

Movable 属性用来设置窗体是否可以移动，其值为 True 或 False。取值为 True 时表示可以移动窗体；为 False 时，表示不可以移动窗体。

13. Visible 属性

Visible 属性用来设置窗体是否可见，其值为 True 或 False。当取值 True 时，表示运行时窗体可见（默认值）；取值为 False 时，表示运行时控件隐藏，用户虽然看不到，但控件本身是存在的。

14. Icon（图标）属性

Icon 属性返回或设置窗体左上角显示或最小化显示时的图标，常用的图标文件格式为 Ico、Cur 等。此属性必须在 ControlBox 属性设置为 True 时才有效。

> **注 意**
>
> 在 VB 安装目录的 common\graphics 下有系统自带的各种图片和图标。

15. Picture（图片）属性

Picture 属性用于设置窗体的背景图片，可以显示多种格式的图形文件，如位图文件（*.bmp）、图形交换格式文件（*.gif）、JPEG 压缩文件（*.jpg）、图元文件（*.wmf）、图标文件（*.ico）。

该属性可以在属性窗口中进行设置，只需要单击属性窗口中的 Picture 设置框右边的"…"按钮，打开"加载图片"对话框，选择一个图形文件即可。该属性也可以在程序代码中进行设置，其格式如下：

　　　　对象名.Picture=LoadPicture（"图片文件名"）

若要清除背景图片，只需将 LoadPicture 函数括号里面的内容设为空即可。

16. AutoRedraw 属性

AutoRedraw 属性决定窗体被隐藏或被另一窗口覆盖之后重新显示，是否重新还原该窗体被隐藏或覆盖以前的画面，即是否重画如 Circle、Line、Pset、Print 等方法的输出。

取值为 True 时，重新还原该窗体以前的画面；取值为 False 时，则不重画 AutoRedraw 属性。

2.1.2　窗体的常用事件

窗体的事件是由 VB 预先定义好的，能够被窗体对象所识别的动作。在代码窗口中可以查阅到与窗体有关的所有事件，这里只介绍一些常用的事件。

1. 鼠标事件

当在窗体上进行鼠标移动（MouseMove）、按下鼠标键（MouseDown）、释放鼠标键（MouseUp）、单击（Click）、双击（DblClick）等操作时，会发生相应的鼠标事件。

（1）Click 事件。在程序运行过程中，单击一个窗体的空白区域，则会触发窗体的单击事件，此时系统会自动调用执行窗体事件过程 Form_Click()。

例 2.1　设计一个应用程序，当单击窗体时，窗体标题改变为"VB 应用程序"，并在窗体上用 Print 方法输出"欢迎使用 Visual Basic 6.0"。

程序设计步骤如下。

① 创建一个新的工程，窗体名默认为 Form1，标题默认也是 Form1，如图 2.4 所示。

② 双击窗体，打开代码输入窗口，默认事件是窗体的 Load 事件。在代码窗口的右上角事件列表框中选中 Click 事件，如图 2.5 所示。

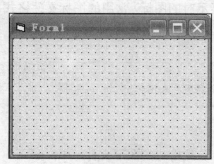

图 2.4　新建空白窗体

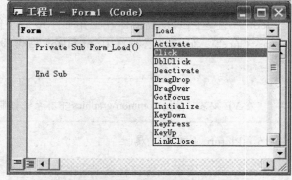

图 2.5　事件列表框中选择事件

③ 在窗体的 Click 事件过程中输入代码，如图 2.6 所示。

④ 运行应用程序，结果如图 2.7 所示。

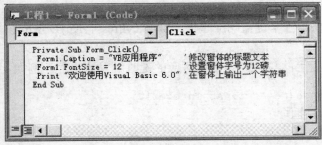

图 2.6　代码窗口

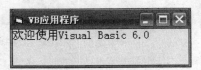

图 2.7　程序运行结果

（2）DblClick 事件。当在程序运行过程中，双击一个窗体的空白区域，则会产生窗体的双击事件，此时系统会自动调用执行窗体事件过程 Form_DblClick()。注意：如果在 Click 事件中有代码，则 DblClick 事件将永远不会被触发，因为 Click 事件是两个事件中首先被触发的事件。其结果是鼠标单击被 Click 事件截断，从而使 DblClick 事件不会发生。

（3）MouseDown 事件。当按下鼠标键时，就会触发 MouseDown 事件。例如，

```
Private Sub Form_MouseDown(Button As Integer, Shift As Integer,_
X As Single, Y As Single)
    Print "这就是 MouseDown 事件"
End Sub
```

运行程序后，在窗体上按下鼠标左键或右键，则会在窗体上显示"这就是 MouseDown 事件"。

参数说明：

① Button：被按下的鼠标键。

② Shift：键盘上是否有转换键 Alt、Shift、Ctrl 键同时按下。

③ X，Y：鼠标光标当前的位置。

（4）MouseMove 事件。当鼠标指针在屏幕上移动时就会触发该事件。窗体和控件均能实现鼠标移动事件。例如，

```
Private Sub Form_MouseMove(Button As Integer, Shift As Integer, _
X As Single, Y As Single)
    Print "这就是 MouseMove 事件"
End Sub
```

（5）MouseUp 事件。当单击鼠标后，释放鼠标按钮时触发 MouseUp 事件。例如，

```
Private Sub Form_MouseUp(Button As Integer, Shift As Integer, _
X As Single, Y As Single)
    Print "这就是 MouseUp 事件"
End Sub
```

在实际应用程序设计过程中，经常将 MouseDown、MouseMove 和 MouseUp 三个事

件结合起来使用。

2. 键盘事件

和鼠标事件一样，VB 同样提供了三个键盘响应事件，即 KeyPress、KeyDown 和 KeyUp 事件。

（1）KeyPress 事件。当按下键盘上的与 ASCII 字符对应的键时触发该事件。例如，

```
Private Sub Form_KeyPress(KeyAscii As Integer)
    Print "这就是KeyPress 事件"
End Sub
```

运行程序，按下任意键，窗体上显示文本"这就是 KeyPress 事件"。

（2）KeyDown 事件。用户按下键盘上某一个键时触发该事件。例如，

```
Private Sub Form_KeyDown(KeyCode As Integer, Shift As Integer)
    Print "这就是KeyDown 事件"
End Sub
```

（3）KeyUp 事件。用户按下并释放键盘上某一个键时触发该事件。例如，

```
Private Sub Form_KeyUp(KeyCode As Integer, Shift As Integer)
    Print "这就是KeyUp 事件"
End Sub
```

参数说明：

① KeyCode：按键的扫描码。对于字母键，它不区分大小写，其编码与大写字母的 ASCII 码相同。数字键有大键盘和小键盘两种输入方式，它们的 KeyCode 码不相同。

② KeyAscii：返回所按键的 ASCII 码。将 KeyAscii 改变为 0 时可取消击键，则对象接收不到字符。

③ Shift：键盘上是否有转换键 Alt、Shift、Ctrl 键同时按下。

3. 其他事件

（1）Load 事件。Load 事件是窗体被装入内存工作区时触发的事件。当应用程序只有一个窗体时，该应用程序一启动就会自动执行 Load 事件中的代码，除非专门调用，此事件中的代码只被执行一次。Load 事件通常用于启动程序时，对属性和变量进行初始化以及装载数据等。

如果在 Form_Load 事件内显示信息，必须使用 Show 方法或者把 AutoRedraw 属性设置为 True；否则，当程序运行时什么都不显示。

例 2.2 利用代码设置窗体的属性。

创建一个窗体，双击窗体，打开代码窗口，输入如下语句。

```
Private Sub Form_Load()
    Me.Height=1800      'me 代表当前窗体
    Me.Width=3000
    Me.Top=3000
```

```
    Me.Left=1500
    Me.Caption="窗体示例"
    Me.BackColor=RGB(255, 255, 255)
    Me.AutoRedraw=True
End Sub
```

程序运行结果如图 2.8 所示。

（2）Unload（卸载）事件。Unload 事件是在一个窗体被
卸载时发生。当单击窗体右上角的"关闭"按钮 ✕ 或执行
Unload 语句时，即可触发 Unload 事件。

（3）Activate（活动）和 Deactivate（非活动）事件。在
程序运行过程中，当一个窗体变为活动窗体时，则触发
Activate 事件。系统会自动执行 Form_Activate()事件过程。
当取消该活动窗体，激活另一个窗体时该窗体发生 Deactivate
事件，系统执行 Form_DeActivate()事件过程。

图 2.8　程序运行结果

　　窗体可以通过用户的操作变成活动窗体，如使用鼠标单击窗体的任何部位或在代码
中使用 Show 或 SetFocus 方法。

（4）Paint（绘图）事件。当在程序运行过程中，一个窗体被移动或放大时，则产生
该事件。系统会自动执行 Form_Paint()事件。

　　为了使应用程序在运行时不至于因某些原因使窗体内容失真，通常用 Paint 事件过
程来重绘窗体内容。若将窗体的 AutoRedraw 属性设置为 True，可自动完成窗体重绘。
如果窗体的 ClipControls 属性设置为 False 时，则重绘窗体刚刚显露的部分；否则，重绘
整个窗体。

（5）Resize 事件。当用户通过交互操作或代码调整窗体大小时，将触发一个 Resize
事件。当窗体尺寸变化时，允许在窗体上进行移动控件或调整控件大小等操作。

例 2.3　设计一个应用程序，在窗体上显示制定的字符串，单击窗体结束程序的执行。
设计步骤如下。

（1）创建一个新的工程。

（2）双击窗体，打开代码窗口，在默认的 Load 事件中设置窗体属性，输入如下代码。

```
Private Sub Form_Load()              '窗体加载事件，窗体属性初始化
    me.Caption="VB 应用程序示例"      '窗体标题
    me.Top=1000                      '窗体左上角垂直坐标
    me.Left=2000                     '窗体左上角水平坐标
    me.Height=1500                   '窗体高度
    me.Width=4000                    '窗体宽度
End Sub
```

（3）在窗体的 Activate 事件中输入如下代码。

```
Private Sub Form_Activate()          '窗体激活事件
    me.BackColor=RGB(255,255,255)    '窗体背景为白色
    me.FontName="黑体"
```

```
        me.FontSize=12                              '字号12磅，1磅=1/72英寸
        me.ForeColor=RGB(0,255,255)                 '窗体背景为青色
        me.Print
        me.Print Spc(2); "窗体的属性、事件和方法举例" '显示字符串
    End Sub
```

（4）在 Click 事件中输入如下代码。

```
Private Sub Form_Click()
    End                                             '结束程序
End Sub
```

（5）程序运行结果如图 2.9 所示。

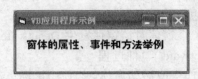

图 2.9　窗体属性举例

2.1.3　窗体的常用方法

窗体对象可以执行的方法有很多种，要查阅窗体所有方法，可在代码窗口中输入窗体名后加小数点，则该窗体对象的所有属性和方法立即在一个列表框中显示出来，如图 2.10 所示。这里只介绍一些常用的方法。

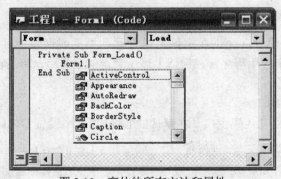

图 2.10　窗体的所有方法和属性

1.　Print 方法

Print 方法可以在窗体上显示文本字符串和表达式的值，也可以在其他图形对象或打印机上输出信息。其语法格式如下：

　　[对象名.] Print [表达式列表]

Print 方法可以有多个参数，一次可以显示多个输出项的内容。一般情况下，每调用一次 **Print** 方法就会在窗体上产生一个新的输出行。

说明：

（1）对象名：可以是 Form（窗体）、Debug（立即窗口）、Picture（图片框）、Printer（打印机）。省略此项，表示在当前窗体上输出。例如，

```
Print "12*2="; 12*2          '在当前窗体上输出 12*2=24
Picture1.Print "Good"        '在图片框 Picture1 上输出 Good
Printer.Print "Morning"      '在打印机上输出 Morning
```

（2）表达式列表：可以是一个或多个表达式，若为多个表达式，则各表达式之间用"，"或"；"来分隔。省略此项，则输出一个空行。

（3）用"，"分隔各个表达式时，按标准格式分区输出显示数据项，每一个数据项的标准输出长度为 14 个字符位置。当输出的某一数据项宽度超过 13 个字符时，将为该数据项自动增加 14 个字符位置。如果用"；"分隔各个表达式时，输出数据按紧凑格式输出。输出项数据为数值型数据，则前面会有一个符号位，后面有一个空格位。

（4）如果在 Print 方法中最后一个表达式后有"；"，则下一个 Print 输出的内容，将紧跟在当前 Print 输出内容后面；如果在语句行末尾有"，"，则下一个 Print 输出的内容，将在当前 Print 输出内容的下一分区输出；如果在语句行末尾无分隔符，则输出完本语句内容后换行，即在新的一行输出下一个 Print 的内容。例如，

```
Print 1; 2; 3
Print 4, 5,
Print 6
Print 7, 8
Print
Print 9, 10
```

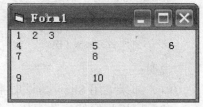

图 2.11　程序运行结果

输出结果如图 2.11 所示。

2. Cls 方法

Cls 方法用于清除使用 Print 等方法输出到窗体或图片框中的内容。其语法格式如下：

```
[窗体名].Cls
```

例如，Form1 是一个窗体对象名，有以下语句：

```
Form1.Cls
```

则该语句运行完毕后，窗体上输出的文字和图形就会全部被清除掉。

说明：

（1）Cls 方法将清除图形和打印语句在运行时所产生的文本和图形，而设计时在 Form 中使用 Picture 属性设置的背景位图和放置的控件不受 Cls 方法影响。如果激活 Cls 方法之前 AutoRedraw 属性设置为 False，调用时该属性设置为 True，则放置在 Form 或 PictureBox 中的图形和文本也不受影响。这就是说，通过对正在处理的对象的 AutoRedraw 属性进行操作，可以保持 Form 或 PictureBox 中的图形和文本。

（2）调用 Cls 之后，对象的 CurrentX 和 CurrentY 属性复位为 0。

3. Hide 方法

Hide 方法可以隐藏 Form 对象，但不能使其卸载。其语法格式如下：

```
[窗体名].Hide
```

例如，

```
Form1.Hide     '隐藏窗体 Form1
```

如果省略窗体名，则默认为当前窗体。

说明：

（1）隐藏窗体时，它就从屏幕上被删除，并将其 Visible 属性设置为 False。用户将无法访问隐藏窗体上的控件，但是对于运行中的 VB 应用程序，或对于 Timer 控件的事件，隐藏窗体的控件仍然是可用的。

（2）窗体被隐藏时，用户只有等到被隐藏窗体的事件过程的全部代码执行完后才能够与该应用程序交互。

（3）若调用 Hide 方法时窗体还没有加载，则 Hide 方法将加载该窗体但不显示它。

4. Show 方法

Show 方法用以快速地显示一个窗体，并将该窗体设置为当前活动窗体。其语法格式为：

```
窗体名.Show[模式]
```

说明：

（1）如果调用 Show 方法时指定的窗体没有装载，VB 将自动装载该窗体。

（2）应用程序的启动窗体在其 Load 事件调用后会自动出现。

（3）可选参数"模式"，用来确定被显示窗体的状态：值为 1 时，表示窗体状态为"模态"（模态是指鼠标只在当前窗体内起作用，只有关闭当前窗口后才能对其他窗口进行操作）；值为 0 时，表示窗体状态为"非模态"（非模态是指不必关闭当前窗口就可以对其他窗口进行操作）。

5. Move 方法

Move 方法可以移动窗体或控件，并可改变其大小。其语法格式为：

```
[对象].Move left[, top[, width[, height]]]
```

说明：

（1）Move 方法中"对象"是可选的，可以是一个对象表达式。如果省略"对象"，则当前窗体默认为"对象"。

（2）参数 left 是必需的，指示对象左边的水平坐标（x 轴）；参数 top 是可选的，指示"对象"顶边的垂直坐标（y 轴）；参数 width 也是可选的，指示"对象"新的宽度；参数 height 同样是可选的，指示"对象"新的高度。

（3）要指定任何其他的参数，必须先指定出现在语法中该参数前面的全部参数。例如，如果不先指定 left 和 top 参数，则无法指定 width 参数。任何没有指定的尾部参数则保持不变。

例如，调用窗体 Move 的方法如下：

```
Form1.Move 0, 0              '将窗体移动到屏幕的左上角
Form1.Move Form1.Left+500    '将窗体在原来位置的基础上向右移动 500 缇
Form1.Move 2000, 4000        '将窗体移动到新位置(2000, 4000)，大小没有改变
```

2.1.4　多窗体设计

一般来说，一个应用程序有一个窗体即可。但如果有特殊需要，若想创造更好的人机界面，需要再添加一个或多个窗体。每个窗体有不同的界面，用于实现不同的功能。

1. 添加窗体

在当前工程中添加一个新的窗体有以下几种方法。

（1）从工具栏上单击"添加窗体" ☐· 的下拉箭头，即可弹出一个列表，从中选取"添加窗体"选项，如图 2.12 所示。

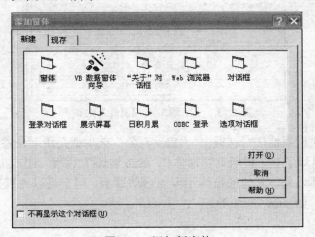

图 2.12　添加新窗体

（2）从"工程"菜单上选取"添加窗体"命令选项，即可为工程添加一个新的窗体。这个新窗体的默认名称和标题均由工程已有的窗体数目自动排列序号决定，如第二个生成的窗体，其默认的名称为 Form2，标题为 Form2。

（3）在工程资源管理器中选定工程。用鼠标右键打开上下文菜单，选取"添加"项下的"添加窗体"选项，也可以生成一个新窗体。

2. 保存窗体

选定要保存的窗体，在"文件"菜单上选择"保存工程"或"工程另存为"选项，或者在工程资源管理器中打开其上下文菜单，选取"保存工程"或"工程另存为"选项。

3. 删除窗体

窗体可以添加，也允许删除。删除已有的不再需要的窗体，有以下两种方法。

（1）在工程资源管理器中选择要删除的窗体，弹出其上下文菜单，选取"移出工程"选项。

（2）选定要删除的窗体，然后选择 "工程"菜单上的"移出工程"命令即可。

4. 设置启动窗体

拥有多个窗体的工程，需要设定一个启动窗体，以便运行应用程序时，作为第一个出现的窗体。系统默认第一个建立的窗体作为启动窗体。需要另外设置启动窗体时，可以在工程资源管理器中选定工程，打开上下文菜单，选取"工程1-工程属性"选项，弹出"工程1-工程属性"对话框，如图2.13所示。

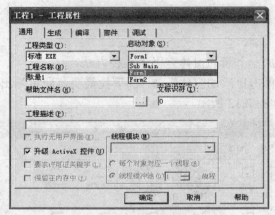

图 2.13   "工程 1-工程属性"对话框

在"工程1-工程属性"对话框中，"启动对象"选项就是用于设置启动窗体的。这是一个下拉列表，显示了该工程所有的窗体和"Sub Main"过程，用户根据需要选择即可。

除了启动窗体以外，其他的窗体不可能自动显示，用户可以通过某个操作才能实现驱动窗口的显示，如 show 方法等。

2.2 命 令 按 钮

命令按钮（CommandButton）控件常常用来接受用户的操作信息，触发相应的事件过程。它是用户与程序进行交互的最简便的方法。命令按钮的属性，既可以通过属性窗口设置，也可以通过代码窗口编程设置。

2.2.1 常用属性

1. Caption 属性

Caption 属性用来返回或设置命令按钮上显示的文本信息，可以通过代码设置，从而显示相应的信息。此外，可以通过 Font 属性来设置按钮中显示文本的字体和大小等。

2. Cancel 属性

Cancel 属性返回或设置一个值，用来指示窗体中命令按钮是否为取消按钮。使用 Cancel 属性使得用户可以取消未提交的改变，并把窗体恢复到先前状态。窗体中只能有一个命令按钮控件为取消按钮。当一个命令按钮控件的 Cancel 属性被设置为 True 时，窗体中其他命令按钮控件的 Cancel 属性自动地被设置为 False；当一个命令按钮控件的 Cancel 属性设置为 True，而且该窗体是活动窗体时，用户可以通过单击它、按 Esc 键或者在该按钮获得焦点时按 Enter 键来选择它。

3. Default 属性

Default 属性返回或设置一个值，以确定按钮是否是窗体默认的命令按钮。窗体中只有一个命令按钮可以作为默认命令按钮。当某个命令按钮的 Default 属性设置为 True 时，窗体中其他命令按钮的 Default 属性自动设置为 False；当命令按钮的 Default 属性设置为 True，而且其窗体是活动的，用户可以按 Enter 键选择该按钮并激活其单击事件。

4. Enabled 属性

Enabled 属性可以返回或设置一个值，用来决定命令按钮控件是否能够对用户产生的事件作出反应。值为 True 时，表示按钮可用；值为 False 时，表示按钮在程序运行时不可用。

5. Style 属性和 Picture 属性

命令按钮上除了可以显示文字外，还可以显示图形。若要显示图形，首先应将 Style 属性设置为 1，然后在 Picture 属性中设置要显示的图形文件。

6. Value 属性

Value 属性返回或设置一个值，用来指示该按钮是否可选。值为 True 时，表示已选择该按钮；值为 False（默认）时，表示没有选择该按钮。该属性在设计时不可用，只能在程序运行期间引用或设置。

2.2.2　主要事件

命令按钮最常用的是 Click 事件。下面通过具体实例说明命令按钮的应用。

例 2.4　设计一个应用程序，在窗体上有"显示"、"结束"两个命令按钮，单击"显示"按钮，在窗体上显示"Visual Basic 6.0 程序设计"。同时，"显示"按钮不可用；单击"结束"按钮，"结束"按钮不可用，但"显示"按钮恢复可用。

程序设计步骤如下。

（1）启动 VB，创建一个新的工程，在窗体上画出两个命令按钮 Command1、Command2。

（2）设置各控件属性值，如表 2.3 所示。

表 2.3　控件属性设置

对　象	对象名	属　性	设　置
窗体	Form1	Caption	命令按钮实例
命令按钮	Command1	Caption	显示
	Command2	Caption	结束

（3）在 Command1_Click 事件中编写如下代码。

```
Private Sub Command1_Click()
    Print "Visual Basic 6.0 程序设计"
    Command1.Enabled=False
    Command2.Enabled=True
End Sub
```

在 Command2_Click 事件中编写如下代码。

```
Private Sub Command2_Click()
    Command2.Enabled=False
    Command1.Enabled=True
End Sub
```

（4）程序调试和运行。单击"显示"按钮后，程序运行结果如图 2.14 所示。

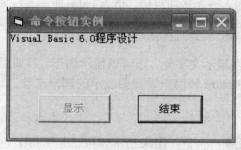

图 2.14　程序运行结果

2.3　标　签

标签（Label）是 VB 中最简单的控件，用于显示不需要用户修改的文本内容。通常用标签来标注本身不具有 Caption 属性的控件。例如，可用标签为文本框、列表框、组合框等控件来添加描述性的文字。

2.3.1　常用属性

1. Caption 属性

Caption 属性用来设置在标签上要显示的文本信息。该属性既可以在属性窗口中设置，也可以在程序中改变文本信息。如果要在程序中修改标题属性，代码如下。

标签名.Caption="我的第一个标签"

2．BorderStyle 属性

BorderStyle 属性用来设置标签的边框类型，它有两种可选值：默认值为 0，表示标签无边框；设置为 1 时，表示标签有立体边框。

3．Font 属性

Font 属性用来设置标签显示的字体、字形、下划线等，既可以在属性窗口中设定，也可以在程序中改变。例如，在程序中改变 Font 属性，代码如下。

```
Label1.FontName="宋体"              '改变字体
Label1.FontSize=9                 '改变字体大小
```

粗体（FontBold）、斜体（FontItalic）、下划线（FontUnderline）、删除线（FontStrikethru）属性的设置值是 True 或者 False，例如，

```
Label1.FontBold=True              '标签字体加粗
Label1.FontItalic=True            '标签字体倾斜
```

4．AutoSize 属性

AutoSize 属性用于设置标签是否能够自动调整大小以显示所有的内容。取值为，True 时，表示能够自动调整大小；取值为 False 时，表示不能自动调整大小。

5．Alignment 属性

Alignment 属性用来设置标签中内容的对齐方式，其值有以下三种。
（1）0－Left Justify（默认值）：表示文本左对齐。
（2）1－Right Justify：表示文本右对齐。
（3）2－Center：表示文本居中对齐。
例如，

```
Label1.Alignment=2       '标签文字居中对齐
```

6．Visible 属性

Visible 属性用来设置控件是否可见。值为 True 时，表示控件可见；值为 False 时，表示控件隐藏。例如，

```
Label1.Visible=True       '标签可见
```

7．BackStyle 属性

BackStyle 属性用于设置标签的背景样式。其值可以为 0－Transparent 或 1－Opaque（默认值），分别表示透明和不透明。

8. WordWrap 属性

Word Wrap 属性用来设置标签的文本在显示时是否能够自动换行。取值为 True 时，表示具有自动换行功能；取值为 False（默认值）时，表示没有自动换行功能。

2.3.2 常用方法

一般很少使用标签事件，常用的标签方法是 Move，它用于移动标签的位置，并可在移动位置时改变标签的大小。

例 2.5 在窗体上建立一个标签、两个命令按钮 Command1 和 Command2。若单击 Command1，则标签上显示文字"单击 Command1 命令按钮"；若单击 Command2，则标签上显示文字"单击 Command2 命令按钮"。

设计步骤如下。

（1）启动 VB，创建一个新的工程，在窗体上画出两个命令按钮 Command1 和 Command2，再画出一个标签 Label1。

（2）双击 Command1 命令按钮，在代码窗口中编写如下代码。

```
Private Sub Command1_Click()
    Label1.Caption="单击 Command1 命令按钮"
End Sub
```

（3）双击 Command2 命令按钮，在代码窗口中编写如下代码。

```
Private Sub Command2_Click()
    Label1.Caption="单击 Command2 命令按钮"
End Sub
```

（4）程序运行和调试，运行结果如图 2.15 所示。

图 2.15 程序运行结果

2.4 文 本 框

文本框（TextBox）在窗体中为用户提供一个既能显示文本，又能编辑文本的区域。在文本框内，用户可以用鼠标、键盘按常用方法对文字进行编辑。例如，进行输入、删除、选择、复制及粘贴等各种操作。

2.4.1　常用属性

1. Text 属性

Text 属性用于设置文本框中显示的文本。这是文本框的默认属性，也是最重要的属性，可以在属性窗口中设置，也可以在程序中设置，还可以在程序中使用这一属性取得当前文本框的文本。

2. Locked 属性

Locked 属性用来设置在运行时输入文本框的文本能否被编辑。其默认值为 False，表示在运行时可以编辑输入文本框的文本；反之，当其取值为 True 时，表示输入文本框不可被编辑，而只能被浏览或高亮度显示。

> **注　意**
>
> 　　Locked 属性一般只是在运行时发挥作用，当其取值为 True 时，可以通过程序代码设置文本框的 Text 属性，从而改变显示在文本框中的内容。

3. Maxlength 属性

Maxlength 属性用于设定文本框中最多允许输入的字符数。当设置为 0 时（默认值），表示可容纳任意多个字符。若将其设置为正整数值，则这一数值就是可容纳的最多字符数。

4. Multiline 属性

Multiline 属性用于设置文本框是否允许显示和输入多行文本。取值为 True 时，表示允许显示和输入多行文本，当要显示或输入的文本超过文本框的右边界时，文本会自动换行，在输入时也可以按 Enter 键强行换行；取值为 False 时，表示不允许显示和输入多行文本，当要显示或输入的文本超过文本框的边界时，将只显示一部分文本，并且在输入时也不会对 Enter 键作换行的反应。

5. PasswordChar 属性

PasswordChar 属性用于设定文本框是否用于输入口令类文本。对于设置输入口令的对话框，这一属性非常有用。当把该属性设定为一个非空字符时（如常用的"*"），运行程序时用户输入的文本就会只显示这一非空字符，但系统接收的却是用户输入的文本。系统默认为空字符，在运行时，用户输入的可显示文本将直接显示在文本框中。

6. ScrollBars 属性

ScrollBars 属性用于设置文本框中是否带有滚动条，有四个可选值：None 表示不带有滚动条；Horizontal 表示带有水平滚动条；Vertical 表示带有垂直滚动条；Both 表示带有水平和垂直滚动条。

> **注 意** 🔊
>
> 要使文本框具有滚动条，必须将 Multiline 属性设置为 True，否则 ScrollBars 属性将无效。文本框具有滚动条后，自动换行功能将失效。

7. SelStart 属性

SelStart 属性用于返回或设置文本在文本框中的插入点位置。其取值为整数类型，默认值为 0，表示插入点位于文本框的最左边。

8. SelLength 属性

SelLength 属性用于返回或设置文本框中默认选中的字符数。其取值为整数类型，默认设置为 0，表示不选中任何字符。当其取值大于 0 时，表示从插入点位置开始选中并高亮度显示与 SelLength 属性相对应个数的字符。

9. SelText 属性

SelText 属性用于返回或设定文本框中当前被选中的文本，其取值为字符串类型。在程序运行时，如果 SelText 属性被赋予新的文本，则选中的文本将替换成新的文本；反之，如果没有被赋予新的文本，则 SelText 属性将从当前插入点位置开始插入文本。

> **注 意** 🔊
>
> 通常情况下，文本框的 SelStart、SelLength 和 SelText 三个属性共同作用，用来控制文本框的插入点和文本选择行为，并且只能在运行时通过程序代码对其进行设置。

2.4.2 主要事件

文本框除支持 Click、DblClick 事件外，常用的还有 Change、LostFocus 事件。

1. Change 事件

当用户输入新内容，或程序对文本框的 Text 属性重新赋值，从而改变文本框的 Text 属性时触发该事件。例如，有两个文本框，当用户在第一个文本框中输入字符时，若要在第二个文本框中显示相同的字符，则只需在第一个文本框的 Change 事件过程中将第一个文本框的内容赋给第二个文本框的 Text 属性即可，代码如下。

```
Private Sub Text1_Change()
    Text2.Text=Text1.Text
End Sub
```

2. GotFocus 事件

当光标转移到文本框中时，称为文本框取得焦点，触发 GotFocus 事件。一般情况下，可能引起这一事件的情况包括：用户按 Tab 键，跳转到该文本框中；用户用鼠标单击文本框；用户在程序代码中用 SetFocus 方法激活了该文本框。

3. LostFocus 事件

当用户按下 Tab 键时光标离开文本框，或用鼠标选择其他对象时触发该事件，称为"失去焦点"事件，它是和 GotFocus 相对应的一个事件。一般情况下，可能引起这一事件的情况包括：用户按 Tab 键，跳出该文本框；用户用鼠标单击其他控件；用户在程序代码中用 LostFocus 方法激活了其他控件。

2.4.3　常用方法

文本框最常用的方法是 SetFocus，使用该方法可把光标移到指定的文本框中，使之获得焦点。当使用多个文本框时，用该方法可把光标移到所需要的文本框中。

2.5　焦　　点

焦点是接收用户鼠标和键盘输入的能力。当对象具有焦点时，可接收用户的输入。窗体上的控件对象成为活动对象时，称为获得焦点。比如，文本框输入数据时，文本框首先获得焦点，之后才可以输入数据。

当对象得到或失去焦点时，会产生 GotFocus 或 LostFocus 事件。对象得到焦点时发生 GotFocus 事件；对象失去焦点时发生 LostFocus 事件。窗体和大多数控件支持这两个事件。

用户除了使用鼠标单击可以获得对象的焦点之外，还可以在代码中用 SetFocus 方法获得焦点。其语法格式如下：

　　　　对象.SetFocus

只有在窗体成为活动窗体时，才能设置窗体上对象的焦点。所以，不能在窗体的 Load 事件过程中使用此方法，否则会出现程序运行错误。

不能获得焦点的对象没有此方法，如标签在程序的运行时不能获得焦点，只能显示信息。另外，能否获得焦点还取决于对象的特性，主要是对象的 Enabled 属性和 Visible 属性。当 Enabled 属性为 False 时，该对象不能获得焦点；当 Visible 属性为 False 时，该对象不可见，也无法获得焦点。

例 2.6　设计一个用于验证用户口令的程序。当用户在文本框中输入字符时，其内容显示"*"号且"确定"按钮有效；单击"取消"按钮时，"确定"按钮无效，清除文本框中的内容并使文本框获得焦点。

设计步骤如下。

（1）创建一个新的工程，在窗体上设置一个标签、一个文本框和两个命令按钮。

（2）设置各控件的属性值，如表 2.4 所示。

（3）在文本框 Text1 的 Change 事件过程中编写如下代码。

```
Private Sub Text1_Change()
    Command1.Enabled=True
End Sub
```

表 2.4　设置对象的属性

对　象	对象名	属　性	属性值
标签	Label1	Caption	请输入口令
文本框	Text1	Text	
		PasswordChar	*
命令按钮	Command1	Caption	确定
		Enabled	False

（4）在命令按钮 Command2 的事件过程编写如下代码。

```
Private Sub Command2_Click()
    Text1.text=" "
    Command1.Enabled=False
    Text1.SetFocus
End Sub
```

（5）调试和运行程序，运行结果如图 2.16 所示。

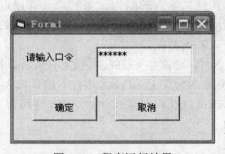

图 2.16　程序运行结果

2.6　综合应用

例 2.7　设计一个应用程序，当从键盘上输入字符时，在窗体上显示该字符的 ASCII 码值，双击窗体后，清除窗体上显示的文字。

程序设计步骤如下。

（1）启动 VB 6.0，创建一个新的工程。

（2）在属性窗口中，设置窗体的 Caption 属性为"窗体实例"。

（3）单击"视图"|"代码窗口"命令，打开代码编辑器，选择 KeyPress 事件。

（4）在代码编辑器中给 KeyPress 事件添加如下代码。

```
Private Sub Form_KeyPress(KeyAscii As Integer)
    Print "字符: "; Chr(KeyAscii), "ASCII:"; KeyAscii
End Sub
```

（5）在代码编辑器中重新选择 DblClick，并调用 Cls 方法，如图 2.17 所示。

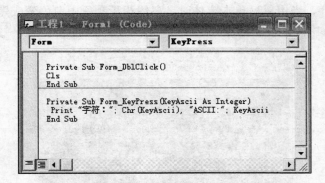

图 2.17　代码窗口

（6）单击"运行"|"启动"命令，即可运行该程序。

（7）当在键盘上按下某键时，窗体中将显示出相应的字符及 ASCII 码值，如图 2.18 所示。双击窗体后，文字消失，如图 2.19 所示。

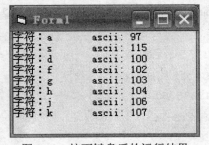

图 2.18　按下键盘后的运行结果

图 2.19　双击窗体后的运行结果

例 2.8　设计一个应用程序，单击窗体，改变窗体的背景颜色，双击窗体则结束程序。程序设计步骤如下。

（1）启动 VB 6.0，创建一个新的工程。

（2）双击窗体，打开代码编辑器，在窗体装载事件过程中，输入以下语句。

```
Private Sub Form_Load()
    Form1.BackColor=RGB(255,255,255)
End Sub
```

（3）在窗体单击事件过程中，输入以下语句。

```
Private Sub Form_Click()
    Form1.BackColor=RGB(0,0,0)
End Sub
```

（4）在窗体双击事件过程中，输入以下语句。

```
Private Sub Form_DblClick()
    End
End Sub
```

（5）运行程序，当用鼠标单击窗体时，窗体背景颜色由白色变成黑色；双击该窗体时，退出程序，如图 2.20 所示。

图 2.20　程序运行结果

例 2.9 Print 和 Cls 方法的应用。

（1）创建一个新的工程，在窗体中添加两个命令按钮 Command1 和 Command2，双击 Command1 命令按钮，输入如下代码。

```
Private Sub Command1_Click()
    '标尺用来标记后续 Print 中使用不同分隔符时，输出内容的显示情况
    Print "123456789012345678901234567890"
    Print 1, 2, 3
    Print 1; 2; 3
    Print -1; -2; -3
    Print "A"; "B"; "C", "D"
    Print 3,
    Print 4; 5;
    Print 6
    Print                        '输出一个空行
    Print 7; 8;
End Sub
```

（2）双击 Command2 命令按钮，输入如下语句。

```
Private Sub Command2_Click()
    Cls
End Sub
```

（3）双击窗体，在 Load 事件过程中，输入如下语句。

```
Private Sub Form_Load()
    Me.Caption="Print 和 Cls 方法"
    Command1.Caption="显示"
    Command2.Caption="清除"
End Sub
```

（4）程序运行结果如图 2.21 所示。

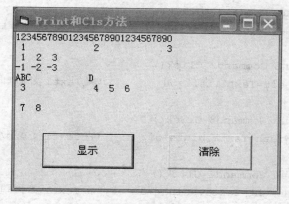

图 2.21　程序运行结果

　　程序中 Print 方法和 Cls 方法前均省略了对象名，默认为当前窗体。运行该应用程序后，窗体的 Load 事件首先被自动执行，完成对窗体和两个命令按钮标题的设置。当单击"显示"后，结果如图 2.21 所示。单击"清除"按钮可以清除窗体上用 Print 方法输出的全部内容。

　　例 2.10　设计一个文字移动应用程序，单击"向左移动"按钮，文本框会向左移动；单击"向右移动"按钮，文本框会向右移动；单击"水平拉长"按钮，文本框在水平方向变大；单击"垂直加宽"按钮，文本框在垂直方向变大。单击"文字垂直同向移动"按钮，"VISUAL"和"BASIC"文字同时垂直向上移动；单击"文字垂直反向移动"按钮，"VISUAL"文字垂直向上移动，"BASIC"文字垂直向下移动。

　　程序设计步骤如下。

　　（1）启动 VB 6.0，创建一个新的工程，在窗体中设置七个命令按钮、一个文本框和两个标签。

　　（2）设置窗体上各控件的属性值，如表 2.5 所示。

表 2.5　设置对象的属性

对　象	对象名	属　性	属性值
标签	Label1	Caption	VISUAL
	Label2	Caption	BASIC
文本框	Text1	Text	空白
命令按钮	Command1	Caption	向左移动
	Command2	Caption	向右移动
	Command3	Caption	水平拉长
	Command4	Caption	垂直加宽
	Command5	Caption	退出
	Command6	Caption	文字垂直同向移动
	Command7	Caption	文字垂直反向移动

（3）在各个命令按钮的 Click 事件过程中输入以下语句。

```
Private Sub Command1_Click()
    Text1.Left=Text1.Left-50          '将 Text1 文本框向左移动 50 缇
End Sub
Private Sub Command2_Click()
    Text1.Left=Text1.Left+50          '将 Text1 文本框向右移动 50 缇
End Sub
Private Sub Command3_Click()
    Text1.Width=Text1.Width+50        '将 Text1 文本框水平拉长 50 缇
End Sub
Private Sub Command4_Click()
    Text1.Height=Text1.Height+50      '将 Text1 文本框垂直加宽 50 缇
End Sub
Private Sub Command5_Click()
    End
End Sub
Private Sub Command6_Click()
    Label1.Top=Label1.Top-15          '将 Label1 向上移动 15 缇
    Label2.Top=Label2.Top-15          '将 Label2 向上移动 15 缇
End Sub
Private Sub Command7_Click()
    Label1.Top=Label1.Top-15          '将 Label1 向上移动 15 缇
    Label2.Top=Label2.Top+15          '将 Label2 向上移动 15 缇
End Sub
```

（4）调试和运行程序，结果如图 2.22 所示。

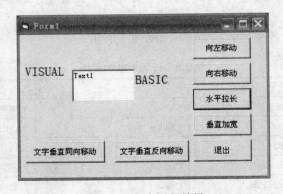

图 2.22　程序运行结果

例 2.11　设计一个应用程序，完成词组互换功能。

程序设计步骤如下。

（1）创建一个新的工程，在窗体上设置三个文本框、三个标签和两个命令按钮。

（2）设置各控件的属性值，如表 2.6 所示。

表 2.6　设置控件属性表

对　象	对象名	属　性	属性值
窗体	Form1	Caption	词组交换
标签	Label1	Caption	第一组词
		Font	宋体、粗体、小四
	Label2	Caption	第二组词
		Font	宋体、粗体、小四
	Label3	Caption	第三组词
		Font	宋体、粗体、小四
文本框	Text1	Text	空白
	Text2	Font	宋体、粗体、四号
	Text3	ForeColor	蓝色
命令按钮	Command1	Caption	交换
		Font	宋体、粗体、小四
	Command2	Caption	退出
		Font	宋体、粗体、小四

（3）双击"交换"按钮，在代码窗口中输入以下代码。

```
Dim str1, str2, str3, temp '变量定义
Private Sub Command1_Click()
    str1=Text1.Text        '将文本框 Text1 的 Text 属性值赋给变量 str1
    str2=Text2.Text        '将文本框 Text2 的 Text 属性值赋给变量 str2
    str3=Text3.Text        '将文本框 Text3 的 Text 属性值赋给变量 str3
    '词组交换
    temp=str1              '将变量 str1 的值赋给变量 temp
    str1=str2              '将变量 str2 的值赋给变量 str1
    str2=str3              '将变量 str3 的值赋给变量 str2
    str3=temp              '将变量 temp 的值赋给变量 str3
    Text1.Text=str1        '将变量 str1 的值赋给文本框 text1 的 text 属性
    Text2.Text=str2        '将变量 str2 的值赋给文本框 text2 的 text 属性
    Text3.Text=str3        '将变量 str3 的值赋给文本框 text3 的 text 属性
End Sub
```

（4）双击"退出"按钮，在代码窗口中输入以下代码。

```
Private Sub Command2_Click()
    End
End Sub
```

（5）调试和运行程序，程序运行结果如图 2.23 所示。

例 2.12　设计一个学生管理系统的框架，包括添加学生、查询学生、浏览学生三个功能。其功能分别由三个窗体 Form2、Form3 和 Form4 完成。为了将它们连接起来，首先定制一个启动窗体 Form1，该窗体上设置四个命令按钮，前三个命令按钮分别用于启动其他三个窗体，第四个命令按钮用于结束程序，界面设计如图 2.24 所示。

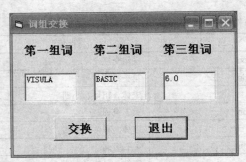

图 2.23   程序运行结果

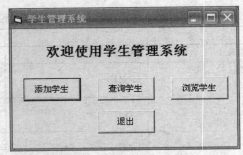

图 2.24   Form1 窗体界面

程序设计步骤如下。

（1）创建一个新的工程，在窗体上设置一个标签和四个命令按钮。设置 Form1 窗体为启动窗体。

（2）在属性窗口中设置 Form1 中各控件属性，如表 2.7 所示。

表 2.7   设置各控件属性值

对　象	对象名	属　性	属性值
窗体	Form1	Caption	学生管理系统
标签	Label1	Caption	欢迎使用学生管理系统
		Font	宋体、粗体、四号
命令按钮	Command1	Caption	学生添加
	Command2	Caption	学生查询
	Command3	Caption	学生浏览
	Command4	Caption	退出

（3）为 Form1 中各控件添加代码如下。

```
Private Sub Command1_Click()
    Form2.Show
    Form1.Hide
End Sub
Private Sub Command2_Click()
    Form3.Show
    Form1.Hide
End Sub
Private Sub Command3_Click()
    Form4.Show
    Form1.Hide
End Sub
Private Sub Command4_Click()
    End
End Sub
```

（4）新建一个窗体 Form2，在该窗体上添加三个命令按钮，用来跳转到其他窗体，以及返回到 Form1 启动窗体。界面如图 2.25 所示。

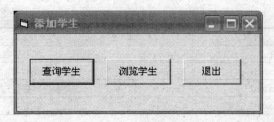

图 2.25　Form2 窗体界面

（5）设置 Form2 窗体上各控件的属性值，如表 2.8 所示。

表 2.8　设置各控件属性值

对　　象	对象名	属　　性	属性值
窗体	Form2	Caption	添加学生
命令按钮	Command1	Caption	查询学生
	Command2	Caption	浏览学生
	Command3	Caption	退出

（6）为 Form2 中各控件添加如下代码。

```
Private Sub Command1_Click()
    Form3.Show          '转向查询学生窗体
    Form2.Hide          'Form2 窗体隐藏
End Sub
Private Sub Command2_Click()
    Form4.Show          '转向浏览学生窗体
    Form2.Hide
End Sub
Private Sub Command3_Click()
    Form1.Show          '返回启动窗体
    Form2.Hide
End Sub
```

（7）新建一个窗体 Form3，在该窗体上添加三个命令按钮，用来跳转到其他窗体，以及返回到 Form1 启动窗体。界面如图 2.26 所示。

图 2.26　Form3 窗体界面

（8）设置 Form3 窗体上各控件的属性值，如表 2.9 所示。

表 2.9　设置各控件属性

对　象	对象名	属　性	属性值
窗体	Form3	Caption	查询学生
	Command1	Caption	添加学生
命令按钮	Command2	Caption	浏览学生
	Command3	Caption	退出

（9）为 Form3 中各控件添加如下代码。

```
Private Sub Command1_Click()
    Form2.Show        '转向添加学生窗体
    Form3.Hide        '隐藏 Form3 窗体
End Sub
Private Sub Command2_Click()
    Form4.Show        '转向浏览学生窗体
    Form3.Hide
End Sub
Private Sub Command3_Click()
    Form1.Show        '转向启动窗体
    Form3.Hide
End Sub
```

（10）新建一个窗体 Form4，在该窗体上添加三个命令按钮，用来跳转到其他窗体，以及返回到 Form1 启动窗体。界面如图 2.27 所示。

图 2.27　Form4 窗体界面 -

（11）设置 Form4 窗体上各控件的属性值，如表 2.10 所示。

表 2.10　设置各控件属性

对　象	对象名	属　性	属性值
窗体	Form4	Caption	浏览学生
	Command1	Caption	添加学生
命令按钮	Command2	Caption	查询学生
	Command3	Caption	退出

（12）为 Form4 中各控件添加如下代码。

```
Private Sub Command1_Click()
    Form2.Show        '转向添加学生
    Form4.Hide        '隐藏窗体
```

```
    End Sub
    Private Sub Command2_Click()
        Form3.Show          '转向查询学生
        Form4.Hide
    End Sub
    Private Sub Command3_Click()
        Form1.Show          '返回启动窗体
        Form4.Hide
    End Sub
```

（13）调试和运行上述程序。

注 意

　　该例题只给出窗体之间的简单连接代码，实现每一个窗体的功能还要进行详细的界面设计和程序设计。

　　利用多窗体，可以把一个复杂的问题分解为若干个简单问题，每个简单问题使用一个窗体。每一个窗体还可以根据需要创建新的窗体。

　　一般情况下，屏幕上某个时刻只显示一个窗体，其他窗体要么隐藏，要么从内存中删除。为了提高运行速度，暂时不用的窗体通常用 Hide 方法隐藏。

　　在多窗体程序设计中，工程窗体（见图 2.28）十分有用。VB 把每一个窗体作为一个文件保存，为了对某个窗体（包括界面和程序代码）进行修改，必须在工程窗口中找到该窗体文件，然后调出界面或代码。

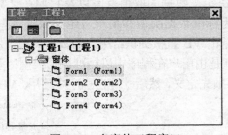

图 2.28　多窗体工程窗口

小　　结

　　本章介绍了 VB 窗体、焦点的概念，阐述了窗体的常用属性、事件和方法，多窗体的设计方法，讲述了命令按钮、标签和文本框控件的常用属性、事件和方法。然后通过几个简单的程序实例，介绍 VB 应用程序的建立过程及窗体、命令按钮、标签和文本框等基本控件的使用。通过本章的学习，读者应该掌握常用的事件，如 Click、Load、Change、KeyPress、MouseMove 等；在界面设计时能够选择合适的控件，并进行相应属性的设置。

第3章 Visual Basic 语言基础

本章要点

● 数据类型、常量和变量
● 运算符、表达式
● 常用内部函数

本章学习目标

● 理解常用数据类型在内存中的存放形式
● 理解变量与常量的概念、掌握其定义和使用
● 掌握各种运算符、表达式的计算方法
● 掌握常用内部函数的使用

3.1 数据类型

数据是程序处理的对象，每一个数据必定属于一种特定的数据类型，不同类型的数据有不同的操作，同时也决定了数据的取值范围以及它们在计算机中的存储形式。

VB 的数据类型可分为标准数据类型和用户自定义数据类型两大类。标准数据类型又称为基本数据类型，它是由 VB 直接提供给用户的数据类型，用户不用定义就可以直接使用；用户自定义数据类型是由用户在程序中以标准数据类型为基础，并按照一定的语法规则创建的数据类型，它必须先定义，然后才能在程序中使用。VB 数据类型如图 3.1 所示。

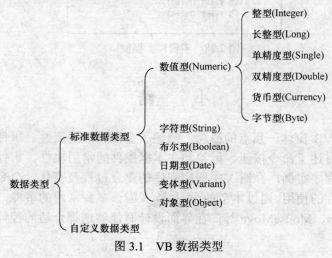

图 3.1 VB 数据类型

3.1.1　标准数据类型

标准数据类型是系统定义的数据类型。表 3.1 列出了 VB 提供的几种标准数据类型。

表 3.1　VB 的标准数据类型

数据类型	类型符	字节数	取值范围
Byte（字节型）	无	1	0～255
Boolean（布尔型）	无	2	True 和 False
Integer（整型）	%	2	−32768～32767，小数部分四舍五入
Long（长整型）	&	4	−2147483648～2147483647，小数部分四舍五入
Single（单精度型）	!	4	负数：−3.402823E+38～−1.401298E-45 正数：1.401298E-453.402823E+38
Double（双精度型）	#	8	负数：−1.79769313486232D+308～−4.94065645841247D-324 正数：4.94065645841247D-324～1.79769313486232D+308
Currency（货币型）	@	8	−922337203685477.5808～922337203685477.5807
Date（日期型）	无	8	公元 100 年 1 月 1 日～9999 年 12 月 31 日
String （定长字符型）	$	字符串长度	0～约 20 亿字节，1 字节/字符
String*size （变长字符型）	$	字符串长度	1～65535 字节（64KB）
Variant （数值变体型）	无	16	任何数值，最大可达 Double 的范围
Variant （字符变体型）	无	字符串长度	与变长度字符串有相同的范围
Object（对象型）	无	4	可供任何对象引用

1.　数值型数据

在 VB 语言中，数值型数据是指能够进行加、减、乘、除、整除、乘方和取模（Mod）等运算的数据。它包括整数类型和实数类型两大类。

（1）整数类型：不带小数点和指数符号的数。整数类型又分为字节型、整型和长整型三种数据类型。

① Byte（字节型）：主要用于二进制文件的读写，在内存中占一个字节，存储 0～255 之间的无符号整数，不能表示负数。

② Integer（整型）：在内存中占两个字节。可以在数据后面加类型符"%"来表示整型数据，如 321、78、65%。

③ Long（长整型）：在内存中占四个字节。长整型数据中不可以有逗号分隔符，可以在数据后面加类型符"&"表示长整型数据，如 45223、−2548、96&。

（2）实数类型：带有小数部分的数。实数类型又分为单精度实型、双精度实型和货币类型三种。

VB 中单精度实型和双精度实型数据都有两种表示方法：定点表示法和浮点表示法。

① 定点表示法：日常生活中普遍采用的计数方法。在这种表示方法中，小数点的位置是固定的，书写简单，适合表示那些大小适中的数。

单精度实型数据在内存中占 4 个字节，最多可表示 7 位有效数字，精确度为 6 位，可在数据后面加类型符 "!"，如 5874!、12.56。

双精度实型数据在内存中占 8 个字节，最多可表示 15 位有效数字，精确度为 14 位，可在数据的后面加类型符 "#"，如 567.89#。

② 浮点表示法：当一个数特别大或者特别小时，可以采用科学计数法表示，如 $1.234×10^{-4}$、$5.8765×10^{12}$。由于在计算机中无法输入上标，所以 VB 用一个大写英文字母（单精度实型数用字母 E，双精度实型数用字母 D）表示底数 10。例如，上面两个数可以表示为 1.234E-4 和 5.8765D12。

可见，浮点数由三部分组成：尾数部分、字母 E 或 D、指数部分。尾数部分既可以是整数，也可以是小数，正号可省略；指数部分是包括正负号在内不超过三位数的整数，正号可省略。

在这种表示方法中，小数点的位置是不固定的，但是在输入时，无论将小数点放在何处，VB 都会自动将它转化成尾数的整数部分为 1 位有效数字形式（即小数点在最高有效位的后面），这种形式的浮点数叫做规格化的浮点数。

③ 货币类型：在内存中占 8 个字节，用于保存精度特别重要的数据，用于货币计算与定点计算。一个货币型数据整数部分最多有 15 位，小数部分最多有 4 位，可在数据后面加类型符 "@" 来表示货币类型数据，如 145.32@。

2. 字符串型数据

字符串是由一对双引号括起来的一个字符序列。字符串中可以包含 ASCII 字符或中文汉字，一个汉字或一个英文字母都是一个字符，在内存中占两个字节。例如，"2011ABCD"、"辽宁沈阳"。

在 VB 中，字符串型数据可分为变长字符串和定长字符串两种。

（1）变长字符串：它的长度是可以变化的，在计算机中，为变长字符串分配的存储空间随着字符串实际长度的变化而变化的，变长字符中最多可容纳大约 20 亿个字节。

（2）定长字符串：它的长度固定不变，在计算机中，为定长字符串分配的存储空间是固定不变的，而不论字符串实际长度如何，定长字符串最多可容纳 64K 字节。例如，

```
Dim a As String*32    '声明定长（32 个字符）字符串变量 a
```

对上例声明的定长字符串变量 a，若赋予的字符少于 32 个，则在其右侧补空格；若赋予的字符超过 32 个，则将多余字符截掉。

3. 日期型数据

日期型数据可以表示日期和时间，表示的日期范围为 100 年 1 月 1 日～9999 年 12 月 31 日，表示的时间范围为 00:00:00～23:59:59。一个日期型数据在内存中占用 8 个字节，以浮点数形式存储。

日期型数据的表示方法有一般表示法和序号表示法两种。

（1）一般表示法：它是用一对 "#" 将日期和时间前后括起来的表示方法。例如，

#Sep2011#、#2011-09-12 10:2:40AM#、#20/9/2010 08:15:32PM#等。日期可以用"/"、","、"、"、"-"分隔开，可以是年、月、日，也可以是"月、日、年"的顺序。时间必须用"："分隔，顺序是时、分、秒。在日期类型的数据中，不论年、月、日按照何种顺序排列，VB 会自动将其转换成 mm/dd/yy（月/日/年）的形式。如果日期型数据不包括时间，则 VB 会自动将该数据的时间部分设置为午夜 0 点；如果不包括日期，则 VB 会自动将该数据的日期部分设置为公元 1899 年 12 月 30 日。

（2）序号表示法：用来表示日期的序号是双精度实数，VB 会自动将其解释为日期和时间。其中，序号的整数部分表示日期；小数部分表示时间，午夜为 0，正午为 0.5。可以对日期型数据进行运算。通过加减一个整数来增加或减少天数，通过加减一个分数或小数来增加或减少时间。例如，加 16 就是加 16 天，而减掉 1/6 就是减去 4 小时。

4．布尔型数据

布尔型数据用于表示逻辑判断的结果，只有 True 和 False 两个值，分别表示成立和不成立，默认值为 False。一个布尔型数据在内存中占两个字节。

布尔型数据常作为程序的转向条件，用于控制程序的流程。布尔型数据可以转换成整型数据，规则是：True 转换为-1，False 转换为 0；其他类型数据也可以转换成布尔型数据，规则是：非 0 数转换为 True，0 转换为 False。

5．对象型数据

对象型数据用于保存应用程序中的对象，如文本框、窗体等。对象型数据用 4 个字节来存储。可以用 set 语句指定一个被声明为 Object 的变量，用于调用应用程序所识别的任何实际对象。

6．变体型数据

变体型数据是一种特殊的数据，用于存储一些不确定类型的数据。它可以用于存储除了固定长度字符串类型以及用户自定义类型以外的上述任何一种数据类型。在 VB 中，所有未定义而直接使用的变量其默认的数据类型为变体型。

3.1.2　自定义数据类型

在 VB 中，除了上述介绍的标准数据类型外，VB 还提供了让用户自定义的数据类型，它由若干个标准数据类型组成，类似于 C 语言中的结构体类型。自定义数据类型格式如下。

```
Type 自定义数据类型名
    元素名 1  As 类型名
    元素名 2  As 类型名
    …
    元素名 n  As 类型名
End Type
```

其中，"自定义数据类型名"是要定义的数据类型的名字，其命名规则和后面要讲到的变量命名规则相同；"元素名"也遵守相同的规则；"类型名"可以是任何基本数据类型或已定义的自定义数据类型。

例如，对于一个学生的"姓名"、"学号"、"性别"、"年龄"和"成绩"等数据，为了处理数据方便，常常需要把这些数据定义成一个新的数据类型（如 stutype 类型）。

```
Type stutype
    name As String*4
    num As String*8
    sex As String*2
    age As Integer
    score As Single
End Type
```

一旦自定义类型后，就可以在变量的声明时使用该类型。例如，

```
Dim student As stutype
```

引用变量的格式如下：

```
变量名.元素名
```

例如，student.name、student.num 及 student.score 等。

在定义自定义数据类型时，需要注意以下两点。

① 自定义类型需在标准模块（.bas）中定义，默认类型为 Public。

② 自定义类型中的元素类型可以是字符串，但必须是定长的字符串。

3.2 常量与变量

一个完整的程序通常需做三件事：获取数据、处理数据和输出数据。在程序执行过程中数据的存储及中转大多是通过变量来实现。可以将变量理解为一个容器，它有自己的名字（变量名）和容量（变量类型）。常量和变量类似，但其存储的值是不变的。

3.2.1 常量

顾名思义，常量是在程序运行过程中其值保持不变的量，如数值、字符串等。在 VB 中，常量可以分为一般常量和符号常量两种。

1. 一般常量

一般常量是指在程序中以直接明显的形式给出的数据。根据常量的数据类型，一般常量分为数值常量、字符型常量、布尔型常量和日期型常量。

（1）数值常量。由正号、负号、数字和小数点组成，如 123、2.34、9.5E-6（单精度型）、7.45D3（双精度型）等。

数值型常数除了可以用十进制数来描述，还可以用十六进制数或八进制数来表示。各种数值型常数表示方法如下。

① 十进制数。例如，231、-647、0、3.1415926。

② 八进制数。通常以&O或&为引导，其数据范围为&0～&177777（整型数据）或&0～&37777777777&（长整型数据）。对于长整型数据还要以&结尾，如&O3424578&、&O745236541&。

③ 十六进制数。通常以&H为引导，其后的数据位数为1～4位（整型数据）或1～6位（长整型数据），如&H47CB、&H5F等。对于长整型数据还要以&结尾，如&HFF55CC&等。

> **注意**
>
> 在 VB 中，数值型数据均有取值范围，如果超出规定的范围，将提示"溢出"信息。

（2）字符型常量。由一对双引号括起来的字符串组成。双引号称为字符串的定界符，如"AB"、"学习 VB 6.0"等。如果一对双引号中不包含任何字符，则称该字符串为空字符串；当双引号中的字符为空格时，则称该字符串为空格字符串。这两个字符串是有区别的，空字符串的长度为 0，空格字符串的长度为其空格数。

> **注意**
>
> 双引号必须是西文中的引号。

（3）布尔型常量。布尔常量只有 False（假）和 True（真）两个值。

（4）日期型常量。由一对"#"号括起来的日期形式的字符组成，如#2011-10-8 7:45:21#、#Oct 1, 2011#等。

2. 符号常量

符号常量是在程序中用符号表示的常数。在程序中经常要多次使用同一个常数，如 π（3.1415926），如果每次用到 π 时都重复录入 3.1415926 是不方便的。VB 允许用一个符号来代替永远不变的数值或字符串常量，称这个符号为符号常量，其定义格式如下：

```
Const 符号常量名[As 类型]=表达式
```

其中，符号常量名的命名规则与变量名命名规则相同；"类型"用来声明常量类型，可以是表 3.1 中的任一数据类型；被"[]"括起来的部分为可选项；"表达式"由数值常量、字符串等常量及运算符组成，可以包括前面定义过的常量。例如，

```
Const pi=3.1415926          '定义单精度符号常量pi，值为 3.1415926
Const min As Integer=20     '定义整型符号常量min，值为 20
Const num#=12.5             '定义双精度符号常量num，值为 12.5
```

符号常量可以是具有一定含义、容易理解和记忆的字符。在程序中，凡出现该常量的地方，都用该符号常量代替，如果要想改变某一常量的值，则只需改变程序中声明该符号常量的一条语句即可。

除了上述方法可以自定义符号常量外，VB 系统和控件还提供了大量可以直接使用

的符号常量，称为系统符号常量，如 vbBlue、vbRed，这些常量为程序设计提供了方便。

例如，设置文本框（Text1）的背景颜色为蓝色时，可使用以下语句：

```
Text1.BackColor=vbBlue          'vbBlue 为 VB 提供的符号常量
```

系统符号常量可与对象、属性和方法一起在应用程序中使用。这些常量位于对象库中，在"对象浏览器"中的 Visual Basic（VB）、Visual Basic for Applications（VBA）等对象库中都列举了 VB 的常量。单击"视图"下的"对象浏览器"命令，可调出"对象浏览器"窗口，如图 3.2 所示，在"对象浏览器"中可以查看系统符号常量。

图 3.2   "对象浏览器"窗口

在"所有库"下拉列表框中选择 Visual Basic、Visual BasicA、Visual BasicRUN 或"工程 1"等选项，即选择了相应的对象库，再在"类"列表框选择组名称，即可在其右边的"成员"列表框中列出相应的系统符号常量、属性和方法名称。选中一个名称后，在"对象浏览器"窗口底部的文本框中将显示该常量的功能。

使用标准符号常量，可以使程序变得易于阅读和编写。同时，标准符号常量值在 VB 更高的版本中可能还有改变，标准符号常量的使用也可使程序保持兼容性。例如，窗体对象的 WindowsState 属性可接受的标准符号常量有 vbNormal（正常）、vbMaximized（最小化）和 vbMaximized（最大化）。

3.2.2 变量

顾名思义，变量是在程序运行中其值可以发生改变的量。在应用程序的执行过程中，常用变量来存储临时数据，变量的内容因程序的运行而变化，变量具有名字和数据类型。在使用变量前先声明变量名和类型，以便系统为它分配存储单元（地址和大小）。

1．变量的命名规则

变量名是代表数据的一个名称，通过变量名引用它所存储的值。变量的命名必须遵循以下规则。

（1）不能使用 VB 中的关键字命名。例如，Print、Sub、End 等不能作为变量名。

（2）变量名必须以字母或汉字开头，后面可跟字母、数字、汉字或下划线，长度不超过 255 个字符。例如，12Ab、$ABC 是不合法的。

（3）变量名不区分大小写。例如，XYZ、xyz、Xyz 效果是一样的。

在 VB 中，符号常量、变量、过程和自定义函数名称都必须遵循上述规则。

注　意

① 变量命名时尽可能简单明了，见名知义。如用 sum 代表求和，average 代表求平均数。变量名不要过长，以免影响阅读和书写。

② 变量名不能包含小数点、空格或嵌入"!"、"#"、"@"、"%"、"&"等字符。

例如，sum、xyz、a123 均为合法的变量名。

下面是错误的或命名不当的变量名。

```
123a                   '变量名不允许以数字开头
X-y                    '变量名不允许出现减号
Const                  '变量名不允许出现 VB 关键字
Sin                    '变量名不允许出现 VB 内部函数名
张 三                   '变量名中不允许出现空格
```

2. 变量的声明

通常，在程序中必须对变量先进行声明，再使用变量。变量声明就是将变量名和数据类型事先通知给应用程序，也叫做变量定义。

在 VB 中变量的声明分为显式声明和隐式声明两种。

（1）显式声明。所谓显式声明，就是使用声明语句来定义变量名及类型。通常有以下两种格式。

① 第一种格式如下：

```
Dim 变量名[As 类型]，变量名[As 类型]…
```

将指定的变量定义为由类型指明的变量类型。其中，类型可使用表 3.1 中所列出的数据类型或用户自定义的类型名。方括号"[]"内的部分表示可以缺省。如果缺省"As 类型"部分，则所创建的变量默认为变体类型。

例如，

```
Dim A1 As Integer, A2 As Single    '声明 A1 为整型变量和 A2 为单精度变量
Dim C1 As Double                   '声明 C1 为双精度变量
Dim D1                             '声明 D1 为 Variant 类型
```

对于字符串变量，根据其存放的字符串长度固定与否而分为变长字符串变量和定长字符串变量两种。

声明变量为变长字符串的格式如下：

```
Dim 变量名 As String
```

该类变量最多可存放约 20 亿个字符。例如，

```
Dim str1 As String        '声明 str1 为变长字符串变量
```

声明变量为定长字符串的格式如下：

```
Dim 变量名 As String*字符数
```

该类型变量字符个数由 String 后的字符数确定，最多可以存放约 65536 个字符。例如，

```
Dim str2 As String*10    '声明 str2 为字符串变量，可存放 10 个字符
```

对于变量 str2，若赋予的字符数少于 10 个，则右补空格；若赋予的字符超过 10 个，则多余部分被截掉。

② 第二种格式。使用类型符直接声明变量。用类型符直接声明变量的格式如下。

```
Dim 变量名类型符
```

例如，

```
Dim S1%, P!              '声明 S1 为整型变量，P 为单精度变量
```

注 意

> 定义变量时，变量名与类型符之间不能有空格，类型符参见表 3.1 所示。

无论采用第一种格式还是第二种格式声明变量，需要注意以下问题。

① 一条 Dim 语句可以同时定义多个变量，但每个变量必须有自己的类型声明，类型声明不能共用。例如，

```
Dim S1%, P!   或  Dim S1 As Integer, P As Single
```

两种声明格式效果相同，声明 S1 为整型变量，P 为单精度变量。

若是下面的形式：

```
Dim P, S1%   或  Dim P, S1 As Integer
```

则定义了 S1 为整型变量，P 为变体类型变量。

② 变量一旦被声明，VB 自动对各类变量进行初始化。数值变量的初值为 0，字符型变量的初值为空串，Variant 变量的初值为 Empty，布尔型变量的初值为 False，日期型变量的初值为 00:00:00。

（2）隐式声明。所谓隐式声明，指在程序中直接使用未声明的变量，所有隐式声明的变量都是 Variant 类型。例如，下面程序隐式声明了一个变量。

```
Private Sub Command1_Click()
    a=50
    Print a
End Sub
```

此时，变量 a 没有事先声明就初直接引用了，这就是隐式声明。虽然这种方法很方便，但不提倡这么做，因为一旦把变量名写错，系统也不会提示错误。

为了避免系统因为变量未声明而出现的错误，在 VB 中提供了强制显示声明的方法，

即只要使用一个变量，就必须先进行变量的显示声明。遇到一个未经显示声明的变量名，VB 就会自动显示"Variable not defined"警告信息。为实现强制显示声明，可在窗体的通用声明段或标准模块的声明段（"代码"窗口内最上边）中加上一条如下语句。

```
Option Explicit
```

强制声明语句也可以执行"工具"菜单中的"选项"命令，单击"编辑器"选项卡，选中"要求变量声明"复选框，如图 3.3 所示。

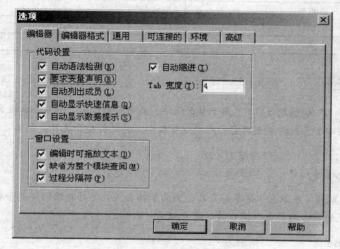

图 3.3　强制显示声明变量窗口

通过强制声明，VB 系统会在以后新建的类模块、窗体模块或标准模块的通用声明段内，自动插入 Option Explicit 语句。但这种方法不会在已经编写的模块中自动插入上面的语句。

3.3　运算符与表达式

运算是对数据进行加工的过程，描述各种不同运算的符号称为运算符，参与运算的数据称为操作数。表达式用来表示某个求值规则，它由运算符和小括号将常量、变量和函数按照一定的语法规则连接而成。在 VB 中，有四种类型的表达式，分别为算术表达式、字符串表达式、关系表达式、布尔表达式。关系表达式和布尔表达式也称为条件表达式。

3.3.1　算术表达式

算术表达式也称数值表达式。它是用算术运算符和小括号将数值型常量数连接起来的式子，算术表达式的运算结果为数值型。

1．算术运算符

VB 算术运算符有八种，如表 3.2 所示。

表 3.2   VB 算术运算符

运算符	含 义	举 例
+	加	5+3.2=8.2
-	减	15-5.0=10.0
*	乘	2.5*3=7.5
/	除	1 / 2=0.5
\	整除	1 \ 2=0
Mod	取模	6 Mod 4=2
-	负号	−12.3
^	乘方	2^3=8

注 意

    ① "\" 与 "/" 的区别是: "\" 用于整数除法。在进行整除时，如果参加运算的数据含有小数部分，则先按四舍五入的原则将它们转换成整数后，再进行整除运算。例如，

```
52.2\3.7          '结果为 13
27.1Mod 9.4       '结果为 3
```

    ② Mod 是取模（或取余）运算符，其值为两数四舍五入之后相除所得的余数，结果为整型数值。运算结果的符号与第一个操作数的符号相同。例如，

```
-10 Mod 3         '结果为-1
10 Mod -3         '结果为 1
```

2. 算术表达式及其书写规则

（1）算术表达式：由算术运算符、小括号和运算对象（包括常量、变量、函数和对象等）组成的表达式为算术表达式。其运算结果为一个数值。单独一个数值型常量、变量或函数也可以构成一个算术表达式。例如，12*5+(17-10)/7、x、sin(x)都是算术表达式。

（2）算术表达式的书写规则：算术表达式与数学中代数式的书写方法不同，在书写时应特别注意以下几点要求。

① 表达式中，所有字符都必须写在同一行上。例如，将数学式 $\dfrac{\pi}{a^2 + \sqrt{b}}$ 写成 VB 的算术表达式为：3.14159/(a^2 +Sqr(b))。

② 通过加小括号可调整运算次序。例如， $3\dfrac{b+2}{a}$ 写成 VB 表达式为 3*(b+2)/a。

③ 在代数式中可省略的乘号，在写成 VB 表达式时必须补上。如代数式 $8a+b^2$ 写成 VB 表达式时应为 8*a+b^2。

④ VB 表达式中一律使用小括号 "( )"，并且必须配对，如代数式 3[a(b+c)]要写成 3*(a*(b+c))。

3. 不同数据类型的转换

如果参与运算的两个数值型数据为不同类型，VB 系统会自动将它们转化为同一类

型，然后进行运算。转换的规律是将范围小的类型转换成范围大的类型，即 Integer→Long→Single→Double。但当 Long 型与 Single 型数据运算时，结果为 Double 型。

注　意

　　算术运算符一侧为数值型数据，另外一侧为数字字符串或布尔型数据，则自动转换成为数值型后再进行运算。例如，

```
10-True          '结果为 11，布尔型 True 转化为数值-1，False 转化为数值 0
10+"4"           '结果为 14，数字字符串"4"转化为数值 4
```

4. 算术运算符优先级

在一个表达式中可以出现多个运算符，因此必须确定这些运算符的运算顺序。运算顺序不同，所得的结果也就不同。

算术运算符的运算顺序从高到低可表示如下。

　　　乘方^ → 取负- → 乘*、除/ → 整除 \ → 求余 Mod → 加+、减-

其中，乘、除和加、减分别为同级运算符，同级运算从左向右进行。在表达式中加小括号"( )"可以改变表达式的求值顺序。

例 3.1　创建一个工程，单击窗体后，直接输出运行结果。

设计步骤如下。

（1）首先创建一个窗体。

（2）设置窗体的 Caption 属性为"算术运算表达式"。

（3）单击窗体，打开代码编辑器，在窗体 Load 事件中输入以下语句。

```
Private Sub Form_Load()
    Dim a, b As Integer
    Dim x, y As Single
    Dim d As Double, c As Currency
End Sub
```

（4）单击窗体，打开代码编辑器，在窗体 Click 事件中输入以下语句。

```
Private Sub Form_Click()
    a=5
    x=8
    y=x/a
    b=x Mod a
    d=x ^ 3
    a=d \ a
    c =(a+b)*(d-y)/x
    Print "a="; a,  "b=;"; b
    Print "x="; x,  "y=;"; y
    Print "c="; c,  "c=;"; c
End Sub
```

（5）运行上述程序，单击窗体，在窗体上输出运行结果，如图 3.4 所示。

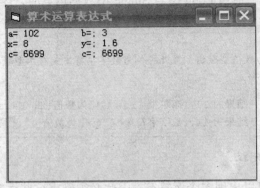

图 3.4　算术运算表达式

3.3.2　字符串表达式

1. 字符串运算符

字符串运算符有两个，一个是"+"运算符，另一个是"&"运算符，它们均可以实现将两个字符串首尾相连。使用"&"运算符时应注意：运算符"&"前后都应加一个空格，以避免 VB 系统认为是长整型变量。

2. 字符串表达式

字符串表达式是由字符串运算符和小括号将字符常量、变量和函数连接起来的式子。其运算结果可能为数值型，也可能为字符型。例如，

```
"VB"+"中文版"          '结果为"VB 中文版"，类型为字符型
"VB" & "中文版"        '结果为"VB 中文版"，类型为字符型
"12" & "34"           '结果为"1234"，类型为字符型
"12"+34               '结果为 46，类型为数值型
```

3. 运算过程中的类型转换

（1）"+"运算符。当运算符两边的操作数均为字符型时，做字符串连接运算；当运算符两边的操作数均为数值型时，做算术运算；如果一个为数字字符串，另一个为数值型数据，则先自动将数字字符串转换为数值，然后做算术运算；如果一个为非数字字符串，另一个为数值型数据，则会弹出对话框，提示出错信息为"类型不匹配"。

（2）"&"运算符。运算符两边的操作数可以是字符型数据，也可以是数值型数据，进行数据连接以前，先将它们转换为字符型数据，然后再连接。例如，

```
"辽宁" & "沈阳"         '结果为"辽宁沈阳"
"辽宁" & 125           '结果为"辽宁 125"
"ABC" & 123           '结果为"ABC123"
```

例 3.2　创建一个工程，单击窗体后，直接输出运行结果。

设计步骤如下。

（1）创建一个窗体。

（2）设置窗体的 Caption 属性为"字符串表达式"。

（3）单击窗体，打开代码编辑器，在窗体 Load 事件中输入以下语句。

```
Private Sub Form_Load()
    Dim s1 As String, s2 As String
    Dim s3 As String, num As Integer
End Sub
```

（4）单击窗体，打开代码编辑器，在窗体 Click 事件中输入以下语句。

```
Private Sub Form_Click()
    s1="辽宁"
    s2="沈阳"
    s3=15
    num=20
    Print "s1 & s2 "; s1 & s2
    Print "s1+s2 "; s1+s2
    Print "num+s3"; num+s3
End Sub
```

（5）运行上述程序，单击窗体，在窗体上输出运行结果，如图 3.5 所示。

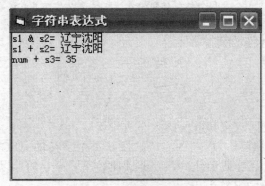

图 3.5　字符串表达式

3.3.3　关系表达式

关系表达式用于对两个同类型表达式的值进行比较，比较的结果为布尔值 True（真）或 False（假）。例如，a＞b、3＞5、"3y"＜"jqk"都是合法的关系表达式。由于它常用来描述一个给定条件，故也称为"条件表达式"。

1. 关系运算符

VB 提供的常用的有六种，如表 3.3 所示。

表 3.3　VB 关系运算符

关系运算符	含　义	相当于数学符号
=	等于	=
>	大于	>
<	小于	<
>=	大于或等于	≥
<=	小于或等于	≤
<>	不等于	≠

2．关系表达式

关系表达式是用关系运算符和小括号将两个相同类型的表达式连接起来的式子。关系表达式的格式如下：

表达式 1　关系运算符　表达式 2

先计算表达式 1 和表达式 2 的值，得出两个相同类型的值，然后再进行关系运算符所规定的关系运算。如果关系表达式成立，则计算结果为 True，否则为 False。例如，

```
3+5>6+7          '运算符两边为数值，比较结果为 False
"ABC"<"ABCD"     '运算符两边为字符串，比较结果为 True
```

注　意　◀))

　　① 表达式 1 和表达式 2 是两个类型相同的表达式，可以是算术表达式，也可以是字符串表达式，还可以是其他关系表达式。
　　② 所有关系运算符的优先顺序均相同，如要想改变运算的先后顺序，需要使用小括号括起来。
　　③ 关系表达式和算术表达式的书写规则相同。

3．比较规则

（1）对于数值型数据，按其数值的大小进行比较。

（2）对于字符串型数据，从左到右依次按其每个字符的 ASCII 码值的大小进行比较，如果对应字符的 ASCII 码值相同，则继续比较下一个字符，以此类推，直到遇到第一组 ASCII 码值不相等的字符为止。

（3）日期型数据将日期看成"yyyymmdd"格式的八位整数，按数值大小进行比较。如#10/08/2011#>#10/08/2010#，比较结果为 True。

例 3.3　创建一个工程，单击窗体后，直接输出比较结果。

设计步骤如下。

（1）创建一个窗体。

（2）设置窗体的 Caption 属性为"比较表达式"。

（3）单击窗体，打开代码编辑器，在窗体 Click 事件中输入以下语句。

```
Private Sub Form_Click()
    a=20
```

```
        b=45
        Print "a="; a, "b="; b
        Print "a>b" & "结果是"; a > b, "a<b" & "结果是"; a < b
        Print "a>=b" & "结果是"; a >= b, "a<=b" & "结果是"; a <= b
        Print "a=b" & "结果是"; a=b, "a<>b" & "结果是"; a <> b
    End Sub
```

（4）运行上述程序，单击窗体，在窗体上输出运行结果，如图 3.6 所示。

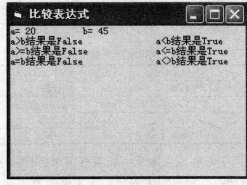

图 3.6　比较表达式

3.3.4　布尔表达式

关系表达式只能表示一个条件，即简单条件，如"x＞0"代表了数学表达式"x＞0"，但有时会遇到一些比较复杂的条件，如"1＜x＜8"，它实际上是"x＞0"和"x＜8"两个简单条件的组合，可以把它看作一个"复合"条件。布尔表达式就是用来表示"非……"、"不但……而且……"、"或……或……"等复杂条件的。

1．布尔运算符

布尔运算符是进行各种布尔运算所使用的运算符，VB 布尔运算符如表 3.4 所示。

表 3.4　VB 布尔运算符

运算符	含义	实例	结果
And	与	(8 > 6) And (8 Mod 3=0)	False
		(3 >= 0) And (-5 < 0)	True
Or	或	16 Mod 4=0 Or 16 Mod 3=0	True
		(2 <= 0) And (-5 > 0)	False
Not	非	Not(5>0)	False
		Not(5<0)	True
Xor	异或	(2>1) Xor (4<1)	True
		(2>1) Xor (3>1)	False
Eqv	等价	(5>4) Eqv (5<1)	False
		(5>2) Eqv (5>1)	True
Imp	蕴含	(5>3) Imp (5<1)	False
		(5>2) Imp (4>1)	True

布尔运算的优先级由高到低顺序为 Not→And→Or→Xor→Eqv→Imp。

2. 布尔表达式

布尔表达式是用布尔运算符将两个关系式连接起来的式子，其一般格式如下：

　　　布尔量　布尔运算符　布尔量

VB 中的布尔量可以为布尔常量、布尔变量、布尔函数和关系表达式四种。布尔表达式的运算结果仍为布尔型数据，即 True 或 False。

设 A 和 B 是两个布尔型数据，布尔运算的结果如表 3.5 所示。

表 3.5　布尔运算真值表

a	b	Not a	a And b	a Or b	a Xor b	a Eqv b	a Imp b
False	False	True	False	False	False	True	True
False	True	True	False	True	True	False	True
True	False	False	False	True	True	False	False
True	True	False	True	True	False	True	True

Not 为单目运算符，用于对布尔值取反；如果有多个条件作 And 运算，只有所有条件均为真，运算结果才为真，只要有一个为假，结果就为假；如果有多个条件作 Or 运算，只要有一个为真，运算结果就为真，只有条件全部为假时，结果才为假。

例如，由下列条件写出相应的 VB 布尔表达式。

（1）条件"x 是 5 或 7 的倍数"写成布尔表达式为：x Mod 5＝0 Or x Mod 7＝0。

（2）条件"|x|≠0"写成布尔表达式为：Not　Abs(x)＝0，也可写成 Abs(x)＜＞0。

（3）条件"−5＜x＜5"写成布尔表达式为：x＞−5 And x＜5。

（4）条件"x＞10 或 x＜5"写成布尔表达式为：10＜x Or x＜5。

（5）判断变量 x、y 均不为 0 的布尔表达式为：x ＜＞ 0 And y ＜＞ 0。

（6）判断变量 x、y 中必有且仅有一个为 0 的布尔表达式为：a=0 and b ＜＞ 0 or a ＜＞ 0 and b=0 或 a*b=0 and a+b ＜＞ 0。

（7）判断整型变量 a 是正的奇数的布尔表达式为：a＞0 and a mod 2 ＜＞0。

注意赋值运算符"＝"和关系运算符"＝"含义的不同。

3.3.5　运算符的优先顺序

当一个表达式中存在多种运算符时，不同运算符的执行是有先后顺序的，称这个顺序为运算符的优先顺序。运算符的优先顺序如表 3.6 所示。

表 3.6　运算符的优先顺序

优先顺序	运算符类型	运算符
1		＾（乘方）
2		−（取负）
3	算术运算符	*、/（乘、除）
4		＼（整除）
5		Mod（求余）
6		＋、−（加、减）

续表

优先顺序	运算符类型	运算符
7	字符串运算符	&、+（字符串连接）
8	关系运算符	=、<>、<、<=、>、>=
9		Not
10		And
11	布尔运算符	Or
12		Xor
13		Eqv
14		Imp

例如，–2^3*6>–5 And 36/（8–2）mod 2>0 的运算顺序如下。

（1）括号里的运算（8–2）得 6。

（2）乘方运算 2^3 等于 8，后取负得–8。

（3）乘法运算–8*6 得–48，36/6 得 6。

（4）求余运算 6 mod 2 得 0。

（5）关系运算–48>–5 得 False，0>0 得 False。

（6）布尔运算 False And False 结果为 False。

注　意

　　同级运算按照从左到右的顺序进行运算。可以用括号改变优先顺序，在 VB 表达式中只能用小括号( )。

3.4　常用的内部函数

为了方便用户进行各种运算，VB 提供了大量的内部函数，供用户在编程时调用。内部函数的调用格式如下：

　　函数名（参数表）

VB 内部函数按其功能可分为数学函数、字符串函数、转换函数、日期与时间函数和格式函数等，下面将分别介绍。

3.4.1　数学函数

数学函数用于各种数学运算，包括三角函数、求平方根、绝对值以及对数、指数等。表 3.7 列出了常用的数学函数（与数学中的定义基本一致）。

表 3.7　常用数学函数表

函数名	函数值类型	功　能	举　例
Abs(N)	同 N 的类型	取 N 的绝对值	Abs(-2.5)=2.5
Sgn(N)	Integer	N>0, Sgn(N)=+1; N<0, Sgn(N)=-1; N=0, Sgn(N)=0	Sgn(5)= 1 Sgn(-5)=-1 Sgn(0)=0

续表

函数名	函数值类型	功　　能	举　　例
Sqr(N)	Double	求 N 的算术平方根，N≥0	Sqr(256)=16
Exp(N)	Double	求自然常数 e 的幂	Exp(0)=1
Log(N)	Double	求 N 的自然对数值，n>0	Log(10)=1
Sin(N)	Double	求 N 的正弦值	Sin(0)=0
Cos(N)	Double	求 N 的余弦值	Cos(0)=1
Tan(N)	Double	求 N 的正切值	Tan(0)=0
Atn(N)	Double	求 N 的反正切值	Atn(0)=0
Int(N)	Integer	求不大于 N 的最大整数	Int(5.2)=5，Int(-5.2)=-6
Fix(N)	Integer	将 N 的小数部分截取，求其整数部分	Fix(5.2)=5，Fix(-5.2)=-5
Rnd[(N)]	Single	求[0, 1]之间的一个随机数，n≥0	Rnd(1), Rnd

说明：

（1）函数名是 VB 关键字，调用函数时一定要书写正确，"参数"应该在函数有意义的区间内取值。

（2）表中的 N 表示数值表达式；在三角函数中，参数 N 以弧度表示。遇到角度必须转换为弧度，如 Sin(45°)应写成 Sin(3.14/180*45)。

（3）Rnd 函数产生[0, 1)范围内的随机数。该函数与取整函数或截尾函数配合，可产生任意范围内的随机整数，如表达式 Int(Rnd*100)产生 0～99 之间的随机整数。

需要强调的是，Rnd( )函数的运算结果取决于称为随机种子（Seed）的初始值。默认情况下，每次运行一个应用程序，随机种子初始值是相同的，即 Rnd 函数产生相同序列的随机数。若每次运行时，使 Rnd 函数产生不同序列的随机数，可执行如下形式语句。

```
Randomize[number]
```

例 3.4　产生一个随机二位整数，在文本框中输出。

设计步骤如下。

（1）创建对象及控件。

（2）编写如下代码。

```
Private Sub Command1_Click()
    Randomize
    Text1=Int(Rnd*90+10)
End Sub
```

（3）运行结果如图 3.7 所示（实际运行结果值有可能不是 39，只要是一个大于等于 10 且小于 100 的数值即为正确）。

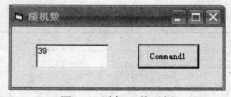

图 3.7　随机函数示例

3.4.2　字符串函数

VB 字符串函数相当丰富，常用的字符串函数如表 3.8 所示。

表 3.8　VB 常用字符串函数表

函数名	函数值类型	功　能	举　例
Len(C)	Long	求 C 中包含的字符个数	Len("ABCD321")=7
LCase(C)	String	将 C 中大写字母转换成小写字母	Lcase("Abc")="abc"
UCase(C)	String	将 C 中小写字母转换成大写字母	Ucase("aBC")="ABC"
Space(N)	String	产生 N 个空格的字符串	Len(Space(10))=10
Left(C, N)	String	从字符串 C 左边截取 N 个字符	Left("Visual", 3)="Vis"
Right(C, N)	String	从字符串 C 的最右边开始截取 N 个字符	Right("Visual", 3)="ual"
Mid(C, N1 [, N2])	String	从字符串 C 中 N1 指定处开始，截取 N2 个字符	Mid("Visual", 2, 3)="isu" Mid("Visual", 2)="isual"
Ltrim(C)	String	删除字符串 C 的前导空格	Ltrim("　　Visual")="Visual"
Rtrim(C)	String	删除字符串 C 的尾部空格	Rtrim("Visual　　")="Visual"
Trim(C)	String	删除字符串 C 的前导和尾部空格	Trim("　Visual　")="Visual"
Space(N)	String	产生 N 个空格	Space(3)="　　　"
StrReverse(C)	String	将字符串反序	StrReverse("abcd")="dcba"
InStr([N1,]C1, C2, [N2])	Integer	从字符串 C1 的 N1 开始到 N2 位置，开始找 C2，省略 N1 时从 C1 头开始找，省略 N2 时找到 C1 停止	InStr(2, "ABCDE", "C", 4)=3 InStr(2, "ABCDEF", "CDE")=3 InStr("ABCDEFGH", "CDE")=3 InStr("ABCDEFGH", "XYZ")=0
StrComp(C1, C2, [N])	Integer	字符串比较，若 C1>C2，结果为 1；C1<C2，结果为-1；N=0 区分大小写，N=1 不区分大小写	StrComp("As", "as", 0)=-1

说明：

（1）表中 C 表示字符串表达式，N 表示数值表达式。

（2）数值函数 Val(C)不能识别"，"和"$"；空格、制表符和换行符都要从 C 中去掉；当遇到字母 E 或 D 时，将其按单精度或双精度实型浮点数处理。

（3）对于字符串截取函数 Left(C，N)和 Right(C，N)，其值指出函数值中包含多少个字符。如果其值为 0，则函数值是长度为零的字符串（即空串）；如果其值大于或等于字符串 C 中的字符数，则函数值为整个字符串。

（4）N1 是数值表达式，其值表示开始截取字符的起始位置，如果该数值超过字符串 C1 中的字符数，则函数值为空串。N2 是数值表达式，其值表示要截取的字符数，如果省略该参数，则函数值将包含字符串 C1 中从起始位置到字符串末尾的所有字符。

（5）因为将一个字符串赋值给一个定长字符串变量时，如字符串变量的长度大于字符串的长度，则用空格填充该字符串变量局部多余的部分，所以在处理定长字符串变量时，删除空格的 Ltrim 和 Rtrim 函数是非常有用的。

3.4.3　转换函数

在实际应用中，有时需要将变量的数据类型转换为另一种数据类型。VB 提供的转换函数可以将一种类型的数据转换成另一种类型的数据。常用的转换函数如表 3.9 所示。

例如，

```
Dim a As Integer
b=CDbl(a)
```

以上代码的作用是将变量 a 的值转换为双精度型值并赋值给变量 b。

表 3.9   VB 转换函数

函数名	含　义	举　例
Val(C)	将 C 中的数字字符转换为数值型数据	Val("123ABC")=123
Str(N)	将 N 转换成字符串	Str(123.456)="123.456"
Asc(C)	求字符串中第一个字符的 ASCII 码值	Asc("a")=97
Chr(N)	求 ASCII 码值为 N 的字符	Chr(66)="B"
Round(N, X)	保留 X 位小数的情况下四舍五入取整	Round(8.89, 1)=8.9
CBool(C)	将任何有效的数字字符串或数值转换成布尔型值	CBool(5)=True CBool("0")=False
CByte(N)	将 0～255 之间的数值转换成字节型	CByte(122)=122
CDate(C)	将有效的日期字符串转换成日期	CDate(#2011, 10, 1#)=2011-10-1
CCur(N)	将数值数据 N 转换成货币型	CCur(456.12345)=456.1234
CStr(N)	将 N 转换成字符串型	CStr(34)="34"
CInt(C)	将 C 转换成整型	CInt(123.456)=123
CLng(C)	将 C 转换成长整型	CInt(123)=123
CSng(C)	将 C 转换成单精度型	CSng(15.5994883)=15.59949
CDbl(C)	将 C 转换成双精度型	CDbl(15.5994883)=15.5994883

说明：

① 参数可以是任何类型的表达式，究竟是哪种类型的表达式，需根据具体函数而定。转换之后的函数值如果超过其数据类型的范围，将发生错误。

② Chr( )和 Asc( )函数功能相反，即 Chr(Asc(C))、Asc(Chr(N))的结果为原来各自参数的值。例如，表达式 Asc(Chr(70))的结果还是 70。

③ Val( )函数将数字字符串转换为数值类型，当字符串中出现数值类型规定的字符外的字符时，则停止转换，函数返回的值是停止转换前的结果。例如，表达式 Val("-154.56yt")结果为-154.56。

④ 当将一个数值型数据转换为日期型数据时，其整数部分将转换为日期，小数部分将转换为时间。其整数部分数值表示相对于 1899 年 12 月 30 日前后天数，负数是 1899 年 12 月 30 日以前，正数是 1899 年 12 月 30 日以后。例如，CDate(30.5)的函数值为 1900-1-29 12：00：00，CDate(-30.25)的函数值为 1899-11-30 6：00：00。

例 3.5 按以下步骤输出不同的字符串。

设计步骤如下。

（1）在窗体上添加一个命令按钮。

（2）设置窗体 Form1 的 Caption 属性值为字符串；Command1 命令按钮的 Caption 属性值为输出。

（3）在窗体的"输出"按钮的代码编辑器中，输入以下语句。

```
Private Sub Command1_Click()
Dim a As String          '定义字符型变量a
    a="ABCDefg"
    b$=Left$(a, 3)           '从左起截取 3 个字符
    c$=Mid$(a, 2, 3)         '从第 2 个字符开始截取 3 个字符
    d$=LCase$(a)             '大写字母转换为小写字母
    Print "字符串: " & a
    Print "从左起取 3 个字符: " & b$
    Print "从第 2 个字符起取 3 个字符: " & c$
    Print "转换为小写字母: " & d$
End Sub
```

（4）运行该程序，结果如图 3.8 所示。

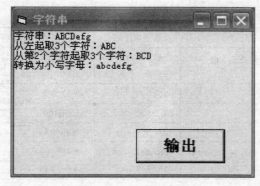

图 3.8　字符串函数

3.4.4　日期与时间函数

日期与时间函数提供时间和日期信息，常用日期与时间函数表如表 3.10 所示（注：日期函数中自变量"C|N"表示可以是数值表达式，也可以是字符串表达式，其中 N 表示相对于 1899 年 12 月 31 日前后的天数）。

表 3.10　常用日期与时间函数表

函数名	功能说明	举　例	结　果
Date( )	返回系统日期	Date( )	2011-10-1
Time( )	返回系统时间	Time( )	21:09:50
Now	返回系统时间和日期	Now	2011-10-1 21:09:26
Month(c)	返回月份代号（1～12）	Month("2011-10-1")	10
Year（C）	返回年代号(1752～2078)	Year（"2011-10-1"）	2011
Day(C)	返回日期代号（1～31）	Day("2011-10-1")	1
MonthName(N)	返回月份名	MonthName(10)	十月
WeekDay( )	返回星期代号（1～7）星期日为 1	WeekDay("2011, 10, 01")	7（即星期六）
WeekDayName(N)	根据 N 返回星期名称，星期日为 1	WeekDayName(6)	星期五

3.4.5 格式输出函数

格式输出函数 Format( )可以用来定制数值型、日期或时间和字符串表达式的输出格式。其一般格式如下：

      Format（表达式[, 格式字符串]）

其中，"表达式"代表所输出的内容。"格式字符串"规定输出的格式。格式字符串有三类：数值格式、日期格式和字符串格式。格式字符串要加引号。

1. 数值格式化

数值格式化是将数值表达式的值按"格式字符串"指定的格式输出。有关格式及举例如表 3.11 所示。

表 3.11   常用数值格式化符及举例

符 号	含 义	数值表达式	格式化字符串	显示结果
0	实际数字小于符号位数，数字前加 0	1234.56	"00000.000"	01234.560
		1234.56	"000.0"	1234.6
.	加小数点	4567	"0000.00"	4567.00
E+	用指数表示	0.6789	"0.00E+00"	6.78E-01
E-	与 E+相似	1234.567	".00E-00"	.12E04
#	实际数字小于符号位数，数字前后不加 0	4567.842	"#####.####"	4567.842
		4567.842	"#####.##"	4567.84
$	在数字前加$	1234.567	"$###.###"	$1234.57
+	在数字前加+	1234.567	"+###.###"	+1234.57
-	在数字前加+	1234.567	"-###.###"	-1234.57
,	千分位	1234.567	"##.##0.0000"	1, 234.5670
%	数值乘以 100，加百分号	1234.567	"####.##%"	123456.7%

例 3.6   数值格式符应用举例。

设计步骤如下。

（1）创建一个新的工程，在 Form1 窗体上创建一个命令按钮。

（2）双击命令按钮，在代码窗口输入以下代码。

```
Private Sub Command1_Click()
    a=789.45678
    b=56
    Print Format(a, "0.00"), Format(b, "-0.00")
    Print Format(a, "#.##"), Format(b, "-#.##")
End Sub
```

（3）程序运行结果如图 3.9 所示。

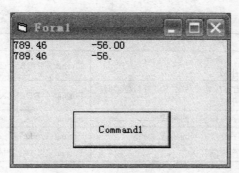

图 3.9　数值格式符应用

2. 日期和时间格式化

将日期与时间类型表达式的值或数值表达式的值按指定的格式输出。相关格式如表 3.12 所示。

表 3.12　常用日期和时间格式符表

符号	作用	符号	作用
m	显示月份（1～12），个位前不加 0	mm	显示月份（1～12），个位前加 0
mmm	显示月份缩写（Jan～Dec）	mmmm	显示月份全名
d	显示日期（1～31），个位前不加 0	dd	显示日期（1～31），个位前加 0
ddd	显示星期缩写（Sun～Sat）	dddd	显示日期全名
dddd	显示完整日期（yy/mm/dd）	ddddd	显示完整长日期
h	显示小时（0～23），个位前不加 0	hh	显示小时，个位前加 0
m	在 h 后显示分（0-59），个位前不加 0	mm	在 h 后显示分，个位前加 0
s	显示秒（0～59），个位前不加 0	ss	显示秒，个位前加 0
y	显示一年中的天（1～366）	yy	两位数显示年份
yyyy	四位数显示年份（0100-9999）	q	季度数（1-4）
w	星期为数字（1～7），1 是星期日	ww	一年中的星期数
tttt	显示完整时间（小时、分和秒）	AM/PM, am/pm	12 小时的时钟
A/P, a/p	12 小时的时钟		

例如，

```
D1=now                          '2011-10-1 10:45:12
Format(D1, "d-mmmm")            '返回 1-October
Format(D1, "d-mmmm-yy")         '返回 1-October-11
Format(D1, "yyyy-mm-dd hh:mm")  '返回 2011-10-1 10:45
```

3. 字符串格式化

字符串格式化是指将字符串按指定的格式进行操作，如英文字母的大小写转换显示等。常见的字符串格式符及使用举例如表 3.13 所示。

表 3.13   常用字符串格式符及举例

符 号	作 用	举 例	结 果
@	字符由右向左填充,当实际字符位数小于符号位数时,字符前面要加空格做补充	Format（"DDE", "@@@@@"）	DDE
&	字符由右向左填充,当实际字符位数小于符号位数时,字符前面不加空格做补充	Format（"DDE", "&&&&&"）	DDE
<	强制小写,实现所有字符按小写的格式显示	Format（"NIKE", "<@@@@"）	nike
>	强制大写,实现所有字符按大写的格式显示	Format（"nike", ">@@@@"）	NIKE
!	强制由左而右填充字符占位符	Format（"DDE", "!@@@"）	DDE

3.5   综 合 应 用

例 3.7   定义两个整型变量 a 和 b,计算 a+b,并将其结果输出在消息框中。

设计过程如下。

（1）创建一个新的工程,在 Form1 窗体上创建一个 Command1 命令按钮。

（2）双击命令按钮,在弹出的代码窗口中输入如下语句。

```
Private Sub Command1_Click()
    Dim a As Integer, b As Integer
    a=10
    b=20
    Print a+b
End Sub
```

（3）运行上述程序。单击 Command1 按钮,程序运行结果如图 3.10 所示。

图 3.10   运行结果

例 3.8   随机产生两个 3 位整数,并求两数的乘积。

设计过程如下。

（1）在窗体上添加一个文本框、五个标签和两个命令按钮。

（2）设置各控件的属性如表 3.14 所示。

表 3.14　控件的属性设置

对象类型	对象名称	属　　性	属性值
标签	Label1	Caption	产生两个数
		Font	宋体、四号、粗体
	Label2	Caption	乘积数
		Font	宋体、四号、粗体
文本框	Text1	Text	空
		Font	宋体、四号、粗体
	Text2	Text	空
		Font	宋体、四号、粗体
	Text3	Text	空
		Font	宋体、四号、粗体
命令按钮	Command1	Caption	计算
		Font	宋体、四号、粗体
	Command2	Caption	重做
		Font	宋体、四号、粗体

（3）在窗体 Load 事件过程中输入如下代码。

```
Private Sub Form_Load()
    Dim a As Integer                    '声明整型变量 a
    Dim b As Integer                    '声明整型变量 b
    Randomize
    a=Int(Rnd*900)+100
    b=Int(Rnd*900)+100
    Text1.Text=a
    Text2.Text=b
End Sub
```

（4）在窗体的"计算"按钮的代码编辑器中输入如下代码。

```
Private Sub Command1_Click()
    Dim answer As Long                  '声明长整型变量 answer
    answer=Val(Text1.Text)*Val(Text2.Text)
    Text3.Text=answer
End Sub
```

（5）在窗体的"重做"按钮的代码编辑器中输入如下代码。

```
Private Sub Command2_Click()
    Text1.Text=""
    Text2.Text=""
    Text3.Text=""
    Form_Load
    Text3.SetFocus                      '将光标定位到 Text3 文本框上
End Sub
```

（6）运行程序，结果如图 3.11 所示。

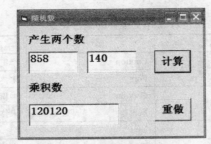

图 3.11　随机数计算

例 3.9　设计一个简单的计算器，实现加、减、乘、除计算。

简单计算器程序界面如图 3.12 所示。在上边两个文本框中分别输入整数，再单击相应的运算符按钮，则会在第三个文本框中输出计算结果。程序运行界面如图 3.13 所示。

程序设计过程如下。

（1）创建一个新的工程。在窗体上创建两个标签、三个文本框和四个命令按钮，设置各控件属性如表 3.15 所示。

图 3.12　程序运行前界面

图 3.13　程序运行后界面

表 3.15　控件的属性设置

对象类型	对象名称	属　性	属性值
窗体	Form1	Caption	简单计算器
		Font	宋体、三号、粗体
标签	Label1	Caption	输入两个数
		Font	宋体、三号、粗体
	Labe2	Caption	计算结果
		Font	宋体、三号、粗体
文本框	Text1 Text2 Text3	Text	空
		Font	宋体、四号、粗体
		ForeColor	深红色
命令按钮	Command1	Caption	＋
		Font	宋体、三号、粗体
	Command2	Caption	－
		Font	宋体、三号、粗体
	Command3	Caption	×
		Font	宋体、三号、粗体
	Command4	Caption	÷
		Font	宋体、三号、粗体

（2）在代码窗口中输入代码如下。

```
Dim num1, num2 As Integer
Dim num3 As Long
Rem 计算两个数的和
Private Sub Command1_Click()
  num1=CInt(Text1.Text)          '将 Text1 中的 Text 属性值转换为数值型数据
  num2=CInt(Text2.Text)          '将 Text2 中的 Text 属性值转换为数值型数据
  num3=num1+num2                 '将变量 num1 和 num2 的值相加后赋给变量 num3
  Text3.Text=num3                '将变量 num3 的值赋给文本框 Text3 的 Text 属性
End Sub
Rem 计算两个数的差
Private Sub Command2_Click()
  num1=CInt(Text1.Text)          '将 Text1 中的 Text 属性值转换为数值型数据
  num2=CInt(Text2.Text)          '将 Text2 中的 Text 属性值转换为数值型数据
  num3=num1-num2                 '将变量 num1 和 num2 的值相减后赋给变量 num3
  Text3.Text=num3                '将变量 num3 的值赋给文本框 Text3 的 Text 属性
End Sub
Rem 计算两个数的乘积
Private Sub Command3_Click()
  num1=CInt(Text1.Text)          '将 Text1 中的 Text 属性值转换为数值型数据
  num2=CInt(Text2.Text)          '将 Text2 中的 Text 属性值转换为数值型数据
  num3=num1*num2                 '将变量 num1 和 num2 的值相除后赋给变量 num3
  Text3.Text=num3                '将变量 num3 的值赋给文本框 Text3 的 Text 属性
End Sub
Private Sub Command4_Click()
  num1=CInt(Text1.Text)          '将 Text1 中的 Text 属性值转换为数值型数据
  num2=CInt(Text2.Text)          '将 Text2 中的 Text 属性值转换为数值型数据
  num3=num1/num2                 '将变量 num1 和 num2 的值相除后赋给变量 num3
  Text3.Text=num3                '将变量 num3 的值赋给文本框 Text3 的 Text 属性
End Sub
```

在上面的程序中，首先声明了三个模块变量 num1、num2 和 num3，其作用范围是整个应用程序。四个过程分别用来计算两个整数的和、差、积与商。因为变量 num3 的类型为 Long，所以商的数值没有小数部分。

例 3.10　在文本框中输入圆的半径，计算其周长及面积。计算结果也用文本框显示。程序设计过程如下。

（1）创建一个新的工程，在窗体上添加三个文本框、三个标签和两个命令按钮。

（2）设置各控件属性如表 3.16 所示。

表 3.16　控件的属性设置

对象类型	对象名称	属　性	属性值
窗体	Form1	Caption	计算圆的周长和面积
		Font	宋体、三号、粗体

续表

对象类型	对象名称	属 性	属性值
标签	Label1	Caption	半径
		Font	宋体、三号、粗体
	Labe2	Caption	周长
		Font	宋体、三号、粗体
	Labe3	Caption	面积
		Font	宋体、三号、粗体
文本框	Text1 Text2 Text3	Text	空
		Font	宋体、四号、粗体
		ForeColor	深红色
命令按钮	Command1	Caption	计算
		Font	宋体、三号、粗体
	Command2	Caption	退出
		Font	宋体、三号、粗体

（3）在代码编辑器中输入如下代码。

```
Private Sub Command1_Click()
    Const Pi=3.1415926          '声明常量 Pi，代表 3.1415926
    r=Val(Text1.Text)
    b=2*Pi*r                    '计算圆的周长
    Text2.Text=b
    b=Pi*r ^ 2                  '计算圆的周长
    Text3.Text=b
End Sub
Private Sub Command2_Click()
    End
End Sub
```

（4）输入圆的半径，单击"计算"按钮，可以得到周长和面积结果。程序运行结果如图 3.14 所示。

图 3.14　计算周长和面积的窗体

例 3.11　表达式的综合应用。
程序设计过程如下。

（1）创建一个新的工程。双击窗体，在 Form_Activate( )中输入如下代码。

```
Private Sub Form_Activate()
  Dim a, b, c
  Print "日期数据的加减运算"
  Print CDate("2011-10-9")-CDate("2010-10-9")
  Print CDate("2011-10-9 12:00:00")-CDate("2010-10-9")
  Print Date, Time
  Print Date-11.5
  Print CDate("2011-10-20")+16
  Print: Print "关系运算和逻辑运算"
  a=40: b=10: c=5
  Print a+b >= a+c
  Print a > b And b > c, b > a And b > c
  Print a > b Or b > c, b > a Or c > b
  Print a > b Xor b > c, b > a Xor b > c
  Print 40-10 > 12+6, 6*5=30
  Print 40-10 > 12+6 And 6*5=30
End Sub
```

（2）运行上述程序，运行结果如图 3.15 所示。

图 3.15　程序运行结果

在日期数据的运算中，如果两个数据均为日期型数据，则运算结果为双精度型数据，表示两个日期的间隔天数。另外，将一个 Date 型数据加减任何能够转化成 Date 型的其他类型的数据，其结果仍为 Date 型，该值表示一个日期经过一定天数之后或之前的日期和时间。程序中的 CDate 是转换函数，可将括号内的字符串转换为日期型数据；Date 函数可获得当前日期。

例 3.12　设计一个应用程序，求一元二次方程的根。

"一元二次方程的根"程序界面如图 3.16 所示。在三个文本框中分别输入一元二次方程的三个系数（系数 a、b 和 c 必须符合 b×b-4×a×c≥0），单击计算按钮，可计算出该方程的实数根。

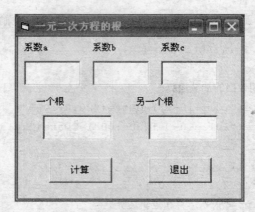

图 3.16　程序运行界面

程序设计过程如下。

（1）创建一个新的工程。在窗体的"属性"窗口中设置"名称"属性值为 Form1，Caption 属性值为"一元二次方程的根"。

（2）在窗体内创建 12 个对象，它们的属性设置如表 3.17 所示，所有控件的 Font 属性均为宋体、粗体、四号，布局如图 3.16 所示。

表 3.17　"一元二次方程的根"程序控件对象的属性设置

对象类型	对象名称	属　性	属性值
窗体	Form1	Caption	一元二次方程的根
标签	Label1	Caption	系数 a
	Label2	Caption	系数 b
	Label3	Caption	系数 c
	Label4	Caption	一个根
	Label5	Caption	另一个根
文本框	Text1	Text	空
	Text2		
	Text3		
	Text4		
	Text5		
命令按钮	Command1	Caption	计算
	Command2	Caption	退出

（3）在"代码"窗口输入如下程序。

```
Dim a, b, c As Integer
Dim r1, r2 As Double
Private Sub Command1_Click()
    a=CInt(Text1.Text)
    b=CInt(Text2.Text)
```

```
        c=CInt(Text3.Text)
        r1 =(-b+Sqr(b*b-4*a*c)) /(2*a)      '计算方程的一个根
        r2 =(-b-Sqr(b*b-4*a*c)) /(2*a)      '计算方程的另一个根
        Text4.Text=r1
        Text5.Text=r2
    End Sub
    Private Sub Command2_Click()
        End
    End Sub
```

（4）单击"计算"按钮，计算该方程的根，程序运行结果如图 3.17 所示。

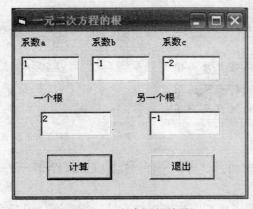

图 3.17　程序运行结果

在上面的程序中，声明了三个 Integer 类型变量 a、b 和 c，分别用来保存系数 a、b 和 c 的值。Double 类型的变量 r1 和 r2 为方程的两个根。用户输入的系数必须符合 b×b-4×a×c≥0，否则程序将提示出错信息。Sqr( )是数学函数，用来求其参数的平方根。

小　　结

本章详细阐述了 VB 程序的数据类型、常量、变量、运算符、表达式的基本概念及其用法，介绍了 VB 中常用的内部函数。这些内容都是 VB 程序设计语言的编程基础，对于后续章节的学习很重要。通过本章的学习，读者应该掌握数据类型的分类，掌握常量和变量的概念及其在编程中的运用，掌握算术、字符串、关系和布尔表达式的计算过程，理解一些常用函数的功能及使用方法。

第 4 章 程 序 结 构

本章要点

- 顺序结构
- 选择结构
- 循环结构

本章学习目标

- 掌握顺序结构的特点及应用
- 掌握选择结构的特点及应用
- 掌握循环结构的特点及应用

4.1 程序的几种基本结构

VB 采用事件驱动调用过程的程序设计方法，但是对于具体过程的本身，采用的仍然是结构化程序设计的方法。结构化程序设计包含三种基本结构：顺序结构、选择结构和循环结构。

在顺序结构中，程序由上到下依次执行每一条语句。

在选择结构中，程序判断某个条件是否成立，以决定执行哪部分代码。

在循环结构中，程序判断某个条件是否成立，以决定是否重复执行某部分代码。

4.2 顺 序 结 构

如图 4.1 所示，顺序结构的程序流程是按语句顺序依次执行，先执行 A 操作，再执行 B 操作。

例 4.1 程序中包含三条语句，在程序运行时单击窗体，三条语句依次执行，直到过程运行结束。

```
Private Sub Form_Click()
    Dim i As Integer          '定义了一个整型变量 i
    i=i+5
    Print i
End Sub
```

运行结果如图 4.2 所示。

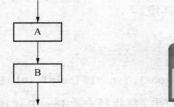

图 4.1　顺序语句流程图　　　　　图 4.2　例 4.1 程序运行结果

4.2.1　赋值语句

赋值运算是最简单的顺序结构，其语法格式如下：

[Let] 变量=表达式

说明：关键字 Let 为可选项，通常都省略该关键字。

> **注　意** 🔊
>
> （1）赋值语句要求右端表达式的类型与左端变量的类型一致。
> （2）= 的左边只能是变量，如 x=5 不能写成 5=x。
> （3）赋值符号（=）两侧的内容不能随意交换，如，a=b 是把 b 的值给 a，b=a 是把 a 的值给 b，两者是截然不同的。

引用变量的值不会改变变量的原来值。例如，

a=5: b=a: c=a

执行上面的语句后，变量 a、b、c 的值均是 5。实际上是从计算机的内存单元中"读出"数据赋值给新的变量。

数值型变量可以与自身进行运算，例如，

x=5: x=x+1

表示将 x 的原值 5 加 1，把它们的和 6 送回变量 x 中。

字符型变量也可以与自身相连接。例如，

Str="Good" : Str=Str &"Morning"

连接后 Str 的值为："Good　morning"。

> **注　意** 🔊
>
> 在 VB 中，如果变量未被赋值而直接引用，则数值型变量的值为 0，字符型变量的值为空串""。

4.2.2　简单的输入/输出

1. 输入函数 InputBox( )

此函数用于将用户从键盘输入的数据作为函数的返回值返回到当前程序中。该函数

使用的是对话框界面，可以提供一个良好的交互环境。

使用该函数时，返回字符串数据。

其函数格式如下：

```
InputBox(prompt, [title], [default], [xpos], [ypos], [helpfile], [context])
```

运行时在对话框中可以输入数值，也可以输入字符串。每执行一次 InputBox 函数只能输入一个值。

说明：

（1）prompt：为字符串变量，其长度不得超过 1024 个字符，用于表示出现在对话框中的提示信息（使用时，此参数不能省略）。

（2）title：为字符串变量，用于表示对话框的标题信息，即对话框的名称（使用时，此参数可以省略）。

（3）default：为字符串型变量，用于显示在输入区内默认的输入信息（使用时，此参数可以省略）。

（4）xpos：为整型数值变量，用于表示对话框与屏幕左边界的距离值，即该对话框左边界的横坐标。单位为缇。

（5）ypos：为整型数值变量，用于表示对话框与屏幕上边界的距离值，即该对话框上边界的纵坐标。单位为缇。

注 意

在使用时，xpos 和 ypos 一般是成对出现的，可以同时出现，也可以全部省略。在省略时，系统会给出一个默认数值，令对话框出现在屏幕中间偏上的位置。

（6）helpfile：为字符串变量或字符串表达式，用于表示所要使用的帮助文件的名字。使用时，此参数可以省略。

（7）context：为一个数值型变量或表达式，用于表示帮助主题的帮助号。使用时与 helpfile 一起使用，可以同时存在，也可以全部省略。

例 4.2 输入一个 a 到 z 的字符。

```
Private Sub Command1_Click()
  Dim Str As String
  Str=InputBox("输入 a 到 z 之间的字符：", "数据输入", "a")
End Sub
```

程序运行结果如图 4.3 所示。

2. 输出函数 MsgBox( )

MsgBox( )函数可以用对话框的形式向用户输出一些必要信息，还可以让用户在对话框内进行选择，然后将该选择结果传输给程序。

图 4.3　例 4.2 程序运行结果

MsgBox 函数的使用格式如下：

```
MsgBox(prompt, [buttons], [title], [helpfile], [context])
```

其中，title、helpfile 和 context 参数与 InputBox 函数中的同名参数类似，这里不再介绍。

说明：

（1）prompt 参数：用于显示对话框的提示信息，通知用户应该做什么选择，或者直接确认信息（此参数不能省略）。

（2）buttons 参数：用于控制对话框中按钮的数目及形式、使用图标的样式、哪个按钮为默认按钮以及强制对话框作出反应的设置。该参数为整数型数值变量，具体数值由上述四种控制的取值之和决定，如表 4.1 所示。

表 4.1　buttons 参数表

类　型	常　量	数　值	功能说明
命令按钮种类	vbOKOnly	0	只显示 OK 一个按钮
	vbOkCancel	1	显示 Ok 和 Cancel 按钮
	vbAbortRetryIgnore	2	显示 Abort、Retry 和 Ignore 按钮
	vbYesNoCancel	3	显示 Yes、No 和 Cancel 按钮
	vbYesNo	4	显示 Yes 和 No 按钮
	vbRetryCancel	5	显示 Retry 和 Cancel 按钮
图标	vbCritical	16	显示停止图标 "X"
	vbQuestion	32	显示提问图标 "？"
	vbExclamation	48	显示警告图标 "！"
	vbInformation	64	显示输出信息 "i"
默认按钮	vbDefaultButton1	0	第一个按钮为默认按钮
	vbDefaultButton2	256	第二个按钮为默认按钮
	vbDefaultButton3	512	第三个按钮为默认按钮
	vbDefaultButton4	768	第四个按钮为默认按钮
等待模式	vbApplicationModal	0	当前应用程序挂起，直到用户对信息框作出响应才继续工作
	vbSystemModal	4096	所有应用程序挂起，直到用户对信息框作出响应才继续工作

（3）MsgBox( )函数的返回值：即 MsgBox( )函数的执行结果，是一个整型常量，表示用户按下不同的按钮，如表 4.2 所示。

表 4.2   MsgBox( )函数的返回值表

符号常量	直接常量	含 义
vbOk	1	单击了"确定"按钮
vbCancel	2	单击了"取消"按钮
vbAbort	3	单击了"终止"按钮
vbRetry	4	单击了"重试"按钮
vbIgnore	5	单击了"忽略"按钮
vbYes	6	单击了"是"按钮
vbNo	7	单击了"否"按钮

例 4.3   利用 MsgBox( )函数在窗体上显示信息提示。

```
Private Sub Form_Click()
    MsgBox "Hello World", vbInformation, "信息提示"
End Sub
```

程序运行结果如图 4.4 所示。

图 4.4   例 4.3 程序运行结果

4.3 选 择 结 构

所谓选择结构，就是根据不同的情况作出不同的选择，执行不同的操作。此时，就需要对某个条件作出判断，根据判断的结果，决定所要执行的操作。选择结构又称为分支结构。VB 支持的选择结构有 If…Then…Else…结构、If 嵌套结构、Select Case 结构和条件函数 IIf。

4.3.1 If…Then 语句

使 If…Then…结构可以有条件地执行某些语句，有两种格式，即单行 If 语句和多行 If 语句。

1. 单行 If 语句

格式如下：

     If 条件 Then 语句块 1 (Else 语句块 2)

其中：

（1）"条件"可以是任意类型的表达式。

（2）如果"语句块"中包含多条语句，则使用冒号分隔。

其程序语句流程图如图 4.5 所示。

程序执行时，首先判断条件是否为真，如果为真则执行语句块 1；否则，执行语句块 2 或执行其他语句。例如，

```
If x Mod 2 Then Print "奇数"        '如果 x 对 2 求余结果为非 0，则输出奇数
If x>y Then t=x: x=y: y=t          '如果 x>y，则交换 x、y 的值
If a>b Then max=a Else max=b       '将 a 和 b 中的较大值赋给变量 max
```

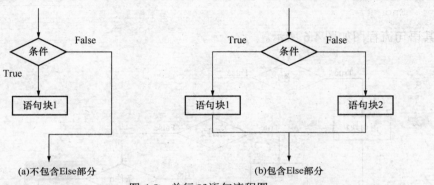

图 4.5 单行 If 语句流程图

2. 多行 If 语句

格式如下：

```
If 条件 Then
    语句块 1
Else
    语句块 2
End If
```

多行格式必须写 EndIf。程序执行时，首先判断条件是否为真，如果为真则执行语句块 1，否则，执行语句块 2 或执行其他语句。

例如，如果 x 对 2 求余结果为 0，输出偶数，否则输出奇数。

```
If x Mod 2=0 Then
    Print "偶数"
Else
    Print "奇数"
End IF
```

4.3.2 If 语句的嵌套

If 语句的嵌套是指 If 或 Else 后面的语句块中又包含 If 语句。语法格式如下：

```
If 条件 1 Then
    语句块 1
```

```
ElseIf 条件 2 Then
    语句块 2
...
ElseIf 条件 n Then
    语句块 n
Else
    语句块 n+1
End  If
```

其语句流程图如图 4.6 所示。

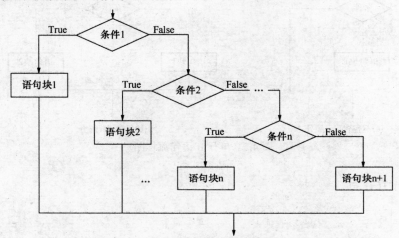

图 4.6　If 嵌套程序语句流程图

程序执行时，首先判断条件 1 是否为真，如果为真则执行语句块 1，否则继续判断条件 2，如果条件 2 为真则执行语句块 2，否则继续判断条件 3，以此类推，直到找到一个条件为真，执行其后的语句块，或者所有条件都为假，执行 Else 后面的语句块 n+1，整个嵌套的 If 语句结束。

例如，根据分数 x 的值，输出不同的成绩。

```
If x>=90 Then
    print "优秀"
ElseIf x>=80 Then
    print "良好"
ElseIf x>=70 Then
    print "中等"
ElseIf x>=60 Then
    print "及格"
Else
    print "不及格"
End If
```

4.3.3　Select…Case 语句

Select Case 结构可以很好地完成多重判定任务，这种结构不但清楚易懂，而且执行也比较快速。

Select Case 语法格式为：

```
Select Case 变量或表达式
   Case 表达式 1
      语句块 1
   Case 表达式 2
      语句块 2
        ⋮
    [Case Else
      语句块 n]
End Select
```

其中，变量和表达式的形式可以是下面几种：

（1）表达式，例如："A"。

（2）一组用逗号分隔的枚举值，例如：2,4,6,8。

（3）表达式 1 To 表达式 2，例如：60 To 100。

（4）Is 关系运算符表达式，例如：Is < 60。

语句的执行过程是：测试 Select 后面的"变量或表达式"与哪一个 Case 子句后面的形式相匹配。如果找到，则执行该 Case 子句后面的语句块；如果没找到，则执行 Case Else 子句后面的语句块 n。其语句流程图如图 4.7 所示。

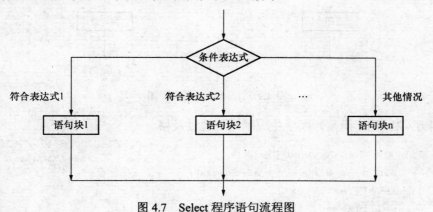

图 4.7 Select 程序语句流程图

例 4.4 利用 Select 语句判断用户在窗体上的按键是字母、数字或是其他字符。

```
Private Sub Form_KeyDown(KeyCode As Integer, Shift As Integer)
   Select Case Chr(KeyCode)        'KeyCode 保存的是用户按键的 ASCII
      Case "A" To "Z"
         Print "按键是字母键"
      Case "0" To "9"
         Print "按键是数字键"
      Case Else
         Print "按键是其他字符键"
   End Select
End Sub
```

程序运行结果如图 4.8 所示。

当用户分别按 "R"、"5"、"Ctrl" 时，输出结果如图 4.8 所示。

图 4.8　例 4.4 程序运行结果

4.3.4　条件函数

IIf 函数的语法格式如下：

IIf（<条件表达式>，<真部分>，<假部分>）

当条件表达式的值为真时，函数返回值为真部分；否则，返回假部分。其执行过程如图 4.9 所示。

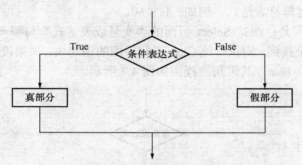

图 4.9　IIf 函数语句流程图

例 4.5　利用 IIf 函数判断学生成绩是否通过及格分。

```
Private Sub Command_Click()
    Dim x As Single, y As String
    x=Val(Text1.text)
    y=IIf(x>=60, "通过", "没通过")
    Text2.Text=y
End Sub
```

程序运行结果如图 4.10 所示。

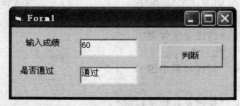

图 4.10　例 4.5 程序运行结果

4.4 循 环 结 构

在程序设计中，对于那些需要重复执行的操作应该采用循环结构来完成。利用循环结构处理各类重复操作既简单，又方便。循环结构是在给定条件成立时，反复执行某个程序段，反复执行的程序段称为循环体。VB 支持的循环结构有 For 循环、Do…Loop 循环。

4.4.1 For 循环语句

For 循环属于计数型循环，程序将按照指定的循环次数来执行循环体部分。其语法格式如下：

```
For 循环变量=初始值 To 终值 [Step 步长]
    [循环体]
Next [循环变量]
```

其执行过程如图 4.11 所示。

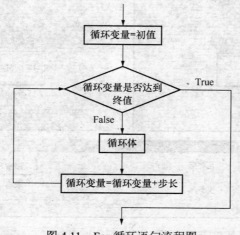

图 4.11 For 循环语句流程图

（1）对"循环变量"赋初值。

（2）判断"循环变量"是否达到"终值"。如果"步长"为正数，则"循环变量"大于"终值"时退出循环，否则执行第（3）步；如果"步长"为负数，则"循环变量"小于"终值"时退出循环，否则执行第（3）步。

（3）执行循环体。

（4）"循环变量"按照"步长"更新。

（5）"步长"按照指定数值增加或减少，默认为 1，增加 1。

（6）返回第（2）步。

提示：在循环体内可使用 Exit For 提前结束循环。

例如，利用 For 循环求 1～100 之间所有整数的和。

```
Sum=0                    '用于保存求和结果
For i=1 To 100 Step 1    'i 初始值为 1，每次增加 1，增加到终值 100 为止
```

```
        Sum=sum+i                   '每次将整数累加进变量 sum 中
    Next i
```

例 4.6 计算 n!。

```
    Private Sub Command1_Click()
        n=Val(InputBox("输入一个自然数"))
        Term=1
        For i=1 To n
            Term=Term*i
        Next i
        Print n; "!="; Term
    End Sub
```

程序运行结果如图 4.12 所示。

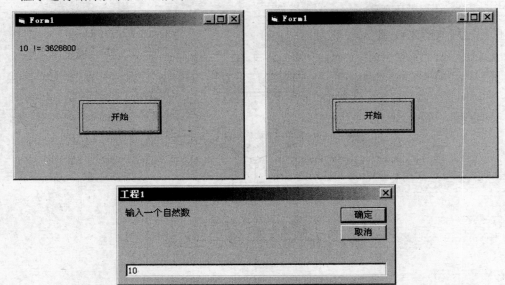

图 4.12　例 4.6 程序运行结果

4.4.2　Do…Loop 循环语句

Do…Loop 循环结构比 For 循环结构更灵活，可以设定循环开始条件或者结束条件。Do…Loop 循环有四种形式，语法格式如下：

格式一：判断条件值，如果为真，执行循环体，如果为假，结束循环。

```
    Do While 循环条件
        [循环体]
        [Exit Do]
    Loop
```

格式二：首先执行循环体一次，判断条件值，如果为真，循环执行，如果为假，结束循环。

```
Do
    [循环体]
    [Exit Do]
Loop While 循环条件
```

格式三：判断条件值，如果为假，执行循环体，如果为真，结束循环。

```
Do Until 循环结束条件
    [循环体]
    [Exit Do]
Loop
```

格式四：首先执行循环体一次，判断条件值，如果为假，循环执行，如果为真，结束循环。

```
Do
    [循环体]
    [Exit Do]
Loop Until 循环结束条件
```

这四种格式的区别在于前两种是 While 表示"当"条件满足时继续循环，后两种是 Until 表示"直到"条件满足时结束循环。其中的 Exit Do 语句表示马上结束循环，可以随时跳出循环。

例如，求 1～100 之间所有整数的和。

用格式一实现：

```
Sum = 0: i = 1
Do While i <= 100
    Sum = Sum + i
    i = i + 1
Loop
```

用格式二实现：

```
sum=0：i=1
Do
    sum=sum+i
    i=i+1
Loop While i<=100
```

用格式三实现：

```
Sum = 0: i = 1
Do Until i > 100
    Sum = Sum + i
    i = i + 1
Loop
```

用格式四实现：

```
sum=0:i=1
Do
    Sum=sum+i
    i=i+1
Loop Until i>100
```

4.4.3　多重循环

在一个循环结构体内出现另一个循环结构，称为循环的嵌套。

例如，如下格式：

```
For 循环变量1=初始值 To 终值 [Step 步长]
    For 循环变量2=初始值 To 终值[Step 步长]
        [循环体]
    Next[循环变量2]
Next[循环变量1]
```

其程序语句执行的流程图如图 4.13 所示。

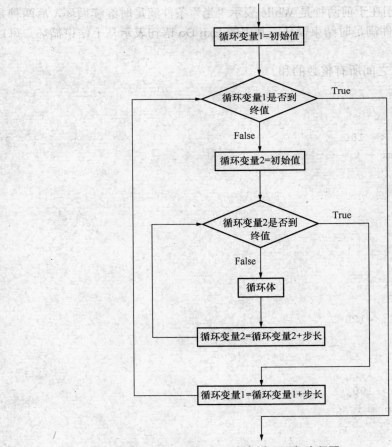

图 4.13　嵌套循环语句流程图

程序执行时，首先执行一次外层循环，然后进入内层循环，当内层循环变量达到终值时，就跳出内层循环，再次执行一次外层循环，然后再进入内层循环。以此类推，直到外层循环变量达到终值时就跳出外层循环，执行下面的其他程序。

例如，使用循环嵌套求 $1/1!+1/2!+1/3!+\cdots+1/n!$ 前 n 项和。

```
Dim a As Single,b As Single
Dim i As Single, j As Single    '定义了四个单精度浮点型变量
For i=1 To n                     '外层循环
    b=1
    For j=1 To I                 '内层循环
        b=b*j
    Next j
    a=a+1/b
Next i
```

4.4.4 跳转语句

在 VB 中，有以下几种中途跳出语句。

（1）Exit For：用于中途跳出 For 循环，可以直接使用，也可以用条件判断语句加以限制，在满足某个条件时才执行此语句，跳出 For 循环。

（2）Exit Do：用于中途跳出 Do 循环，可以直接使用，也可以用条件判断语句加以限制使用。

（3）Exit Sub：用于中途跳出 Sub 过程，可以直接使用，也可以用条件判断语句加以限制使用。

（4）Exit Function：用于中途跳出 Function 过程，可以直接使用，也可以用条件判断语句限制使用。

（5）Goto 语句：上面介绍的循环结构都是根据某个条件进行循环，称为有条件跳转语句；还有一种结构即 Goto 语句和 On-Goto 语句，是无条件跳转语句，执行到这条语句时不需要判断条件，程序会直接转去执行指示的位置。无条件跳转语句会影响程序的结构化，应尽量避免使用。

Goto 的语法格式如下：

```
Goto 标号|行号
```

其中：

① "标号"是一个英文单词，位于一个语句的开头，不区分大小写，必须以字母开头，且以冒号结尾。行号是一个数值。<标号|行号>在程序中的使用格式为：

```
标号|行号：语句
```

例如，

```
ErrorHandler: MsgBox "错误"
```

② Goto 语句可与 If 语句构成循环结构。例如，使用 Goto 语句求 1～100 之间所有整数的和。

```
Dim sum As Integer
Dim i As Integer
here: If i<=100 Then
        i=i+1
        sum=sum+i
        GoTo here
     End If
```

On-Goto 语句的语法格式如下：

> On 表达式 Goto 行号表列|标号表列

该语句执行的顺序是：根据表达式的值四舍五入后的整数结果，决定转到哪个行号或是标号处执行。

以上几种中途跳出语句，可以为某些循环体或过程设置明显的出口，能够增强程序的可读性。

4.5　综合应用

例 4.7　应用内部函数求用户年龄。

程序设计步骤如下。

（1）新建一个"标准 EXE"工程。

（2）设置 Form 窗体的 Caption 属性为"年龄"。

（3）进入代码编辑窗口，编写如下事件过程。

```
Private Sub Form_Click()
  Dim name As String              '保存用户输入的姓名
  Dim bir As String               '保存用户输入的生日字符串
  Dim birDate As Date             '保存用户输入的生日
  Dim yearPass As Integer         '保存用户年龄
  name=InputBox("输入姓名", "name")
  bir=InputBox("输入生日", "birthday", " ")
  birDate=CDate(bir)              '将用户输入的生日字符串转换为日期数据
  '取得系统时间的年份, 减去生日年份, 计算年龄
  yearPass=Year(Date)-Year(birDate)
  MsgBox name & "you are" & Chr(10) & yearPass & "years old", _
  vbInformation, "提示"
End Sub
```

程序运行结果如图 4.14 所示。

例 4.8　利用选择结构实现简单的算术运算程序。

程序设计步骤如下。

（1）新建一个"标准 EXE"工程。

（2）在 From1 窗体上依次添加三个标签控件、三个文本框控件和六个命令按钮控件。

（3）在属性窗口中，设置对象属性，如表 4.3 所示。

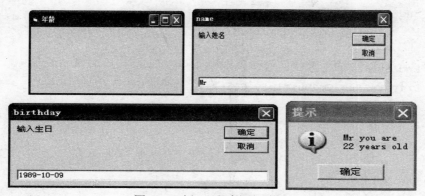

图 4.14　例 4.7 程序运行结果

表 4.3　控件属性设置

对　象	属　性	属性值
Form1	Caption	"运算"
Label1	Caption	"num1"
Label2	Caption	"num2"
Label3	Caption	"result"
Text1	（名称）	txtOpt1
	Text	空
Text2	（名称）	txtOpt2
	Text	空
Text3	（名称）	txtResult
	Text	空
Command1	（名称）	CmdAdd
	Caption	"+"
Command2	（名称）	CmdMultiply
	Caption	"*"
Command3	（名称）	CmdCompute
	Caption	"="
Command4	（名称）	CmdMinus
	Caption	"-"
Command5	（名称）	CmdDivide
	Caption	"/"
Command6	（名称）	CmdExit
	Caption	"OFF"

（4）进入代码编辑窗口中，编写如下事件过程。

```
Dim opt As String
Private Sub CmdAdd_Click()
    opt="+"
```

```vb
End Sub
Private Sub CmdMinus_Click()
    opt="-"
End Sub
Private Sub CmdMultiply_Click()
    opt="*"
End Sub
Private Sub CmdDivide_Click()
    opt="/"
End Sub
Private Sub CmdCompute_Click()
    Dim opt1 As Double, opt2 As Double
    Dim result As Double
    opt1=Val(txtOpt1.Text)
    opt2=Val(txtOpt2.Text)
    Select Case opt
    Case "+"
        result=opt1+opt2
    Case "-"
        result=opt1-opt2
    Case "*"
        result=opt1*opt2
    Case "/"
        If opt2 <> 0 Then
            result=opt1/opt2
        Else
            MsgBox "除数为 0", , "错误提示"
            Exit Sub
        End If
    End Select
    txtResult.Text=result
End Sub
Private Sub cmdExit_Click()
    Dim answer As Integer
    answer=MsgBox("确实退出吗", vbYesNo+vbQuestion, "退出")
    If answer=vbYes Then
        End
    End If
End Sub
```

程序运行结果如图 4.15 所示。

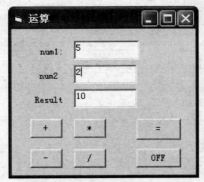

图 4.15 例 4.8 程序运行结果

例 4.9 输入若干个学生的成绩，若输入不在区间[0,100]中的值将会结束输入，统计出最高分，最低分和平均分。

程序设计步骤如下。

（1）新建一个"标准 EXE"工程。

（2）在 From1 窗体上依次添加三个标签、三个文本框和一个命令按钮控件。

（3）在属性窗口中，设置对象属性，如表 4.4 所示。

表 4.4 控件的属性设置

对 象	属 性	属 性 值
Form1	Caption	"统计分数"
Label1	Caption	"最高分"
Label2	Caption	"最低分"
Label3	Caption	"平均分"
Text1	（名称）	Text1
	Text	空
Text2	（名称）	Text2
	Text	空
Text3	（名称）	Text3
	Text	空
Command1	（名称）	Command1
	Caption	"开始输入学生成绩"

（4）进入代码编辑窗口中，编写如下事件过程。

```
Dim max As Single, min As Single, score As Single, sum As Single
Dim num As Integer
Private Sub Command1_Click()
    max = 0: min = 100: num = 0: sum = 0
    score = InputBox("输入一个成绩")
    Do While score >= 0 And score <= 100
        If score > max Then max = score
```

```
        If score < min Then min = score
        sum = sum + score
        num = num + 1
        score = InputBox("输入一个成绩")
    Loop
    If num > 0 Then
        Text1.Text = max
        Text2.Text = min
        Text3.Text = sum / num
    End If
End Sub
```

程序运行结果如图 4.16 所示。

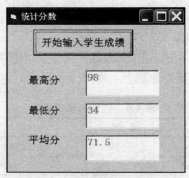

图 4.16　例 4.9 程序运行结果

小　结

本章介绍了 VB 程序设计的三种基本结构：顺序结构、选择结构和循环结构。顺序结构是按照语句书写顺序一条一条地执行。选择结构也叫做分支结构，是根据条件选择不同的执行语句，有 If…Then…Else 语句和 Select…Case 语句。循环结构是基于条件重复地执行一组语句，有 For…Next 语句和 Do…Loop 语句等。三种结构相互嵌套，可以组成更复杂的程序。

第 5 章　数　　组

本章要点

- 一维数组
- 二维数组
- 动态数组
- 控件数组
- 综合应用

本章学习目标

- 掌握数组的基本概念
- 掌握静态数组的声明及应用
- 掌握动态数组的声明及应用
- 掌握控件数组的建立及使用
- 掌握数组的典型应用

　　前面章节所使用的变量类型，如整型、单精度型、双精度型等，从存储角度看都是相互独立的、无关的，通常称它们为简单变量。当处理的数据较少时，使用这些简单变量是可以的。但是，如果处理的数据较多时，程序就相当复杂。因此，VB 引入了一种数据结构——数组。把一组联系密切的数据放在一起并用一个统一的名字作为标志，这就是数组。数组是一种数据的存储结构，而不是一种新的数据类型，是一组具有相同数据类型的变量的集合。数组中的变量（也叫元素）用相同的名字和不同的下标。在程序中使用数组的最大好处是用一个数组名代表逻辑上相关的一批数据，用下标表示数组中的每个元素，通常与循环语句结合使用，使得程序书写简洁。

　　数组必须先声明后使用，数组被声明后，系统在内存中可为它分配一块连续的区域。

　　数组按维数可以分为一维数组和多维数组。

　　一维数组：用一个下标区分每个变量在数组的位置。

　　多维数组：用多个下标区分每个变量在数组中的位置。最多可达 16 维，但维数越多越抽象，故一般不使用三维以上的数组。

　　数组按声明时的大小可分为静态数组和动态数组。

　　静态数组：又叫定长数组，数组元素的个数和数组的维数都是固定不变的。

　　动态数组：又叫可变长数组，数组元素的个数可在程序运行中根据需要进行调整。

5.1　一 维 数 组

5.1.1　一维数组的声明

一维数组的说明格式为：

格式 1：说明符　数组名（下标上界）[AS 数据类型]

格式 2：说明符　数组名（下界 TO 上界）[AS 数据类型]

例如：Dim Arr1(5) As Integer，则包含 Arr1(0)、Arr1(1)、Arr1(2)、Arr1(3)、Arr1(4)、Arr1(5) 六个整型元素。

Dim Arr2(3 TO 5)，则包含 Arr2(3)、Arr2(4)、Arr2(5)三个元素。

说明：

（1）"说明符"为保留字，可以为 Dim、Public、Private、Static 中的任意一个。在使用过程中可以根据实际情况进行选用。主要用 Dim 声明数组。

（2）"数据类型"用来说明"数组元素"的类型，可以是 Integer、Long、Single、Double、Currency、String（定长或变长）等基本类型或用户定义的类型，也可以是 Variant 类型。如果省略"As 数据类型"，则数组为 Variant 类型，此时数组中各元素可以包含不同类型的数据。可以通过类型说明符来指定数组的类型。

（3）下标下界若无特殊说明则表示从 0 开始。也可用 Option Base 下标下界语句设置下标的下界值。使用格式如下：

```
Option Base n
```

n 的取值只能是 0 或 1。Option Base 语句只能位于模块的通用部分，不能出现在过程中。

例如，Option Base 1 表示下标的下界值从 1 开始。

（4）数组必须先定义后使用。

（5）数组名命名规则与变量名相同。

（6）在同一过程中，数组名不能与变量名相同。

（7）在定义数组时，每一维的元素个数必须是常数，而不能是变量或表达式。

（8）在定义数组时，下界必须小于上界，并且上下界不得超过 Long 数据的范围。一维数组的大小为：上界−下界+1。

5.1.2　一维数组的使用

1. 一维数组引用形式：数组名(下标)

例如：a(1)=10。

说明：

（1）数组元素也称下标变量。在程序中，凡是简单变量可以出现的地方都可以引用数组元素。

（2）引用数组元素时，数组名、数组的类型和维数必须与定义数组时保持一致。

（3）引用数组元素时，数组元素的下标必须在建立数组时指定的范围内，否则将发生"下标越界"的错误。

2. 数组元素赋值

（1）使用赋值语句对数组元素逐个赋值。例如，

```
Dim Arr1(5) As Integer
Arr1(0)=0: Arr1(1)=1: Arr1(2)=2: Arr1(3)=3: Arr1(4)=4: Arr1(5)=5
```

（2）使用循环给数组元素赋初值。例如，

```
Dim  Arr1(5) As Integer
For i=1 To 10   'Arr1 数组的每个元素值为 1
   Arr1(i)=1
Next i
```

（3）使用 InputBox 函数对数值元素赋值。例如，

```
Dim  Arr1(5) As Integer
For i=1 To 5
   Arr1(i)=InputBox("输入元素的值: ")
Next i
```

（4）使用 Array( )函数赋值。其格式如下：

```
数组变量名=Array(数组元素值)
```

其中，只能对变体型类型变量和动态数组赋值，"数组变量名"是预先定义的数组名，但它只能是 Variant 类型。Array 函数对数组整体赋值，赋值后的数组大小由赋值的个数决定。

例如，要将 1、2、3、4、5、6、7 赋值给数组 a，可使用下面的两种方法赋值。

```
Dim a()
a=array(1, 2, 3, 4, 5, 6, 7)
Dim a
a=array(1, 2, 3, 4, 5, 6, 7)
```

（5）使用 Split 函数赋值。其格式如下：

```
Split(<字符串表达式> [, <分隔符>])
```

说明：只能对变体型类型变量和动态数组赋值，使用 Split 函数可从一个字符串中以某个指定符号为分隔符，分离若干个子字符串，建立一个下标从 0 开始的一维数组。例如，

```
Dim x, s$
s="a, b, c, d, e"
x=Split(s, ", ")
```

```
For i=0 To 4
  Print x(i);
Next i
```

运行结果：**abcde**

3. 取数组上、下界函数

用 **UBound** 和 **LBound** 函数可以获得数组的上、下界，其格式如下：

```
上界函数：UBound(数组名[, d])
下界函数：LBound(数组名[, d])
```

说明：数组名是必需的，**d** 是可选的，代表维数。省略时表示返回第一维的值。例如，

```
Dim A(5) As Integer
a1=LBound(A)
a1=UBound(A)
Print a1;a2
```

4. For Each…Next 语句

该语句是一种专门用于对数组或对象"集合"进行操作的循环语句。其格式如下：

```
For Each 成员 In 数组
    循环体
    [Exit For]
    …
Next [成员]
```

说明：

（1）"数组"是一个数组名，没有括号和上下界。

（2）"成员"是一个变体变量，代表的是数组中的每个元素。

（3）用该语句对数组元素进行处理时，循环的次数与数组元素的个数相同。例如，

```
Dim MyArr1(1 to 5)
For Each x in MyArr1
    Print x;
Next x
```

上述程序段将重复执行五次（因为数组 **MyArr1** 有五个元素），每次输出数组的一个元素的值 x。这里的 x 代表数组元素的值。它处于不断的变化之中，是一个变体变量，可以代表任何类型的数组元素。

例 5.1　从键盘上输入 10 个人的考试成绩，输出高于平均成绩的分数。

分析：首先需要输入 10 个人的成绩；然后求平均分；最后把这 10 个分数逐一和平均成绩进行比较，若高于平均成绩，则在窗体上显示输出结果。在窗体上放置四个命令按钮，**Caption** 属性分别设置为"方法一"、"方法二"、"方法三"和"方法四"，对应四

种不同的输入数据的方式。程序运行界面如图 5.1 和图 5.2 所示。

图 5.1　InputBox 函数输入学生成绩

图 5.2　程序运行界面

方法一：利用 InputBox 函数输入学生成绩。

程序代码如下。

```
Option Base 1
Private Sub Command1_Click()
   Dim score(10) As Single, aver!, i%
   aver=0
   For i=1 To 10
     score(i)=InputBox("请输入第" & i & "名学生成绩")
     aver=aver+score(i)
     Print score(i);
   Next i
   Print
   aver=aver/10
   Print "平均值" & aver
   For i=1 To 10
     If score(i) > aver Then Print score(i)
   Next i
End Sub
```

方法二：利用随机函数输入学生成绩。

程序代码如下。

```
Option Base 1
Private Sub Command2_Click()
   Dim score(10) As Single, aver!, i%
     aver=0
   For i=1 To 10
     score(i)=Int(Rnd*101)          ' 通过随机数产生 0～100 之间的成绩
     aver=aver+score(i)
     Print score(i);
   Next i
   Print
   aver=aver/10
```

```
      Print "平均值" & aver
      For i=1 To 10
         If score(i) > aver Then Print score(i)
      Next i
   End Sub
```

方法三：利用 Array( )函数赋值。

程序代码如下。

```
   Option Base 1
   Private Sub Command3_Click()
      Dim score As Variant, aver!, i%
         aver=0
         score=Array(89, 86, 56, 78, 84, 96, 87, 77, 94, 66)
      For i=1 To 10
         aver=aver+score(i)
         Print score(i);
      Next i
      Print
      aver=aver/10
      Print "平均值" & aver
      For i=1 To 10
         If score(i) > aver Then Print score(i)
      Next i
   End Sub
```

方法四：利用 Split 函数赋值。

程序代码如下。

```
   Private Sub Command4_Click()
      Dim score As Variant, aver!, i%, s As String
         aver=0
         s="89, 86, 56, 78, 84, 96, 87, 77, 94, 66"
         score=Split(s, ", ")
      For i=0 To UBound(score)
         aver=aver+score(i)
         Print score(i);
      Next i
      Print
      aver=aver/10
      Print "平均值" & aver
      For i=0 To UBound(score)
         If score(i) > aver Then Print score(i)
      Next i
   End Sub
```

5.2　二　维　数　组

5.2.1　二维数组的声明

具有两个下标的数组是二维数组。通常用它来处理表格和数学中的矩阵等问题。

二维数组的声明格式如下：

```
Dim 数组名([<下界>] to <上界>, [<下界> to ]<上界>) [As <数据类型>]
```

其中，参数说明与一维数组完全相同。

例如，

```
Dim a(2, 3)  As  Single
```

声明 a 是一个二维数组，共占据 12 个单精度变量空间，每一维元素都按照从索引 0 到该维的最大索引的顺序连续排列。每一维的大小是上界-下界+1，数组的大小是每一维大小的乘积。

在内存中，二维数组的存储原则是"先行后列"，则数组 a 的各元素的存储顺序是：a(0, 0)→a(0, 1)→a(0, 2)→a(0, 3)→a(1, 0)→a(1, 1)→a(1, 2)→ a(1, 3)→a(2, 0)→(2, 1)→a(2, 2)→a(2, 3)。

例如，求二维数组上下界的值。

```
Dim B(2, 3 to 5) As Integer
b1=LBound(B, 1)
b2=LBound(B, 2)
b3=UBound(b, 1)
b4=UBound(b, 2)
Print b1;b2;b3; b4
```

运行结果为：0　3　2　5

5.2.2　二维数组的使用

二维数组引用形式如下：

```
数组名(下标 1, 下标 2)
```

例如，

```
a(1,2)=10
a(i+2,j)=a(2, 3)*2
```

在程序中，通常利用二重循环来存取二维数组元素。

例 5.2　二维数组的输入与输出。

程序代码如下。

```
Option Explicit
```

```
Option Base 1
Private Sub Form_Click()
   Dim Arr(3, 4) As Integer
   Dim i As Integer, j As Integer
   For i=1 To 3     ' 用 For 语句输入数组
     For j=1 To 4
        Arr(i, j)=4*(i-1)+j
     Next j
   Next i
   For i=1 To 3     ' 用 For 语句数组输出
     For j=1 To 4
        Print Arr(i, j),
     Next j
     Print
   Next i
End Sub
```

例 5.3 矩阵的转置。

分析：将一个二维数组的行和列元素互换，存放到另一个二维数组中。程序运行界面如图 5.3 所示。

程序代码如下。

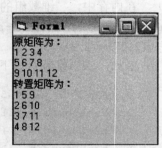

```
Option Explicit
Option Base 1
Private Sub Form_Click()
   Dim Arr(3, 4), Tarr(4, 3)
   Dim i As Integer, j As Integer
   For i=1 To 3
     For j=1 To 4
        Arr(i, j)=InputBox("请输入 3*4 矩阵：")    '输入数组元素
     Next j
   Next i
   Print "原矩阵为："
   For i=1 To 3        '输出原数组数据
     For j=1 To 4
        Print Arr(i, j); " ";
     Next j
     Print
   Next i
   Print "转置矩阵为："
   For i=1 To 4        '数组间数据的复制
     For j=1 To 3
        Tarr(i, j)=Arr(j, i)
        Print Tarr(i, j); " ";
     Next j
```

图 5.3 运行结果程序

```
        Print
    Next i
End Sub
```

5.3　动　态　数　组

5.3.1　动态数组的定义

动态数组声明时未给出数组的大小。静态数组是在程序编译时分配存储空间，而动态数组是在程序执行时分配存储空间。

创建动态数组的方法如下。

（1）使用 **Dim**、**Private** 或 **Public** 语句声明括号内为空的数组。

格式：

```
Dim | Private|Public  数组名( )[As 数据类型]
```

例如，

```
Dim a() As Integer
```

（2）在过程中用 **ReDim** 语句指明该数组的大小。

格式：

```
ReDim [Preserve] 数组名（下标1[，下标2…]）
```

例如，

```
Dim intArray() As integer
ReDim intArry(2, 4)
ReDim intArry(10)
```

说明：

（1）**Dim**、**Private**、**Public** 变量声明语句是说明性语句，可出现在过程内或通用声明段；**ReDim** 语句是一个可执行语句，只能出现在过程中。

（2）"数组名"、"数据类型"的说明与定义一维数组时的含义相同。

（3）**ReDim** 语句用来重新定义数组，能改变数组的维数及上界和下界，但不能用其改变动态数组的数据类型，除非动态数组被声明为 **Variant** 类型。

（4）声明动态数组时并不指定数组的维数，数组的维数由第一次出现的 **ReDim** 语句指定。可多次使用 **ReDim** 来改变数组的大小和维数。

（5）每次使用 **ReDim** 语句都会使原来数组中的值丢失，可以在 **ReDim** 后加 **Preserve** 参数来保留数组中的原始数据，但 **Preserve** 只能改变多维数组中最后一维的大小，前几维的大小不受影响。

例如，

```
Dim x() as Integer
```

```
ReDim x(1 To 5) as Integer
For i=1 to 5
    x(i)=i
Next i
ReDim Preserve x(1 To 10) as Integer
For i=1 to 10
    Print x(i)
Next i
```

5.3.2 数组的清除

已经定义的数组，其维数大小不能被改变。若清除数组内容或重新定义，要使用 Erase 语句。

格式：

Erase 数组名[，数组名]…

例如，

```
Dim arr1(10)  As Integer
Dim arr2()  As  Integer
Erase arr1, arr2
```

说明：

（1）对于静态数组，Erase 语句将数组重新初始化，即把所有数组元素置为 0（数值型）或空字符串（字符型）。

（2）对于动态数组，Erase 语句将删除数组结构，并释放所占用的内存空间。如果想再次引用动态数组，需要用 ReDim 语句重新定义。

例 5.4 编写一个程序，输出 Fibonacci 数列：1，1，2，3，5，8，…的前 n 项。

分析：输出 Fibonacci 数列的前 20 项，可以使用静态数组；本例要求输出前 n 项，n 是一个变量，因此，应该使用动态数组。程序运行结果如图 5.4 所示。

程序代码如下。

```
Private Sub Form_Click()
    Dim Fib(), i%, n%            '避免溢出，定义数组为 Variant 类型
    n=InputBox("输入 n 的值（n>1）")
    ReDim Fib(n)
    Fib(1)=1: Fib(2)=1
    For i=3 To n
        Fib(i)=Fib(i-1)+Fib(i-2)
    Next i
    For i=1 To n
        Print Fib(i),
        If i Mod 5=0 Then Print        '每行输出五个数
    Next i
End Sub
```

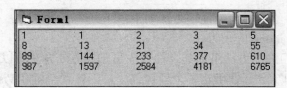

图 5.4　运行结果

5.4　控　件　数　组

5.4.1　什么是控件数组

在实际应用中，有时会用到一些类型相同且功能类似的控件。如果对每一个控件都单独处理，可能会比较麻烦。这时，用控件数组可以简化程序。

控件数组由一组相同类型的控件组成，这些控件共用一个共同的名字，具有相似的属性设置，共享同样的事件过程。控件数组中各个控件相当于普通数组中的各个元素，建立控件数组时，系统为每个元素赋一个唯一的索引号（Index）。同一控件数组中各个控件的 Index 属性可以用作索引号，其作用相当于普通数组中的下标。

例如，假设有一个包含三个按钮的控件数组 Command1，它的三个元素就是 Command1(0)、Command1(1)和 Command1(2)。

5.4.2　控件数组的建立

由于控件数组中每一个元素都是控件，所以它的定义方式与普通数组不同。

1．创建控件数组

在设计时，创建控件数组的方法如下。

① 将相同名字赋予多个控件。例如，创建含有两个命令按钮的控件数组，使用相同名称 Command1。应先创建一个命令按钮，再创建一个命令按钮，然后在属性窗口中将 Command2 改为 Command1，出现选择是否创建控件数组的对话框。

② 复制现有的控件并将其粘贴到窗体上，系统弹出对话框，如图 5.5 所示，询问是否建立"控件数组"？，回答"是"即可建立一个"控件数组"。

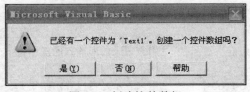

图 5.5　创建控件数组

2．装载控件数组

控件数组必须是设计时创建。在程序运行时，可以通过 Load 方法向控件数组中添加新的控件成员，并给其属性赋值。方法如下：

（1）画出控件，index 值设为 0。

（2）编程时通过 Load 方法添加其余控件成员，Unload 方法可以删除某个控件成员。

（3）通过 Left 和 Top 属性确定每个新控件成员的位置，并将 Visible 属性设为 True。

5.4.3　控件数组的应用举例

建立了控件数组之后，控件数组中的所有控件共享同一事件过程。例如，假定某个控件数组含有 10 个标签，则不管单击哪个标签，系统都会调用同一个 Click 过程。由于每个标签在程序中的作用不同，系统会将被单击标签的 Index 属性值传递给过程，由事件过程根据不同的 Index 值执行不同的操作。

例 5.5　编写一个程序，设计一个简易计算器，能进行整数的加、减、乘、除运算。

程序设计步骤如下：

（1）创建一个窗体，一个文本框名字为 Output，用于显示计算器输出；数字按钮控件数组 Number；操作符控件数组 Operator；一个命令按钮 Caption 属性为 "="，名字为 result，用于计算结果；一个命令按钮 Caption 属性为 "C"，名字为 clear，用于清屏。

（2）设置各控件的属性如表 5.1 所示。

表 5.1　控件的属性

对象类型	对象名	属性	属性值
窗体	Form1	Caption	简易计算器
文本框	Output	Name	output
		Text	空白
命令按钮	Command1	Name	result
		Caption	=
	Command1	Name	clear
		Caption	C
	Command1	Name	Number
		Caption	0～9
		Index	0～9
	Command1	Name	Operator
		Caption	+、-、×、÷
		Index	0-3

（3）程序代码如下。

```
'窗体级变量声明
Dim op1 As Byte          '用来记录前面输入的操作符
Dim ops1&, ops2&         '两个操作数
Dim res As Boolean       '用来表示是否已算出结果
Private Sub clear_Click()
   Output.Text=""
End Sub
Private Sub Form_Load()
    res=False
End Sub
```

```
'按下数字键 0~9 的事件过程
Private Sub number_Click(i1 As Integer)
    If Not res Then
        Output.Text=Output.Text & i1
    Else
        Output.Text=i1
        res=False
    End If
End Sub
'按下操作键＋、－、×、÷的事件过程
Private Sub operator_Click(i2 As Integer)
    ops1=Output.Text
    op1=i2    ' 记下对应的操作符
    Output.Text=""
End Sub
'按下=键的事件过程
Private Sub result_Click()
    ops2=Output.Text
    Select Case op1
    Case 0
        Output.Text=ops1+ops2
    Case 1
        Output.Text=ops1-ops2
    Case 2
        Output.Text=ops1*ops2
    Case 3
        If ops2 <> 0 Then
            Output.Text=ops1/ops2
        Else
            Output.Text="除数为 0"
        End If
    End Select
    res=True        '已算出结果
End Sub
```

（4）运行结果如图 5.6 所示。

图 5.6　简易计算器

5.5 综 合 应 用

例 5.6 编写一个程序，利用随机函数生成 10 个 100 以内的随机整数，计算出这 10 个数的总和及其平均值，并输出这 10 个数、总和及其平均值。

分析：使用 Print 方法直接输出到窗体中，不用设置专用对象。

程序代码如下。

```
Private Sub Form_Click()
    Dim A(10) As Integer
    Dim B As Single
    Print " 十个整数为： "
    For I=1 To 10                    '循环产生 10 个随机整数
        A(I)=Int(Rnd*100)            '生成随机第 i 个整数
        Print A(I);                  '显示第 i 个数
        A(0)=A(0)+A(I)               '累加求和
    Next I
    Print
    B=A(0)/10                        '求平均值
    Print "总和为： "; A(0)
    Print "平均值为： "; B
End Sub
```

运行结果如图 5.7 所示。

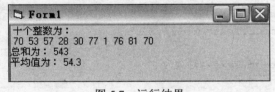

图 5.7 运行结果

例 5.7 编写一个程序，利用 InputBox 函数输入 10 个整数，将输入的 10 个数按从小到大的顺序输出。

分析：这是一个排序的问题，排序的方法有很多，这里介绍两种比较常用的排序方法。

（1）起泡法排序（即相邻两个数比较）。起泡排序是将相邻的两个数进行比较，若为逆序，则将两个数据交换。小的数据就好像水中气泡逐渐向上漂浮，大的数据好像石块往下沉。

若有 10 个数存放在 a 数组中，分别为：a(1)=49、a(2)=38、a(3)=64、a(4)=96、a(5)=75、a(6)=13、a(7)=27、a(8)=52、a(9)=34、a(10)=22。第一次，先将 49 与 38 比较，因为 49>38，将 49 和 38 交换；第二次将 49 和 64 比较，因为 49<64，则不交换；第三次将 64 和 96 比较，依次进行……共进行九次比较，得到 38、49、64、75、13、27、52、34、22、96 的顺序。经过这样的交换，最大数 96 已经像石块一样沉到底，为最下面的一个

数，而较小数像水中气泡一样向上浮起到一个位置。经过第一趟（共九次）比较后，得到最大数 96。然后进行第二趟（共八次）比较，得到一个次大的数 75，依次进行下去，对余下的数按上面的方法进行比较，共需要九趟。如果有 n 个数，则要进行 n-1 趟比较。在第一趟中要进行 n-1 次比较，在第 j 趟进行 n-j 次比较。排序如图 5.8 所示。

49	38	38	38	38	38	38	38	38	38
38	49	49	49	49	49	49	49	49	49
64	64	64	64	64	64	64	64	64	64
96	96	96	96	96	75	75	75	75	75
75	75	75	75	96	13	13	13	13	13
13	13	13	13	13	96	27	27	27	27
27	27	27	27	27	27	96	52	52	52
52	52	52	52	52	52	52	96	34	34
34	34	34	34	34	34	34	34	96	22
22	22	22	22	22	22	22	22	22	96

第1次　第2次　第3次　第4次　第5次　第6次　第7次　第8次　第9次　　结果

图 5.8　起泡排序

程序代码如下。

```
Private Sub Command1_Click()
    Dim a(1 To 10) As Integer
    Cls
    Print "要排序的数组为："
    For i=1 To 10
        a(i)=InputBox("请输入 10 个整数：")
        Print Tab(i*4); a(i);
    Next i
    Print
    For i=1 To 9
        For j=1 To 10-i
            If a(j) > a(j+1) Then
                temp=a(j)
                a(j)=a(j+1)
                a(j+1)=temp
            End If
        Next j
        Print "第" & i & "趟"
        For k=1 To 10
            Print Tab(k*4); a(k);
        Next k
        Print
    Next i
    Print "排序后的数组为："
    For i=1 To 10
```

```
      Print Tab(i*4); a(i);
   Next i
End Sub
```

窗体运行效果如图 5.9 所示。

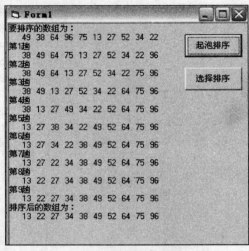

图 5.9　运行结果

（2）选择法排序。选择排序法是首先从 10 个数据中找出最小数与第 1 个元素值交换，然后在后 9 个数据中找出最小数与第 2 个元素值交换……直到最后两个数据中找出最小数与第 9 个元素值交换，即每比较一次，找出一个未排序数中的最小值。共比较 9 轮，选择排序过程如图 5.10 所示。

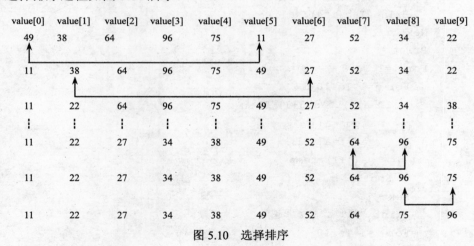

图 5.10　选择排序

程序代码如下。

```
Private Sub Command2_Click()
   Dim a(1 To 10) As Integer
   Cls
   Print "要排序的数组为："
```

```
    For i=1 To 10
        a(i)=InputBox("请输入 10 个整数：")
        Print Tab(i*4); a(i);
    Next i
    Print
    For i=1 To 9
        p=i
        For j=i+1 To 10
            If a(j) < a(p) Then
                p=j
            End If
        Next j
        If p <> i Then
            temp=a(p)
            a(p)=a(i)
            a(i)=temp
        End If
        Print "第" & i & "趟"
        For k=1 To 10
            Print Tab(k*4); a(k);
        Next k
        Print
    Next i
    Print "排序后的数组为："
    For i=1 To 10
        Print Tab(i*4); a(i);
    Next
End Sub
```

窗体运行结果如图 5.11 所示。

图 5.11 运行结果

例 5.8 编写一个程序，在窗体上输出四名同学的英语、数学、法律三门课的考试成绩，计算出每个同学的平均成绩，并在窗体上输出四个学生的平均成绩。

分析：把四名同学的姓名及各科的考试成绩分别存入一个一维字符串数组 xm(4)和一个二维数值数组 a(4,3)中，然后对数组（主要是二维数组）进行处理。

程序代码如下。

```
Private Sub Form_Click()
    Dim a(4, 3) As Single, xm(4) As String*10, i%, j%, aver!
    Print Tab(25); "成绩表"
    Print
    Print "姓名"; Tab(15); "英语"; Tab(25); "数学";
    Print Tab(35); "法律"; Tab(45); "平均分"
    Print
    For i=1 To 4
        aver=0
        xm(i)=InputBox("输入姓名")
        Print xm(i);
        For j=1 To 3
            a(i, j)=InputBox("输入" & xm(i) & "的一个成绩 ")
            aver=aver+a(i, j)
        Next j
        aver=aver/3
        Print Tab(15); a(i, 1); Tab(25); a(i, 2);
        Print Tab(35); a(i, 3); Tab(45); aver
        Print
    Next i
End Sub
```

运行结果如图 5.12 所示。

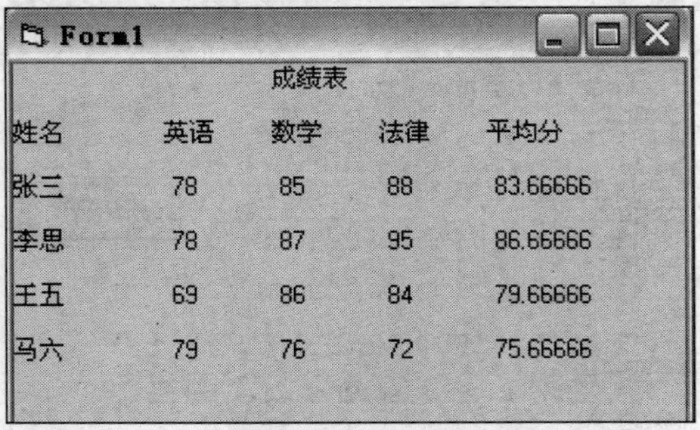

姓名	英语	数学	法律	平均分
		成绩表		
张三	78	85	88	83.66666
李思	78	87	95	86.66666
王五	69	86	84	79.66666
马六	79	76	72	75.66666

图 5.12 运行结果

例 5.9 编写一个程序，求浓度时间加权平均值。

分析：时间加权平均浓度是一个物理指标，表示对一定时间内化学气体浓度的衡量。时间加权平均浓度=(C1*T1+C2*T2+…CN*TN)/输入总时间。

设计步骤如下：

（1）创建一个窗体，一个命令按钮，一个用于记录温度的控件数组 Text1 和一个用于记录时间的控件数组 Text2，一个用于输入总时间的文本框，一个用于输出时间加权平均值的文本框和两个标签控件数组及四个用于显示信息的标签控件。

（2）设置各控件的属性，如表 5.2 所示。

表 5.2 控件的属性

对象类型	对象名	属 性	属性值
窗体	Form1	Font	宋体
		FontSize	四号
标签	Label1	Caption	浓度时间加权平均值计算器
	Label2	Caption	温度 1～5
		Index	0～4
	Label3	Caption	时间 1～5
		Index	0～4
	Label4	Caption	输入总时间
	Label5	Caption	时间加权平均值
	Label6	Caption	(C1*T1+C2*T2+ …CN*TN)/输入总时间
文本框	Text1	Text	空白
		Index	0～4
	Text2	Text	空白
		Index	0～4
	Text3	Text	空白
	Text4	Text	空白
命令按钮	Command1	Caption	计算

（3）程序代码如下。

```
Private Sub Command1_Click()
    Dim i As Integer
    Dim sum As Double
    Dim twa As Double
    sum=0
    For i=0 To 4
        sum=sum+Val(Text1(i).Text)*Val(Text2(i).Text)
    Next i
    Text4.Text=sum/Val(Text3.Text)
End Sub
Private Sub Form_Load()
    Dim i As Integer
    For i=0 To 4
        Text1(i).FontName="宋体"
        Text1(i).FontSize=14
        Text2(i).FontName="宋体"
        Text2(i).FontSize=14
```

```
        Next i
        Text3.FontName="宋体"
        Text3.FontSize=14
        Text3.Text=""
        Text4.FontName="宋体"
        Text4.FontSize=14
        Text4.Text=""
    End Sub
```

（4）运行结果如图 5.13 所示。

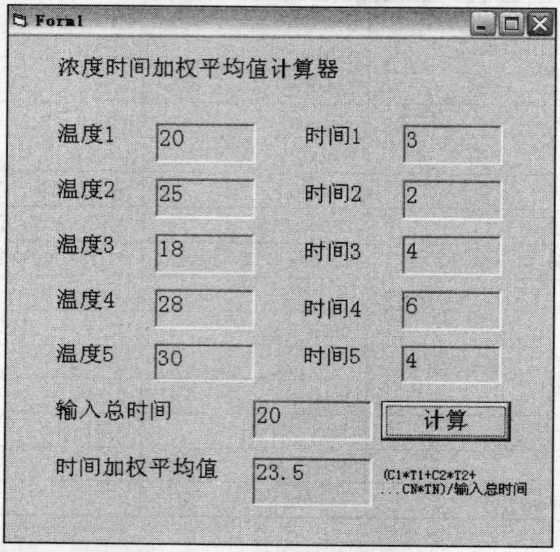

图 5.13　运行效果

小　　结

　　本章介绍了数组的概念，通过学习掌握数组初始化、数组输入、数组输出、求数组中的最大（最小）元素及下标、求和、平均值、排序和查找等操作和应用，讲述了静态数组的声明、动态数组的声明和控件数组的使用。最后通过程序实例，介绍了 VB 数组的应用。

第6章 过 程

本章要点

- 函数过程（Function）的定义及调用
- 子过程（Sub）的定义及调用
- 参数传递
- 变量和过程的作用域

本章学习目标

- 掌握函数过程、子过程的定义与调用
- 掌握函数过程、子过程的参数传递方法
- 掌握变量与过程的作用域
- 了解递归

应用 VB 语言设计应用程序解决问题时，有时问题比较复杂，按照结构化程序设计的原则，可以把某个复杂的任务按其功能分解为小的模块，再根据每个模块的作用细分为小的程序单元。构成这些程序单元的程序称为"过程"，通常用过程来完成某个特定的功能。

因为 VB 应用程序是由过程构成的，所以用 VB 设计应用程序时，除了定义常量和变量外，全部工作就是编写过程。一个过程仍然由顺序、选择及循环三种结构组成，但它有自己的特点，主要体现在主程序与子程序之间的数据输入、输出，即主程序与子程序之间的数据传递。

在前面的章节中，已经使用系统提供的事件过程和内部函数进行程序设计。事实上，VB 允许用户定义自己的过程和函数。使用自定义过程和函数不仅能够提高编程效率、代码利用率，而且能够使程序结构更规范化、清晰、简洁、便于调试和维护。

在 VB 中，过程分为两类：事件过程和自定义过程。其中，事件过程又分为两类，即窗体事件过程和控件事件过程；自定义过程分为四类，即子过程（Sub）、函数过程（Function）、属性过程（Property）和事件过程（Event）。

前面已经多次接触事件过程，这样的过程是当发生某个事件（如 Click、Load、Change 等）时，对该事件作出响应的程序段，这种事件过程构成了 VB 应用程序的主体。

窗体事件过程格式如下：

```
[Public|Private] Sub Form_事件名([参数列表])
    语句块
```

```
      [Exit Sub]
      语句块
   End Sub
```

控件事件过程格式如下：

```
   [Public|Private] Sub 控件名_事件名([参数列表])
      语句块
      [Exit Sub]
      语句块
   End Sub
```

但是，如果在同一个事件过程内，出现了相似或完全相同的重复程序段，或者多个事件过程需要一段相同的程序代码，那么可以把这样的程序段独立出来作为一个过程。该过程称为"通用过程"，它可以单独创建，供事件过程或其他通用过程调用。这样可以使程序更简练，便于调试和维护。

在 VB 中，通用过程包括子过程（Sub 过程）和函数过程（Function 过程）。一般来说，通用过程之间、事件过程之间、通用过程与事件过程之间，都可以互相调用。

6.1　函数过程的定义和调用

在 VB 中，函数分为内部函数和外部函数。其中，内部函数是系统预先编好的、能完成特定功能的一段程序，如 Sqr、Len 等；外部函数是用户根据需要用 Function 关键字定义的函数过程，通常会得到一个确定值（称为函数的返回值）出现在表达式中。

例 6.1　求任意半径的三个圆的面积之和。

分析：计算三个圆，使用的公式相同，不同的仅仅是半径，因此首先定义一个求圆面积的函数过程，然后像调用标准函数一样调用该函数过程三次。

程序代码如下。

```
   '定义计算圆面积的函数过程
   Private Function area(r1!)
      Dim s#
      s=3.14*r1 ^ 2
      area=s
   End Function
   '在事件过程中输入数据，分别调用计算圆面积的函数过程，显示总面积
   Private Sub Cmd1_Click()
      Dim i%, r!, sum#
      sum=0
      For i=1 To 3
        r=InputBox("input r=", "area:")
        sum=sum+area(r)
      Next i
      Print "area=", sum
   End Sub
```

例 6.2 已知多边形各条边的长度，要求计算多边形的面积，多边形分解如图 6.1 所示。计算多边形面积，可将多边形分解成若干个三角形。计算三角形面积的公式如下：

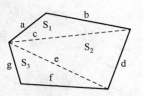

$$area = \sqrt{c(c-x)(c-y)(c-z)}, \quad c = \frac{1}{2}(x+y+z)$$

其中，x、y、z 为任意三角形三条边的长度，c 为三角形周长的一半。

图 6.1 多边形分解

分析：计算三个三角形的面积，使用的公式相同，不同的仅仅是边长，因此首先定义一个求三角形面积的函数过程，然后像调用标准函数一样多次调用。

程序代码如下。

```
'定义计算三角形面积的函数过程
Public Function area(x!, y!, z!) As Single
    Dim c!
    c=1/2*(x+y+z)
    area=Sqr(c*(c-x)*(c-y)*(c-z))
End Function
'在事件过程中输入数据，分别调用计算三角形面积的函数过程，显示总面积
Private Sub Form_Click()
    Dim a!, b!, c!, d!, e!, f!, g!, s1!, s2!, s3!
    a=InputBox("输入 a")
    b=InputBox("输入 b")
    c=InputBox("输入 c")
    d=InputBox("输入 d")
    e=InputBox("输入 e")
    f=InputBox("输入 f")
    g=InputBox("输入 g")
    s1=area(a, b, c)
    s2=area(c, d, e)
    s3=area(e, f, g)
    Print s1+s2+s3
End Sub
```

6.1.1 函数过程的定义

自定义函数过程有以下两种方法。

（1）利用"工具"菜单下的"添加过程"命令定义，其操作步骤如下。

① 在窗体或标准模块的代码窗口中选择"工具"菜单的"添加过程"命令，弹出"添加过程"对话框，如图 6.2 所示。

② 在"名称"文本框中输入函数过程名（过程名中不允许有空格）；在"类型"选项组中选中"函数"单选按钮，定义函数过程；在"范围"选项组中选中"公有的"单选按钮，则定义一个公共级的全局过程；选中"私有的"单选按钮，则定义一个标准模块级/窗体级的局部过程。

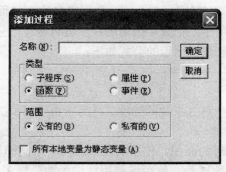

图 6.2　"添加过程"对话框

这时，VB 创建了一个函数过程的模板，就可以在其中编写代码了。

（2）利用代码窗口直接定义。

在窗体或标准模块的代码窗口中，把插入点放在所有现有过程之外，直接输入函数过程。

自定义函数过程的格式如下：

```
[Static|Public|Private] Function 函数过程名([参数列表]) [As 类型]
    局部变量或常数定义
    语句块
    函数名=返回值
    [Exit Function]
    语句块
    函数名=返回值
End Function
```

其中大括号括起"局部变量或常数定义"到"函数名=返回值"部分，标注为"函数体"。

说明：

① Function 过程：以 Function 开头，以 End Function 结束，在两者之间是描述过程操作的语句块，即"函数体"。

② 函数过程名：命名规则与变量命名规则相同。不能与 VB 中的关键字重名，也不要与 Windows API 函数重名，还不能与同一级别的变量重名。

③ As 类型：函数返回值的类型，若缺省类型声明，则函数返回值类型是变体类型。

④ 参数列表形式如下：

```
[ByVal]变量名[( )][As 类型][, [ByVal]变量名[( )][As 类型]…]
```

此处参数也称为形参，参数之间通过英文逗号分隔，仅表示形参的类型、个数和位置，只能是变量、数组名（这时要加"( )"）、数组元素、对象，它们在定义时是没有值的。ByVal 表示当过程被调用时，参数是值传递；使用 ByRef 或者缺省 ByVal、ByRef 则表示地址传递。函数过程无参数时，函数过程名后的括号不能省略，这是函数过程的标志。

⑤ 在函数体内，函数名可以当变量使用，函数的返回值就是通过对函数名的赋值语句来实现的，因此在函数体内需要至少对函数名赋值一次。如果没有"函数名=返回值"这条语句，则该函数将返回一个系统默认值。数值型函数的默认返回值为 0，字符

型函数的默认返回值为空串（""），可变型函数的默认返回值为空值（Null）。

⑥ [Exit Function]：表示退出函数过程，常常与选择结构（If 或 Select Case 语句）一起使用，即当满足一定条件时，退出函数过程。

⑦ [Static(静态)|Public(全局)|Private(私有)]：将在 6.4.1 节介绍。

⑧ End Function：标志着 Function 过程的结束。为了能正确运行，每个 Function 过程必须有一个 End Function 子句。当程序执行到 End Function 时，将退出该过程，并立即返回到调用位置。此外，在函数体内可以用一个或多个 Exit Function 语句从过程中退出。

在例 6.2 中，定义了一个求三角形面积的函数过程，函数过程名为 area，用于存放三角形的面积，类型为单精度；该函数有三个自变量，即形参，分别为 x、y、z，形参没有具体的值，只代表参数的个数、类型和位置。在用户调用 area 函数过程时，首先将具体的值（实参）赋给形参，然后通过执行函数体，就可获得函数过程调用的结果。

例 6.3　编写函数 MyReplace(S, OldS, NewS)，用 NewS 子字符串替换在 S 字符串中出现的 OldS 子字符串。

函数过程如下。

```
Public Function MyReplace(S$, Olds$, News$) As String
    Dim I%, lenOldS%
    lenOldS=Len(Olds)              '获取 OldS 字符串长度
    I=InStr(S, Olds)               '在字符串中找是否有 OldS 子字符串
    Do While I > 0                 '找到用 NewS 字符串替换 OldS 子字符串
        S=Left(S, I-1)+News+Mid(S, I+lenOldS)
        I=InStr(S, Olds)           '找下一个 OldS 子字符串
    Loop
    MyReplace=S                    '替换后的字符串赋值给函数过程名
End Function
```

6.1.2　函数过程的调用

函数过程的调用比较简单，可以使用标准函数一样来调用。其格式如下：

函数过程名([参数列表])

由于函数过程能返回一个值，故函数过程不能作为单独的语句加以调用，必须作为表达式或表达式中的一部分，再配以相关的语法成分构成语句。

说明：

（1）"参数列表"称为实参，多个实参之间用英文逗号分隔，它必须与形参保持个数相同、位置与类型一一对应（当然，VB 中也允许形参与实参的个数不同，本书不做讨论）。实参可以是同类型的常量、变量、表达式、数组、数组元素和对象。

（2）调用时，把实参的值传递给形参，称为参数传递。其中，值传递（形参前有 **ByVal** 声明）时，由于实参与形参分配的是不同的存储单元，所以实参的值不随形参的值的变化而改变；而引用传递（或称地址传递，形参前有 **ByRef** 声明）时，因为实参与形参分配的是同一个存储单元，所以实参的值随形参的值一起改变。

（3）当参数是数组时，形参与实参在参数声明时应省略其维数，但括号不能省略。

例如，调用例 6.3 中自定义函数 MyReplace。程序代码如下。

```
Private Sub Command1_Click()
    Dim S As String
    S= "VB 程序设计教程 5.0 版"
    Print MyReplace(S, "5.0", "6.0")
End Sub
```

程序运行的流程如下。

（1）在 Command1_Click 中，执行到 MyReplace 函数过程的调用时，执行流程暂时中断，系统将记住返回地址，实参与形参结合，如图 6.3 所示。

（2）执行 MyReplace( )函数过程，当执行到 End Function 语句时，函数名带着值返回到主调程序 Command1_Click 中断处，继续执行，Print 语句将函数的值显示在窗体上。

（3）继续执行余下的语句，遇到第二次调用，重复步骤（1）和（2），直到 End Sub 为止。

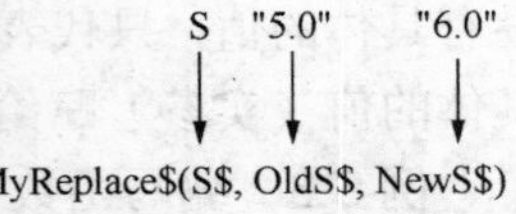

S　　"5.0"　　"6.0"

MyReplace$(S$, OldS$, NewS$)

图 6.3　实参与形参结合

例 6.4　编写求任意两个正整数最大公约数，要求用自定义函数过程 gcd 实现。

分析：求最大公约数可以使用"辗转相除法"，即以大数 m 作为被除数，小数 n 作为除数，相除后余数为 r。若 r 不为零，则把 n 的值赋给 m，把 r 的值赋给 n，继续相除得到新的 r；若 r 仍不为零，则重复此过程，直到 r=0，此时的 n 就是最大公约数。

程序代码如下。

```
Function gcd(m%, n%)
    Dim r%, t%
    If m < n Then
        t=m
        m=n
        n=t
    End If
    r=m Mod n
    Do While r<>0
        m=n
        n=r
        r=m Mod n
    Loop
    gcd=n
End Function
Private Sub Command1_Click()
    Dim m%, n%
    m=Text1.Text
    n=Text2.Text
    Label1.Caption=m & "和" & n & "的最大公约数是："  & Str(gcd(m, n))
End Sub
```

6.2 子过程的定义与调用

在 VB 中，如果只是为了某种功能处理，而不是为了获得某个函数值，则可以使用子过程。

例 6.5 两个数值互相交换。

Swap(x, y)子过程代码如下。

```
Public Sub Swap(x As Integer, y As Integer)
   Dim t As Integer
   t=x
   x=y
   y=t
End Sub
```

调用过程代码如下。

```
Private Sub Form_Click()
   Dim a As Integer, b As Integer
   a=10
   b=20
   Swap a, b
   Print "A="; a, "B="; b
End Sub
```

程序的运行的结果：A=20　　B=10

6.2.1 子过程的定义

自定义子过程有以下两种方法。

（1）利用“工具”菜单中的“添加过程”命令定义，其操作步骤如下。

① 在窗体或标准模块的代码窗口中选择“工具”菜单中的“添加过程”命令，弹出“添加过程”对话框，如图 6.4 所示。

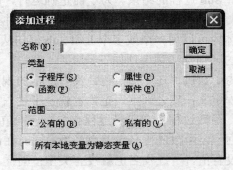

图 6.4 “添加过程”对话框

② 在“名称”文本框中输入子过程名（过程名中不允许有空格）；在“类型”选项

组中选中"子程序"单选按钮，定义子过程；在"范围"选项组中选中"公有的"单选按钮，定义一个公共级的全局过程；选中"私有的"单选按钮，则定义一个标准模块级/窗体级的局部过程。

这时，VB 创建了一个子过程的模板，就可以在其中编写代码了。

（2）利用代码窗口直接定义。

在窗体或标准模块的代码窗口中，把插入点放在所有现有过程之外，直接输入子过程。子过程定义的方法与函数过程定义相似，其格式如下：

```
[Static|Private|Public] Sub 子过程名[(参数列表)]
    局部变量或常数定义
    语句块
    [Exit Sub]              过程体
    语句块
End Sub
```

说明：

① Sub 过程：以 Sub 开头，以 End Sub 结束，在两者之间是描述过程操作的语句块，即"过程体"。

② 子过程名：命名规则与变量命名规则相同。不能与 VB 中的关键字重名，也不能与 Windows API 函数重名，还不能与同一级别的变量重名。

③ 参数列表格式如下：

```
[ByVal]变量名[( )][As 类型][, [ByVal]变量名[( )][As 类型]…]
```

此处的参数也称为形参，仅表示形参的类型、个数、位置，只能是变量、数组名（这时要加"( )"）、数组元素、对象，它们在定义时是没有值的。ByVal 表示当该过程被调用时，实参与形参之间的参数传递是参数值的传递；使用 ByRef 或者缺省 ByVal、ByRef，则表示实参与形参之间的参数传递是参数的地址传递。但当无形参时，括号也不能省略。

④ [Exit Sub]：表示退出子过程，常常与选择结构（If 或 Select Case 语句）连用，即当满足一定条件时，退出子过程。

⑤ [Static(静态)|Public(全局)|Private(私有)]：将在 6.4.1 节介绍。

⑥ End Sub：标志着 Sub 过程的结束。为了能正确运行，每个 Sub 过程必须有一个 End Sub 子句。当程序执行到 End Sub 时，将退出该过程，并立即返回到调用语句下面的语句。此外，在过程体内可以用一个或多个 Exit Sub 语句从过程中退出。

子过程与函数过程的区别及注意事项如下。

（1）某种功能定义为函数过程还是子过程，没有严格的规定，但只要能用函数过程定义的，肯定能用子过程定义；反之则不一定，也就是子过程比函数过程适用面广。当过程只有一个返回值时，函数过程直观；当过程有多个返回值时，用子过程方便。

（2）函数过程有返回值，函数过程名也就有类型；同时在函数过程体内必须对函数过程名赋值。子过程名没有值，子过程名也就没有类型；同样不能在子过程体内对子过程名赋值。

（3）形参个数的确定。形参是过程与主调程序交互的接口，从主调程序获得初值，或将计算结果返回给主调程序。

（4）形参没有具体的值，只代表了参数的个数、位置及类型；不能是常量、数组元素及表达式。

6.2.2　子过程的调用

在 VB 中，子过程的调用是一个独立的调用语句，有以下两种形式。

格式 1：

　　　Call 子过程名[(实参列表)]

格式 2：

　　　子过程名 [实参列表]

格式 1 使用 Call 语句调用时，如果有实参，则实参必须加小括号括起来；如果没有实参，则小括号可以省略。格式 2 无 Call，用子过程名调用时，小括号必须省略。

> **注 意**
>
> 若实参要获得子过程的返回值，则实参只能是变量或数组，不能是常量、表达式，也不能是对象名。

例 6.6　调用子过程求任意半径三个圆的面积之和。

程序代码如下。

```
Private Sub area(r1!, s1#)
    s1=3.14*r1 ^ 2
End Sub
Private Sub Cmd1_Click()
    Dim i%, r!, s#, sum#
    s=0
    For i=1 To 3
        r=InputBox("Input r=", "area:")
        area r, s
        sum=sum+s
    Next i
    Print "area="; sum
End Sub
```

例 6.7　调用子过程求任意两个正整数的最大公约数。

程序代码如下：

```
Sub gcd(m%, n%, gys%)
    Dim r%, t%
    If m < n Then
        t=m
```

```
        m=n
        n=t
      End If
      r=m Mod n
      Do While r <> 0
        m=n
        n=r
        r=m Mod n
      Loop
      gys=n
    End Sub
    Private Sub Command_Click()
      Dim m%, n%, gys%
      m=Text1.text
      n=Text2.text
      gys=0
      Call gcd(m, n, gys)
      Label1.Caption=Text1 & " 和 " & Text2 & "的最大公约数是:" & Str(gys)
    End Sub
```

6.3　参　数　传　递

在 VB 中，不同模块（过程）之间数据传递的方式有以下两种。

（1）通过过程调用，利用实参与形参的结合实现。

（2）使用全局变量，利用全局变量的作用域来实现。

本节只考虑通过第一种形式来实现。

从前面的介绍可以看出，在调用过程中，过程（被调过程或子程序）和调用它的程序（主调过程或主程序）之间一般都存在数据传递，即在调用一个过程时必须把实参（主程序本身使用的参数列表，可以是常量、变量、表达式、数组、数组元素或对象）传送给被调过程，完成形参（子程序本身使用的参数列表，可以是变量、数组或对象）与实参的结合。

从实参与形参的位置顺序是否必须匹配的角度，可以通过以下两种方式实现参数传递。

（1）按位置传递：此时实参的顺序必须和形参的顺序匹配。也就是说，它们的位置次序必须一致，这是默认的形式。

（2）按名称传递：此时显式地指出与形参结合的实参，把形参用"∶="与实参连接起来。和按位置传递不同，按名称传递不受位置顺序的限制。

从实参是否随着对应形参值的变化而变化的角度，在"实参"代替"形参"的传递过程中，VB 提供了实参与形参结合的两种方式，即传址（ByRef）和传值（ByVal），其中传址又称为引用，是默认的方法。区分两种结合的方式是在要使用传值的形参前加 **ByVal**。

（1）传址的结合过程：当调用一个过程时，它将实参本身传递给形参，形参与实参具有相同的地址，即形参与实参共用一个存储单元。因此，按址传递是双向的，在被调过程体中对形参的任何操作在本质上都变成了对相应实参的操作，实参的值将会随被调过程体内形参的改变而发生变化。按址传递可以采用两种方式：一种是在形参的前面加上 ByRef 关键字；另一种是缺省形参前面的关键字。

（2）传值的结合过程：当调用一个过程时，系统将实参的值传递给对应的形参以后，实参与形参断开了联系。按值传递时，VB 给对应的形参分配一个临时的存储单元，将实参的值传递到这个临时的存储单元中。按值传递是单向的，被调过程的操作是在形参临时存储单元中进行的，当过程调用结束时，这些形参所占用的临时存储单元也同时被释放。因此，在过程体内对形参的任何操作不会影响到实参，实参的值不变。按值传递可以采用两种方式：一种是在形参的前面加上 ByVal 关键字；另一种是先将实参变量转换为"表达式"，然后传递给形参，即在实参变量两侧加上小括号，使它成为表达式。

在 VB 中，参数传递采用传值方式还是传址方式，有以下规则可供参考。

（1）形参是数组、自定义类型，对象只能用传址方式；若要将过程中的结果返回给主调程序，则实参必须是同类型的变量名、对象，不能是常量、表达式。

（2）若形参不是（1）中的情况，一般应选用传值方式。这样可增加程序的可靠性，便于调试，减少各过程间的关联。因为在过程体内对形参的改变不会影响实参。

在 VB 中，关于参数传递，有以下几点需要特别注意。

（1）在定义子过程和函数过程时，一般要求声明形参变量的数据类型，如果缺省形参类型声明，则为 Variant 数据类型，由调用时对应实参的数据类型来确定，这样程序的执行效率低，且容易出错。

（2）如果是按地址传递，则实参与形参的数据类型必须相同，否则就会出错。如果是按值传递，实参数据类型与形参数据类型不同，系统将实参的数据类型转换为形参的数据类型，然后再传递（赋值）给形参；如果实参的数据类型不能被转换，则会出错。

（3）在调用子过程或函数过程时，如果实参是常量或表达式，无论在定义时使用按值还是按地址传递，此时都是按值传递方式将常量或表达式计算的值传递给形参。如果形参是按址传递方式，但调用时想使实参变量按值传递，可以将实参变量两侧加上小括号，将其转换为表达式。

（4）在调用子过程或函数过程时，如果形参变量是字符串，则只能是变长字符串，不能是定长字符串，但定长字符串可以作为实参传递给过程。

（5）在 VB 的参数传递中，一般要求实参与形参在数目上保持一致，但是在某些情况下，实参与形参的数目可以不一致，可以通过可选参数（形参表中后面的变量都通过 Optional 关键字声明，表示该参数是一个可选参数，可选参数可以是变体变量或直接指定可选参数的默认值；在被调过程体中通过 IsMissing( )函数测试该参数是否存在，如果存在则接收对应实参，并参与运算）与可变参数（形参是一个变体数组，通过 ParamArray 关键字声明，表示是一个可变参数；而被调过程体中可以通过 For Each … Next 语句或其他循环语句结合 LBound( )、UBound( )函数运算）来实现，这点本书不做讨论和研究。

例 6.8　前面已编写了交换两个数的过程（与下面的 Swap2 相同），为了搞清传址、传值的区别，此处再做比较。若 Swap1 用传值传递，Swap2 用传址传递，请读者思考哪个过程能真正实现两个数的交换？为什么？两条 Print 语句输出的结果分别是多少？

```
Public Sub Swap1(ByVal x As Integer, ByVal y As Integer)
   Dim t As Integer
   t=x
   x=y
   y=t
End Sub
Public Sub Swap2(x As Integer, y As Integer)
   Dim t As Integer
   t=x
   x=y
   y=t
End Sub
Private Sub Command1_Click()
   Dim a As Integer, b As Integer
   a=10
   b=20
   Swap1 a, b
   Print "A1="; a, "B1="; b
   a=10
   b=20
   Swap2 a, b
   Print "A2="; a, "B2="; b
End Sub
```

例6.9 求若干个数的最大公约数和最小公倍数。

分析：求若干个数的最大公约数，只能两两相求，即先求前两个数的最大公约数再与第三个数求最大公约数；只要有一个最大公约数为 1，就不再往下求。这里还要解决两个问题，首先为了程序通用，将要求的若干个数放在数组里；其次定义求两个数 m 和 n 最大公约数的函数过程。

程序代码如下。

```
'求最大公约数的函数过程
Option Base 1
Function gcd(ByVal m%, ByVal n%) As Integer
   If m < n Then t=m: m=n: n=t
   Do
      r=m Mod n
      If r=0 Then Exit Do
      m=n
      n=r
   Loop
   gcd=n
End Function
```

```
'输入 n 个数，进行 n-1 次调用
Private Sub Command1_Click()
   Dim a() As Integer
   n=InputBox("输入 n")
   ReDim a(n)
   For i=1 To n
      a(i)=InputBox("输入数据")
   Next i
   n1=a(1)
   For i=2 To n
     m1=a(i)
     mn=gcd(m1, n1)
     If mn=1 Then
       Exit For
     Else
       n1=mn
     End If
   Next i
   Print mn
End Sub
```

在 VB 中允许参数是数组，数组只能通过传址方式进行传递。在传递数组时，还要注意以下事项。

（1）为了把一个数组的全部元素传递给一个通用过程，应在实参列表和形参列表中放入数组名，省略数组的上、下界。实参数组可以省略小括号，但形参小括号不能省略。

（2）如果不需要把整个数组传递给通用过程，可以只传送指定的数组元素，这需要在实参数组名后面的括号标明指定元素的下标，而对应的形参一般用变体变量。

（3）如果被调过程不知道实参数组的上、下界，可用 UBound( )（求数组的最大下标值）和 LBound( )（求数组的最小下标值）函数确定实参数组的上界和下界。

（4）如果实参与对应的形参都是数组，则类型必须一致，且只能是按址传递；但是如果实参是数组，又想按值传递，则形参可以是变体变量，并且对该变体变量通过 ByVal 关键字说明。

例 6.10 编写函数，求任意一维数组中各元素之积，用主调程序调用该函数，分别求：

$$t1 = \prod_{i=1}^{5} a_i, \quad t2 = \prod_{i=2}^{10} b_i$$

程序代码如下。

```
Function tim(a() As Integer) As Double
   Dim t#, i%
   t=1
   For i=LBound(a) To UBound(a)      '求数组的上界和下界
      t=t*a(i)
```

```
        Next i
        tim=t
    End Function
    Private Sub Command1_Click()
        Dim a%(1 To 5), b%(2 To 10), i%, t1#, t2#
        For i=1 To 5                          '简化 a 数组的数据输入
            a(i)=i
        Next i
        For i=2 To 10                         '简化 b 数组的数据输入
            b(i)=i
        Next i
        t1=tim(a())                           '调用函数 tim()
        t2=tim(b())                           '调用函数 tim()
        Print "t1="; t1; "t2="; t2            '输出结果：t1=120  t2=3628800
    End Sub
```

例 6.11 编写两个子过程。子过程 1：求数组中的最大值和最小值；子过程 2：以每行五列显示数组结果。主调程序有 10 个元素，分别调用两个子过程。

程序代码如下。

```
    Private Sub Command1_Click()
        Dim a(1 To 10)
        For i=1 To 10                         '随机产生 a 数组的各元素
            a(i)=Int(Rnd*100)
        Next i
        Call Printa(a())
        Call fmaxmin(a(), a1, a2)
        Print "最大值为"; a1; "最小值为"; a2
    End Sub
    Sub fmaxmin(a(), maxa, mina)
        n1=LBound(a)
        n2=UBound(a)
        maxa=a(n1)
        mina=a(n1)
        For i=n1+1 To n2
            If a(i) > maxa Then maxa=a(i)
            If a(i) < mina Then mina=a(i)
        Next i
    End Sub
    Sub Printa(b())
        For i=LBound(b) To UBound(b)
            Print b(i);
            j=j+1
            If j Mod 5=0 Then Print
```

```
    Next i
End Sub
```

例 6.12　求一个数组元素的平方根。

程序代码如下。

```
Dim test_array() As Integer
Static Sub sqval(a)
    a=Sqr(Abs(a))
End Sub
Private Sub Form_Click()
    ReDim test_array(1 To 5, 1 To 3)
    test_array(5, 3)=-36
    Print test_array(5, 3)
    Call sqval(test_array(5, 3))
    Print test_array(5, 3)
End Sub
```

在 VB 中，允许使用对象（可以是窗体或控件）作为参数，用对象作为参数与其他数据类型作为参数没有什么分别。所以，在某些情况下，可以简化程序设计，提高效率。格式如下：

```
Sub 过程名(参数列表)
    语句块
    [Exit Sub]
    语句块
End Sub
```

其中，形参表中形参的类型通常为 Control 或 Form，对象只能通过按址传递方式传递，因此不能在其参数前加关键字 ByVal。

例 6.13　窗体参数。要求设置多个窗体且有同样的大小和位置。

（1）通用过程如下。

```
Sub formset(formnum As Form)              '设置参数类型为窗体对象
    formnum.Left=2000
    formnum.Top=3000
    formnum.Width=5000
    formnum.Height=3000
End Sub
```

（2）Form1 的事件过程如下。

```
Private Sub Form_Click()
    Form1.Hide
    Form2.Show
End Sub
Private Sub Form_Load()
    formset Form1
```

```
    formset Form2
    formset Form3
    formset Form4
End Sub
```

（3）Form2、Form3 和 Form4 的事件过程如下。

```
Private Sub Form_Click()
    Form2.Hide
    Form3.Show
End Sub
Private Sub Form_Click()
    Form3.Hide
    Form4.Show
End Sub
Private Sub Form_Click()
    Form4.Hide
    Form1.Show
End Sub
```

例6.14 控件参数。要求设置两个文本框的字符格式。

（1）通用过程如下。

```
'设置两个控件类型的参数
Private Sub fontout(testctrl1 As Control, testctrl2 As Control)
    testctrl1.FontSize=18
    testctrl1.FontName="幼圆"
    testctrl1.FontItalic=True
    testctrl1.FontBold=True
    testctrl1.FontUnderline=True
    testctrl2.FontSize=24
    testctrl2.FontName="Times New Roman"
    testctrl2.FontItalic=False
    testctrl2.FontUnderline=False
End Sub
```

（2）窗体事件过程如下。

```
Private Sub Form_Click()
    fontout Text1, Text2
End Sub
Private Sub Form_Load()
    Text1.Text="欢迎使用"
    Text2.Text="Visual Basic 6.0"
End Sub
```

6.4　变量和过程的作用域

一个 VB 工程可以由若干个窗体模块、标准模块和类模块组成，这些模块一般保存在窗体文件（.frm）、标准模块文件（.bas）和类模块文件（.cls）中。其中，窗体模块、标准模块又可以包含多个过程，变量在过程中是必不可少的。一个过程既可以定义在一个窗体模块中，也可以定义在一个标准模块中，定义时还可以使用不同关键字（Static、Public 和 Private）；一个变量既可以定义在过程内部，也可以定义在通用部分，定义时还可以使用不同关键字（Dim、Static、Private 和 Public）。一个变量（或过程）随所在的位置不同，可被访问的范围也不同，可被访问的范围称为变量（或过程）的作用域。

1.　窗体模块

窗体模块是 VB 应用程序的基础，一个应用程序可以有多个窗体。窗体模块包括处理事件的过程、通用过程及变量、常量、类型和外部过程的声明。如果要在文本编辑器中观察窗体模块，则可以看到窗体及其控件的描述（包括它们的属性设置及程序代码等）。

2.　标准模块

简单的应用程序可以只有一个窗体，应用程序的所有代码都驻留在窗体模块中。当应用程序庞大而复杂时，就要添加窗体。如果几个窗体中都有要执行的公共代码，又不希望在多个窗体中重复相同代码时，就需要创建一个独立模块（默认时的应用程序是不包含独立模块的），它包含实现公共代码过程，这个独立模块就是标准模块。该模块中包含变量、常量及通用过程的声明。写入标准模块的代码不必绑在特定的应用程序上，即可被不同的应用程序调用。

在工程中添加标准模块的步骤如下。

（1）执行"工程"菜单中的"添加模块"命令，打开"添加模块"对话框，选择"新建"选项卡，如图 6.5 所示。

（2）在该对话框中双击"模块"图标，或选择"模块"图标后单击"打开"按钮，将打开一个新建标准模块的窗口，如图 6.6 所示。

图 6.5　"添加模块"对话框

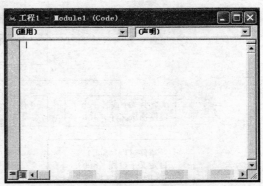

图 6.6　新建标准模块的窗口

（3）新添加的第一个标准模块，其名称为 Module1，可以通过属性窗口为标准模块命名。然后可以在其代码窗口中编写标准模块程序。

按上面的步骤，可以向工程中添加多个标准模块，也可以选择"现存"选项卡，将存储器中现存的标准模块（*.bas）添加到工程中。

3．类模块

类模块是面向对象编程的基础。在类模块中编写代码创建新对象，这些新对象可以包括自定义的属性和方法，可以在应用程序内的过程中使用；默认状态下的应用程序是不包含类模块的。

在工程中添加类模块的步骤如下。

（1）执行"工程"菜单中的"添加类模块"命令，打开"添加类模块"对话框，选择"新建"选项卡，如图 6.7 所示。

（2）在该对话框中双击"类模块"图标，或选择"类模块"图标后，单击"打开"按钮，将打开一个新建类模块的窗口，如图 6.8 所示。

图 6.7　"添加类模块"对话框

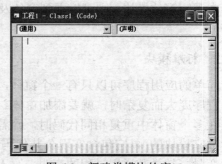

图 6.8　新建类模块的窗口

（3）新添加的第一个类模块，默认名称为 Class1，可以通过属性窗口为类模块重新命名。然后可以在其代码窗口中编写类模块程序。

按上面的步骤，可以向工程中添加多个类模块，也可以选择"现存"选项卡，将存储器中现存的类模块（*.cls）添加到工程中。

6.4.1　过程的作用域

VB 一般应用程序的组成可用图 6.9 来描述（本书只讨论窗体和标准模块文件）。

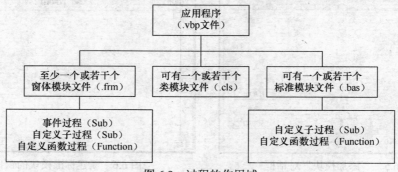

图 6.9　过程的作用域

根据过程的作用域来分，过程可分为窗体/模块级过程和全局级过程。

1. 窗体/模块级过程

窗体/模块级过程是指在某个窗体或标准模块内通过 **Private** 关键字定义的过程。该过程只能被本窗体（在本窗体内定义）或本标准模块（在本标准模块内定义）中的过程调用。

例 6.15　调用窗体级模块求 1～n 的和。

```
Private Sub qh(n, sum)
  Dim i%
  For i=1 To n
    sum=sum+i
  Next i
End Sub
Private Sub Command1_Click()
  Dim n%, sum%
  n=InputBox("n=")
  Call qh(n, sum)
  Print "1+2+…+n="; sum
End Sub
Private Sub Command2_Click()
  Call Command1_Click
End Sub
```

2. 全局级过程

全局级过程是指在窗体或标准模块中，通过 **Public** 关键字定义的过程或者缺省类型关键字的过程。全局级过程可供该应用程序的所有窗体和所有标准模块中的过程调用，但根据全局级过程所处的位置不同，其调用方式有所区别。

（1）在窗体内定义全局过程。

① 如果该过程名是唯一的，则在本窗体模块内可以直接调用，不必加该过程所在的窗体名；其他的模块要调用该过程，必须在该过程名前面加该过程所在的窗体名。

例 6.16　在窗体内定义全局过程示例 1。

```
'Form1 中的过程代码
Public Sub jch(n%, s&)
  Dim i%
  For i=1 To n
    s=s*i
  Next i
End Sub
Private Sub Command1_Click()
  Dim n%, s&
  n=InputBox("n=")
```

```
    s=1
    Call jch(n, s)
    Print "1*2*…*N="; s
End Sub
Private Sub Command2_Click()
    Form1.Hide
    Form2.Show
End Sub
'Form2 中的过程代码
Private Sub Command1_Click()
    Dim n%, s&
    n=InputBox("n=")
    s=1
    Call Form1.jch(n, s)
    Print "1*2*…*N="; s
End Sub
```

②　如果该过程名不是唯一的，与其他窗体模块或标准模块中的全局过程出现重名，则在该全局过程所处的窗体模块内可以直接调用，不必加该过程所在的窗体名；其他的模块要调用时，必须在该过程名前加该过程所在的窗体名。

例 6.17　在窗体内定义全局过程示例 2。

```
'Form1 中的过程代码
Public Sub jch(n%, s&)
    Dim i%
    For i=1 To n
      s=s*i
    Next i
End Sub
Private Sub Command1_Click()
    Dim n%, s&
    n=InputBox("n=")
    s=1
    Call jch(n, s)
    Print "1*2…*N="; s
End Sub
Private Sub Command2_Click()
    Form1.Hide
    Form2.Show
End Sub
'Form2 中的过程代码
Public Sub jch(n%, s&)
    Dim i%
    For i=1 To n
```

```
        s=s*i
     Next i
     s=s*2
  End Sub
  Private Sub Command1_Click()
     Dim n%, s&
     n=InputBox("n=")
     s=1
     Call Module1.jch(n, s)
     Print "1*2*…*N="; s
  End Sub
  'Module1 中的过程代码
  Public Sub jch(n%, s&)
     Dim i%
     For i=1 To n
        s=s*i
     Next i
     s=s*3
  End Sub
```

（2）在标准模块内定义的全局过程，其他模块均可调用。

① 如果该过程名是唯一的（即在工程的多个标准模块或窗体模块中全局过程不重名），则可以直接调用。

例 6.18　在标准模块内定义全局过程示例 1。

```
  'Form1 中的过程代码
  Public Sub proc3()
     MsgBox "Form1 中的全局过程"
  End Sub
  Private Sub Command1_Click()
     Call proc1
  End Sub
  Private Sub Command2_Click()
     Call proc2
  End Sub
  'Module1 中的过程代码
  Public Sub proc1()
     MsgBox "Module1 中的全局过程"
  End Sub
  'Module2 中的过程代码
  Public Sub proc2()
     Call proc1
  End Sub
```

② 如果该过程名不是唯一的，与其他标准模块或窗体模块中的全局过程出现重名，则调用时必须在该全局过程名前加标准模块名。

例 6.19　在标准模块内定义全局过程示例 2。

```
'Form1 中的过程代码
Private Sub Command1_Click()
    Call Form2.area
End Sub
Private Sub Command2_Click()
    Call Module1.area
End Sub
Private Sub Command3_Click()
    Call Module2.area
End Sub
Private Sub Command4_Click()
    Hide
    Form2.Show
End Sub
'Form2 中的过程代码
Public Sub area()
    Dim l%, w%, s#
    l=InputBox("l=")
    w=InputBox("w=")
    s=l*w
    MsgBox "s=" & s
End Sub
'Module1 中的过程代码
Public Sub area()
    Dim r!, s#
    r=InputBox("r=")
    s=3.14*r ^ 2
    MsgBox "s=" & s
End Sub
'Module2 中的过程代码
Public Sub area()
    Dim u%, d%, h%, s#
    u=InputBox("u=")
    d=InputBox("d=")
    h=InputBox("h=")
    s = (u+d)*h/2
    MsgBox "s=" & s
End Sub
```

注 意

① 不论全局过程是在窗体模块，还是标准模块中定义，也不论多个窗体模块或多个标准模块中的全局过程是否出现同名，为了避免出现错误，必须指出要调用全局过程的具体位置，即在调用的全局过程前加上该全局过程所在的模块名。

② 如果是包含多个窗体的应用程序，一般把子过程和函数过程放在标准模块中，并用 Public 关键字定义，这样定义的过程可被本应用程序的所有过程访问。VB 应用程序中可以直接添加已经存储的标准模块，通过这个功能，可以实现不同应用程序间公用代码的共享。

不同作用范围的两种过程定义及调用规则如表 6.1 所示。

表 6.1 不同作用范围的两种过程定义及调用规则

作用范围	模块级		全局级	
	窗 体	标准模块	窗 体	标准模块
定义方式	过程名前加 Private 例如，Private Sub Mysubl(形参表)		过程名前加 Public 或默认 例如，[Public] Sub My2(形参表)	
能否被本模块其他过程调用	能	能	能	能
能否被本应用程序其他模块调用	不能	不能	能，但必须在过程名前加窗体名，例如，call 窗体名.My2(实参表)	能，但过程名必须唯一，否则要加标准模块名，例如，Call 标准模块名.My2(实参表)

3. Sub Main 过程

在 VB 中，Sub Main 是一个特殊的过程。在默认情况下，应用程序中的第一个窗体会被指定为启动窗体。程序运行结果也是通过启动窗体来显示，如果在显示之前进行一些操作或者程序根本就不需要窗体，则可以使用 Main 子过程来实现。

（1）执行"工程"菜单中的"工程属性"命令，打开"工程属性"对话框，选择"通用"选项卡，如图 6.10 所示。

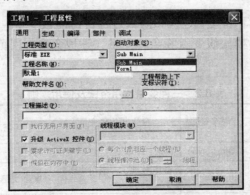

图 6.10 "工程属性"对话框

（2）在"启动对象"下拉列表框中选择 Sub Main 作为启动对象。如果想使用当前工程中的其他窗体作为启动窗体，也在这里执行同样的操作。

例 6.20　Sub Main 过程示例。

```
'Module1 中的代码
Sub Main()
    Dim r%
    r=InputBox("YOU ARE WELCOME!" & vbNewLine & "请输入要显示的窗体序号:")
    Select Case r
        Case 1
            Form1.Show
        Case 2
            Form2.Show
        Case 3
            Form3.Show
        Case Else
            End
    End Select
End Sub
```

注 意

　　Main 子过程是一个全局过程，只有创建在标准模块中，才能被指定为启动过程，其名称是唯一的；其他过程不能使用这个名称，也不能作为启动过程。

4. 静态过程

　　如果在声明一个通用过程时使用 Static 关键字，那么该过程就是一个静态过程。在这个过程中，所有变量的使用空间在程序运行期间都将被保留。也就是说，在这个过程内声明的所有变量都可以被视为静态变量。

6.4.2　变量的作用域

　　变量的作用域决定了哪些子过程和函数过程可访问该变量。根据变量的作用域，变量分为局部变量、窗体/模块级变量和全局变量。三种变量作用范围及使用规则如表 6.2 所示。

表 6.2　三种变量作用范围及使用规则

作用范围	局部变量	窗体/模块级变量	全局变量	
			窗　体	标准模块
声明方式	Dim、Static	Dim、Private	Public	
声明位置	在过程中	窗体/模块的"通用声明"段	窗体/模块的"通用声明"段	
能否被本模块的其他过程存取	不能	能	能	
能否被其他模块存取	不能	不能	能，但在变量名前加窗体名	能

1. 局部变量

局部变量是指在过程内用 Dim、Static 声明的变量（或不加声明直接使用的变量），只能在声明该变量的过程中使用，其他过程不可访问。所以不同过程声明的同名局部变量之间互不影响。通过 Dim 声明或直接使用的局部变量随过程的调用而被分配临时的存储单元，并进行变量的初始化，在该过程体内进行数据的存取，一旦该过程运行结束，变量的内容自动消失，占用的临时存储单元被释放；而用 Static 声明的局部变量（静态变量）在应用程序的整个运行过程中都一直存在。使用局部变量，有利于程序的调试。

2. 窗体/模块级变量

窗体/模块级变量是指在窗体模块或标准模块的任何过程外，即在"通用声明"段中用 Dim 语句或 Private 语句声明的变量。该变量可被本窗体模块或标准模块中的任何过程访问，而其他模块不能访问该变量。

3. 全局变量

全局变量是指在窗体模块或标准模块的任何过程外（即在"通用声明"段中），用 Public 语句声明的变量。该变量可被本应用程序的任何过程访问。全局变量的值在整个应用程序中始终不会消失或重新初始化，只有当整个应用程序执行结束时，才会消失。

例如，在一个标准模块中不同级别的变量声明如下。

```
Public Pa As Integer           '全局变量
Private  Mb  As String*10      '窗体/模块级变量
Sub  F1()
   Dim  Fa  As Integer         '局部变量
   …
End Sub
Sub  F2()
   Static  Fb  As Single       '局部变量（静态）
   …
End Sub
```

一般来说，在同一模块中定义了不同级别但同名的变量时，系统优先访问作用域小的变量。例如，在一个窗体模块内定义了全局变量和局部变量都为 Temp，在定义局部变量的过程 From_Click 内访问 Temp，则局部变量优先级高，把全局变量 Temp "屏蔽"掉；若想访问全局变量 Temp，则必须在全局变量名 Temp 前加窗体模块名。

若在某个模块中声明了不同级别的同名变量，系统按局部、窗体/模块、全局的次序访问。例如，

```
Public Temp As integer             '全局变量
Sub Form_Click()
   Dim Temp As Integer             '局部变量
   Temp=10                         '访问局部变量
```

```
        Form1.Temp=20                    '访问全局变量必须加窗体名
        Print Form1.Temp, Temp           '显示 20    10
    End Sub
```

下面对不同级别中的同名变量分别进行介绍。

（1）不同模块中的全局变量同名。

① 如果在一个标准模块中，声明的全局变量名称是唯一的，与其他窗体模块或标准模块中的全局变量不同名，则可以直接引用。

例 6.21 引用标准模块中的非同名全局变量。

```
'Module1 中的代码
Public a%
'Module2 中的代码
Public b%
'Form1 中的代码
Public c%
Private Sub Command1_Click()
    a=10
    b=20
    c=30
    Print a, b, c
End Sub
```

② 如果在一个标准模块中，声明的全局变量与其他标准模块或窗体模块中的全局变量出现同名，则引用时必须在该变量前加所在的标准模块名。

例 6.22 引用标准模块中的同名全局变量。

```
'Module1 中的代码
Public a%
Public Sub bl1()
    a=10
End Sub
'Module2 中的代码
Public a%
Public Sub bl2()
    a=20
End Sub
'Form1 中的代码
Public a%
Private Sub Command1_Click()
    a=30
    bl1
    bl2
    Print Module1.a, a, Module2.a
```

```
End Sub
```

③ 如果在一个窗体模块中，声明的全局变量名称是唯一的，则在本窗体模块内可以直接引用；而在其他模块中引用时，必须加该全局变量所在的窗体模块名。

例 6.23　引用窗体模块中的非同名全局变量。

```
'Module1 中的代码
Public a%
Public Sub bl1()
    a=10
    Form1.c=Form1.c-10
End Sub
'Module2 中的代码
Public b%
Public Sub bl2()
    b=20
    Form1.c=Form1.c-10
End Sub
'Form1 中的代码
Public c%
Private Sub Command1_Click()
    c=30
    bl1
    bl2
    Print a, b, c
End Sub
```

④ 如果在一个窗体模块中，声明的全局变量与其他标准模块或窗体模块中的全局变量出现重名，则在该全局变量所处的窗体模块内可直接引用；而在其他模块内引用时，必须加该全局变量所在的窗体模块名。

例 6.24　引用窗体模块中的同名全局变量。

```
'Module1 中的代码
Public a%
Public Sub bl1()
    Form1.a=Form1.a-10
End Sub
'Module2 中的代码
Public a%
Public Sub bl2()
    Form1.a=Form1.a-20
End Sub
'Form1 中的代码
Public a%
Private Sub Command1_Click()
```

```
        a=30
        bl1
        bl2
        Form2.bl3
        Print a
    End Sub
    'Form2 中的代码
    Public a%
    Public Sub bl3()
        Form1.a=Form1.a-10
    End Sub
```

例 6.25　在一个工程模块中有两个模块，标准模块 Module1 和窗体模块 Form1。Form1 窗体有两个按钮 Command1 和 Command2，在标准模块 Module1 中声明全局变量 Max，在窗体模块 Form1 中声明全局变量 Max。

```
    '标准模块文件 Module1.bas 中的代码
    Public max As Integer
    Sub test()
        max=1
    End Sub
    '窗体模块文件 Form1.frm 中的代码
    Public max As Integer
    Sub test()
        max=3
    End Sub
    Private Sub Command1_Click()
        Module1.test
        '显示 Module1 的 Max
        MsgBox "max=" & Module1.max, vbOKOnly, "Module1 中的 Max"
    End Sub
    Private Sub Command2_Click()
        test
        '显示 Form1 的 Max
        MsgBox "max=" & max, vbOKOnly, "Form1 中的 Max"
    End Sub
```

注 意

① 在 Form1 模块中，调用本模块的 test 过程时不必指定 Form1.test，使用 Max 的值时也不必指定。

② 在 Form1 模块中，调用 Module1.bas 模块的 test 过程时必须指定 Module1.test，使用 Max 的值时也必须指定。

（2）全局变量与局部变量同名。

例 6.26　全局变量与局部变量同名示例。

程序代码如下。

```
Public max As Integer
Private Sub Form_Click()
    Dim max As Integer
    max=40
    Print "private:max=", max
    Form1.max=max*2
    Print "public:max=", Form1.max
End Sub
```

> **注　意**
>
> 局部变量优先，如果想使用同名的全局变量，必须使用全局变量所在的窗体名称。

（3）窗体的属性、控件名与变量同名。

例 6.27　窗体的属性、控件名与变量同名示例。

程序代码如下。

```
Private Sub Form_Click()
    Dim Text1
    Text1="var:text1"
    Form1.Text1="control:text1"
    Me.Text1="*control:text1*"
    Print Text1, Me.Text1
End Sub
```

> **注　意**
>
> 在窗体模块内，与窗体控件同名的局部变量将屏蔽同名控件。因此，必须引用窗体名或 Me 关键字来限定控件，才能设置或得到该控件的属性值。

6.4.3　静态变量

全局变量、窗体/模块变量、局部变量是指变量按作用范围（即空间范围）的划分。

变量的值还有一个存活期的问题，即在时间上的划分。全局变量的值的存活期，为整个程序；窗体/模块变量的值的存活期为本模块；Dim 声明局部变量的值的存活期为本过程；而用 Static 声明的变量是静态变量，在空间上属于局部变量，但在时间上它在本过程运行过程中可保留变量的值。也就是说，用 Static 声明的变量，每次调用过程时保持原来的值；而用 Dim 声明的变量的值，每次调用过程时重新被初始化。

静态变量声明格式如下：

```
Static 变量名 [As 类型]
Static Function 函数名([参数列表])[As 类型]
Static Sub 过程名[(参数列表)]
```

若函数名、过程名前加 Static，表示该函数、过程内的局部变量都是静态变量。

例 6.28 比较 Dim 和 Static 的区别。

程序代码如下。

```
Private Sub Command1_Click()
    Dim i%, isum%
    For i=1 To 5
        isum=sum(i)
        Print "isum="; isum,
    Next i
    Print
End Sub
Private Sub Form_Click()
    Dim i%, isum%
    For i=1 To 5
        isum=sum(i)
        Print "isum="; isum,
    Next i
    Print
End Sub
Private Function sum(n As Integer)
    Dim j%
    j=j+n
    sum=j
End Function
```

思考：如果将本例中的函数过程语句"Dim j%"改为"Static j%"会如何？

例 6.29 静态过程。

程序代码如下。

```
Private Static Sub Command1_Click()
    Dim a%
    Static b%
    a=a+1
    b=b+1
    Print a, b
End Sub
```

注 意 🔊

如果声明的是静态过程，则过程内的局部变量都是静态变量。

例 6.30 用静态函数过程的方法求 1+2+⋯+n。

```
Private Static Function fac(n As Integer)
    Dim f%
    f=f+n
    fac=f
End Function
Private Sub Command1_Click()
    Dim i%, sum%
    For i=1 To 5
    sum=fac(i)
    Next i
    Print "1+2+⋯+n=", sum
End Sub
```

6.5 递 归

在 VB 中，过程定义都是互相平行和互相独立的，不允许嵌套定义。也就是说，在定义过程时，一个过程内不能包含另一个过程。虽然 VB 中不能嵌套定义过程，但可以嵌套调用过程，即在主程序可以调用子程序，子程序中还可以调用另外的子程序，这种程序结构称为过程嵌套，其中有一种形式被称为"递归"。

1. 递归的概念

通俗地讲，用自身的结构来描述自身就称为"递归"。递归分为两种类型：直接递归和间接递归。其中，直接递归就是在过程中直接调用过程自身；间接递归是指在某个过程中调用了另一个过程，而被调用的过程又调用本过程。递归是推理和问题求解的一种重要方法。递归分成"递推"和"回归"两个过程，由于计算机的内存空间有限，因此递归过程必须要有递推结束的条件，否则会导致溢出。递归必须具备两个要素；结束条件和递归表达式，结束条件目的是避免递归过程溢出；递归表达式要描述出递归的表达形式，并且这种表述向终止条件变化，在有限的步骤内达到终止条件。最典型的例子是对阶乘运算，有如下定义。

$$n!=n(n-1)!$$
$$(n-1)!=(n-1)(n-2)!$$

显然，用"阶乘"本身来定义阶乘，这样的定义就称为"递归"定义。

2. 递归子过程和递归函数

在 VB 中，允许一个自定义子过程（或函数过程）在过程体（或函数体）的内部调用自己，这样的子过程（或函数）称为递归子过程（或函数过程）。在许多问题中具有递归的特性，用递归调用描述就非常方便。

例 6.31 编写 fac(n)=n!的递归函数。

$$fac(n) = \begin{cases} 1 & (n=1) \\ n * fac(n-1) & (n>1) \end{cases}$$

```
Public Function fac(n As Integer) As Integer
    If n=1 Then
        fac=1
    Else
        fac=n*fac(n-1)
    End If
End Function
Private Sub Command1_Click()          '调用递归函数，显示出 fac(4)=24
    Print "fac(4)="; fac(4)
End Sub
```

注 意 ◀🔊

> n=1 为递归结束条件，n*fac(n-1)为递归表达式。

在函数 fac(n)的定义中，当 n>1 时，连续调用 fac 自身共 n-1 次，直到 n=1 结束。假设 n=4，给出 fac(4)的执行过程，如图 6.11 所示。

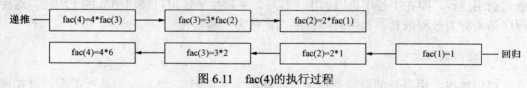

图 6.11 fac(4)的执行过程

（1）递推过程：每调用一次自身，把当前参数（形参、局部变量、返回地址等）压入栈，直到达到递归结束条件。

（2）回归过程：不断从栈中弹出当前的参数，直到栈空。解决同一问题，虽然用递归算法设计简单，但使用递归算法消耗的机时与占据的内存空间比非递归算法多。使用递归算法必须要满足两个条件。

① 递归结束的条件。

② 能用递归形式表示，并且递归向终止条件发展。

例 6.32 用递归和非递归函数实现求最大公约数。

$$gcd(m,n) = \begin{cases} n & (n \bmod n = 0) \\ gcd(n, m \bmod n) & (m \bmod n \neq 0) \end{cases}$$

递归函数程序如下。

```
Function gcd(m%, n%) As Integer
    If(m Mod n)=0 Then
        gcd=n
    Else
        gcd=gcd(n, m Mod n)
```

```
      End If
   End Function
   Private Sub Command1_Click()
      Print gcd(100, 12)
   End Sub
```

非递归函数程序如下。

```
   Function gcd(m%, n%) As Integer
      Do
        r=m Mod n
        m=n
        n=r
      Loop While r <> 0
      gcd=m
   End Function
   Private Sub Command1_Click()
      Print gcd(100, 12)
   End Sub
```

小　　结

　　本章介绍了 VB 函数过程和子过程的定义、调用、参数传递和变量作用域等。这一章的概念比较多，需要重点掌握以下几个问题。

　　（1）过程是构成 VB 程序的基本单位，编写过程的作用是将一个复杂问题分解成若干个简单的小问题，便于"分而治之"，这种方法在以后编写较大规模的程序时非常有用。

　　（2）函数过程与子过程的主要区别是函数名有一个返回值，子过程名没有返回值，因此函数过程必须包含对函数名赋值的语句。

　　（3）调用过程时，主调过程与被调过程之间将产生参数传递。参数传递有传值和传址两种方式，两者区别是：传值方式是一种单向的数据传递，即调用时只能由实参将值传递给形参，调用结束不能由形参将操作结果返回给实参；传址方式是一种双向的数据传递，即调用时实参将值传递给形参，调用结束时由形参将操作结果返回给实参。在调用过程中具体用传值还是传地址，主要考虑的因素是：若要从过程调用中通过形参返回结果，则要用传址方式；否则应该使用传值方式，减少过程间的互相关联，便于程序的调试。数组、用户自定义类型变量、对象变量只能使用传址方式。

　　（4）注意各种类型变量的定义及其作用域问题。

第7章 用户界面设计

本章要点

- 常用标准控件
- 菜单设计
- 通用对话框
- 工具栏

本章学习目标

- 掌握单选按钮、复选框、框架、列表框和组合框控件的使用
- 掌握滚动条、图片框、图像框的使用
- 了解定时器的使用
- 掌握菜单编辑器的应用，学会设计弹出式菜单和下拉式菜单
- 了解工具栏设计
- 了解对话框的建立与使用

7.1 常用标准控件

控件是构成用户界面的基本元素，只有掌握了控件的属性、事件和方法，才能编写具有实用价值的应用程序。

VB 控件分为三种：内部控件、ActiveX 控件和可插入对象。

（1）内部控件。内部控件又称标准控件，总是出现在工具箱中。ActiveX 控件和可插入对象可根据需要添加到工具箱中，或从工具箱中删除。在前面章节中，已经认识了一些基本控件，即窗体、命令按钮、文本框和标签。本章将介绍其他常用控件。

（2）ActiveX 控件。ActiveX 控件是扩展名为.ocx 的独立文件，通常放在 Windows 的 System 目录中。VB 6.0 的标准控件只有 20 个，用户可将 VB 6.0 及第三方开发商提供的 ActiveX 控件添加到工具箱上，然后像标准控件一样使用，它是可以重复使用的编程代码和数据，是由用 ActiveX 技术创建的一个或多个对象组成。

（3）可插入对象。可插入对象是 Windows 应用程序对象。可添加到工具箱中，具有与标准控件类似的属性，可以像标准控件一样使用。

7.1.1 单选按钮、复选框和框架

1. 单选按钮

单选按钮也称为选择按钮，一般都是成组出现，一组单选按钮控件可以提供一组彼

此互相排斥的选项，任何时刻用户只能从中选择一个选项，实现一种"单项选择"的功能。单选按钮（OptionButton）的左边有一个○，当某一项被选定后，其左边的圆圈中出现一个黑点◉。单选按钮主要用于多种功能中用户选择一种功能的情况。

（1）单选按钮有以下几种常用属性。

① Caption 属性。Caption 属性的值是用于设置单选按钮上显示的标题。

② Alignment 属性。Alignment 属性用于设置单选按钮标题的对齐方式，可以在设计时设置，也可以在运行期间设置。其取值 0（默认值）表示控件钮在左边，标题显示在右边；其取值 1 表示控件钮在右边，标题显示在左边。

③ Value 属性。Value 属性是默认属性，其值为逻辑类型，表示单选按钮的状态，可以在设计时设置，也可以在运行期间设置。其取值 True 表示单选钮被选定；其取值 False（默认值）表示单选钮未被选定。

④ Style 属性。Style 属性用来指定单选按钮的显示方式，用于改善视觉效果。其取值 0（默认值）表示标准方式；其取值 1 表示图形方式。当该属性设置为 1（Graphical）时，可以在 Picture、DownPicture 和 Disabled Picture 中分别设置不同的图标或位图，用三种不同的图形分别表示未选定、选定和禁止选择。

⑤ Picture 属性。Picture 属性用来返回或设置未选定控件时的图片。可以在设计时设置，也可以在运行期间通过 LoadPicture 函数设置。如果 Caption 属性有值，则同时显示图片和文字；如果图片太大，则自动剪裁。

⑥ DownPicture 属性。DownPicture 属性用来返回或设置选定控件时的图片。如果该属性为空，则按钮被按下时，只显示 Picture 属性指定的图片；如果 Picture 属性和 Disabled Picture 属性为空，则只显示文字。

⑦ Disabled Picture 属性。Disabled Picture 属性用来返回或设置禁止选择时的图片，即控件的 Enabled 属性为 False 时控件的图片。图 7.1 所示为不同状态下的单选按钮。

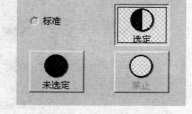

图 7.1　图片风格的单选按钮

（2）单选按钮常用事件和方法。单选按钮的常用事件为 Click，即当用户在一个单选按钮上单击鼠标按钮时发生。单选按钮的方法很少使用。

例 7.1　设计一个窗体，模拟单选题测试。

（1）创建一个窗体，在窗体上设置四个单选按钮、一个标签和一个命令按钮。

（2）设置各控件的属性，如表 7.1 所示。

表 7.1　控件的属性

对象类型	对象名	属　性	属性值
窗体	Form1	Caption	单选题
标签	Label1	Caption	下列控件中没有 Caption 属性的是（　　）。
单选按钮	Option1	Caption	A. 框架
单选按钮	Option2	Caption	B. 列表框
单选按钮	Option3	Caption	C. 复选框
单选按钮	Option4	Caption	D. 单选按钮
命令按钮	Command1	Caption	查看答案

（3）程序代码如下。

```
Private Sub Command1_Click()
    If Option2.Value=True Then
        MsgBox "恭喜，你答对了"
    Else
        MsgBox "真遗憾，你选错了"
    End If
End Sub
Private Sub Form_Load()
    Option1.Value=False
    Option2.Value=False
    Option3.Value=False
    Option4.Value=False
End Sub
```

（4）运行程序，首先选择不同的单选按钮，然后单击命令按钮，显示运行结果如图 7.2 所示。

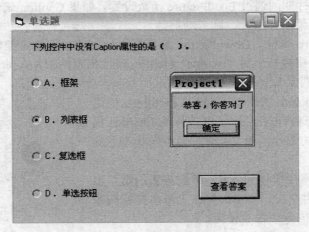

图 7.2　运行结果

2. 复选框

复选框主要用于对某种或几种状态进行开关选择。复选框列出可供用户选择的选项，用户根据需要选定其中的一项或多项。复选框的左边有一个□。当某一项被选中后，其左边的小方框就变成☑。

（1）复选框的常用属性有以下几种。

① Caption 属性。Caption 属性是用来设置复选框上显示的文本。

② Value 属性。Value 属性是默认属性，其值为整型，表示复选框的状态。其取值 0 – vbUnchecked 表示未被选定，是默认值；其取值 1 – vbChecked 表示被选定；其取值 2 – vbGrayed 表示灰色，禁止用户选择。

（2）复选框常用事件和方法。同单选按钮一样，复选框也能接收 Click 事件。当用户单击后，复选框自动改变状态。复选框的方法很少使用。

例 7.2 设计一个窗体，模拟多项选择题测试。

（1）创建一个窗体，在窗体上设置一个标签、四个复选框和一个命令按钮。

（2）设置各控件属性值，如表 7.2 所示。

表 7.2 控件的属性

对象类型	对象名	属 性	属性值
窗体	Form1	Caption	多选题
标签	Label1	Caption	空白
		Fontsize	12
复选框	Check1	Caption	空白
复选框	Check2	Caption	空白
复选框	Check3	Caption	空白
复选框	Check4	Caption	空白
命令按钮	Command1	Caption	查看答案

（3）程序代码如下。

```
Private Sub Command1_Click()
    If Check1.Value=1 And Check3.Value=1 And Check2.Value=0 And _
    Check4.Value=0 Then
        MsgBox "恭喜，你选对了！"
    Else
        MsgBox "很遗憾，你选错了！"
    End If
End Sub
Private Sub Form_Load()
    Label1.Caption="在社会主义中国化的过程中，产生了毛泽东思想和中国特色"& _
    "社会主义理论体系，这两大理论体系一脉相承主要体现在，二者具有共同的"
    Check1.Caption="A 马克思主义的理论基础"
    Check2.Caption="B 革命和建设的根本任务"
    Check3.Caption="C 实事求是的理论基础"
    Check4.Caption="D 和平与发展的时代背景"
End Sub
```

（4）运行程序，首先选择不同的复选框，然后单击命令按钮，显示运行结果如图 7.3 所示。

3. 框架

框架是一个容器控件，用于将屏幕上的对象分组。主要用于为单选按钮分组。

单选按钮的一个特点是当选择其中的一个后，其余的会自动关闭，而在实际设计当中往往需要在同一窗体中建立几组相对独立的单选按钮，此时使用框架就可以将每一组单选按钮分隔开。这样在一个框架内的单选按钮就自动成为一组，对它们的操作将不会

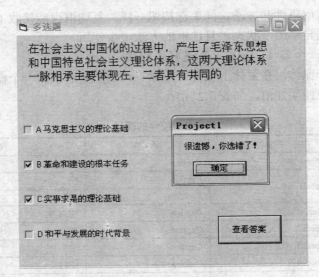

图 7.3 　运行结果

影响框架以外的单选按钮。另外，对于其他类型的控件用框架分组，可提供视觉上的区分和总体的激活或屏蔽特性。

在窗体上创建框架及其内部控件时，必须先建立框架，然后在其中建立各种控件。创建控件不能使用双击工具箱上工具的自动方式，而应该先单击工具箱上的工具，然后用出现的"+"指针，在框架中适当位置拖拉出适当大小的控件。如果要用框架将现有的控件分组，则应先选定控件，将它们剪切（Ctrl+X）到剪贴板，然后选定框架并将剪贴板上的控件粘贴（Ctrl+V）到框架上。使用框架的主要目的，是为了对控件进行分组，即把指定的控件放到框架中。因此，要先画出框架，然后在框架内画出需要的成为一组的控件。

（1）框架的常用属性有以下几种。

① Caption 属性。Caption 属性是用来设置框架上的标题名称。如果 Caption 为空字符，则框架为封闭的矩形框，但框架内的控件仍然可以被视为一组，而不是单独的控件。

② Enabled 属性。Enabled 属性为 False：标题呈灰色，表示框架内的所有对象均被屏蔽，不允许对框架内的对象进行操作。

③ Visible 属性。Visible 属性设为 False，表示在程序执行期间，框架及其内部所有控件全部被隐藏起来。也就是说，对框架的操作也是对其内部的控件的操作。其取值为 True，表示框架及其内部控件可见。框架内的所有可见控件将随框架一起移动、显示、消失和屏蔽。

（2）框架常用事件和方法。框架可以响应 Click 和 DblClick 事件，但是，在实际应用当中常常是将框架作为"容器"使用，一般不需要编写事件过程。框架的方法很少使用。

例 7.3 　设计一个窗体，用三组框架设置显示学生个人信息。

（1）创建一个窗体，在窗体上设置一个命令按钮、一个标签、一个文本框和三组框架。框架 1 中包含两个单选按钮，框架 2 中包含两个单选按钮，并用图形方式显示，框架 3 中包含六个复选框。

（2）设置各控件的属性，如表 7.3 所示。

表 7.3 控件的属性

对象类型	对象名	属 性	属性值
窗体	Form1	Caption	数据采集
标签	Label1	Caption	姓名
文本框	Text1	Text	空白
框架	Frame1	Caption	性别
单选按钮	Option1	Caption	男
单选按钮	Option2	Caption	女
框架	Frame2	Caption	民族
单选按钮	Option3	Caption	汉族
		Style	1—Graphical
单选按钮	Option4	Caption	少数民族
		Style	1—Graphical
框架	Frame3	Caption	球类爱好
复选框	Check1	Caption	篮球
复选框	Check 2	Caption	网球
复选框	Check 3	Caption	乒乓球
复选框	Check 4	Caption	足球
复选框	Check 5	Caption	排球
复选框	Check 6	Caption	羽毛球
命令按钮	Command1	Caption	显示信息

（3）程序代码如下。

```
Private Sub Command1_Click()
    Dim str As String
    str=Text1.Text & ", "
    If Option1.Value=True Then
        str=str & Option1.Caption & ", "
    Else
        str=str & Option2.Caption & ", "
    End If
    If Option3.Value=True Then
        str=str & Option3.Caption & ", "
    Else
        str=str & Option4.Caption & ", "
    End If
    str=str & vbCrLf & Frame3.Caption & ":"
    If Check1.Value=1 Then str=str & Check1.Caption & " "
    If Check2.Value=1 Then str=str & Check2.Caption & " "
    If Check3.Value=1 Then str=str & Check3.Caption & " "
    If Check4.Value=1 Then str=str & Check4.Caption & " "
```

```
        If Check5.Value=1 Then str=str & Check5.Caption & "  "
        If Check6.Value=1 Then str=str & Check6.Caption & "  "
        MsgBox str, , "学生个人信息"
    End Sub
Private Sub Form_Load()
    Option1.Value=False
    Option2.Value=False
End Sub
```

（4）运行程序，首先输入姓名、选择性别、民族和球类爱好，然后单击命令按钮，显示运行结果如图 7.4 所示，设计运行界面如图 7.5 所示。

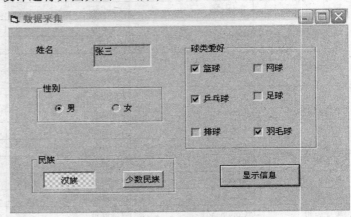

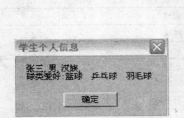

图 7.4　运行结果　　　　　　　　　　　　　　图 7.5　运行界面

7.1.2　列表框和组合框

　　列表框（ListBox）和组合框（ComboBox）是 Windows 应用程序常用的控件，主要用于提供一些可供选择的项目。在列表框中，通常有多个项目供选择，用户可以通过单击某一项目进行选择。如果项目太多，超出了列表框设计时的长度，则 VB 会自动给列表框加上垂直滚动条。为了能正确操作，列表框的高度应不少于三行。组合框是兼有列表框和文本框的功能。它可以像列表框一样，让用户通过鼠标选择所需要的项目；也可以像文本框一样，用键入的方式输入项目。

　　1.　列表框

　　列表框控件将一系列的选项组合成一个列表，供用户选择。在列表框中放入若干个项的名字，用户可以通过单击某一项或多项来选择自己所需要的项目。用户可以选择其中的选项，但不能向列表清单中输入项目。

　　（1）列表框的常用属性有以下几种。

　　① List 属性。List 属性是一个字符串数组，用来保存列表框中的各个数据项内容。List 数组的下标从 0 开始，即 List(0)保存表中的第一个数据项的内容。List(1)保存第二个数据项的内容，以此类推，List(ListCount-1)保存表中的最后一个数据项的内容。其语法格式如下：

列表框名.List(索引号)=项目内容

② ListCount 属性。ListCount 属性与 List 属性一起用，表示列表框中有多少列表项。该属性只能在运行状态访问。ListCount-1 是最后一个列表项的下标。

③ ListIndex 属性。ListIndex 属性判断列表框中当前被选中的项目的序号。序号也是自 0 开始，第一个项目的序号为 0，第二个项目的序号为 1，以此类推。如果 Listindex 属性值为-1，则表明没有项目被选中。该属性只能在运行状态访问。

④ Column 属性。当列表框的选择项数超过列表框所能容纳的范围时，将设置列表框的垂直滚动条或水平滚动条。属性值 n 是正整数，可以有两种情况：0（默认值）表示项目以一列显示，项目多时自动添加垂直滚动条；n>=1 表示项目以 n 列显示，但滚动条出现时是水平的。该属性只能在设计状态设置。

⑤ Selected 属性。Selected 属性用于返回或设置列表框中列表项的选择状态。只能在运行中设置或引用。Selected 属性是一个逻辑数组，表示对应的项在程序运行期间是否被选中。例如，Selected(0)的值为 True 表示第一项被选中，为 False 表示未被选中。

⑥ Sorted 属性。Sorted 属性决定列表框中项目在程序运行期间是否按字母顺序排列显示。Sorted 属性只能在设计状态设置。如果 Sorted 为 True，则项目按字母顺序排列显示；如果 Sorted 为 False，则项目按加入的先后顺序排列显示。

⑦ Text 属性。Text 属性是默认属性，只能在运行状态中设置或引用。Text 属性为字符串，保存了列表框中当前被选中条目的文字。List(ListIndex)等于 Text。

⑧ MultiSelect 属性。MultiSelect 属性决定列表框是否支持多选。该属性有以下三种状态。

0—None（默认值）：禁止多项选择，只能选择一个条目。

1—Simple：简单多项选择，用鼠标单击或按空格键表示选定或取消选定一个选择项。

2—Extended：扩展多项选择，按住 Ctrl 键同时用鼠标单击或按空格键，表示选定或取消选定一个选择项；按住 Shift 键同时单击鼠标，或者按住 Shift 键并且移动光标键，就可以从前一个选定的项扩展选择到当前选择项，即选定多个连续项。

⑨ SelCount 属性。SelCount 属性值可以表明列表框中当前被选中的条目的总数。如果没有任何条目被选中，则该属性值为 0。该属性在程序运行时只读，设计时不可用。

⑩ Style 属性。Style 属性决定列表框样式，其取值 0（默认值）表示只显示列表项文本；其取值 1 表示列表项文本前带复选框。

（2）列表框常用事件和方法。列表框接收 Click 和 DblClick 事件。但有时不用编写 Click 事件过程代码，而是当单击一个命令按钮或发生 DblClick 事件时，读取 Text 属性。列表框中的选择项可以简单地在设计状态通过 List 属性设置，也可以在程序中用 AddItem 方法来填写，用 RemoveItem 或 Clear 方法删除。

① AddItem 方法。AddItem 方法可以向列表框当中添加新条目。其形式如下：

```
List1.AddItem 字符串表达式 [,Index]
```

说明：可以使用该方法在窗体的 Load 事件过程中对列表框添加初始条目。字符串表达式是将要加入列表框的项目。Index 决定新增项目在列表框中的位置。如果 Index 省略，则新增项目将添加在最后。对于第一个项目，Index 为 0。Index 不能比现有条目数大，否则会出现错误。

例如，在列表框的第二项位置插入一新列表项，内容为"C 语言程序设计"，格式如下：

```
List1.AddItem "C 语言程序设计",1
```

② RemoveItem 方法。RemoveItem 方法可以从列表框中删除一个项目。其形式如下：

```
List1.RemoveItem  Index
```

说明：Index 是被删除项目在列表框或组合框中的位置。对于第一个元素，Index 为 0。例如，删除列表框的第二项的格式如下：

```
List1. RemoveItem 1
```

③ Clear 方法。Clear 方法清除列表框当中所有现有条目。其形式如下：

```
List1.Clear
```

说明：对象可以是列表框、组合框或剪贴板，即 Clear 方法适用于列表框、组合框和剪贴板。

④ ListItem 方法。ListItem 方法用于为用户列表框增加项目。

例 7.4　设计一个窗体，实现学生选课。

（1）创建一个窗体，在窗体上设置两个标签，两个列表框和四个命令按钮。左边列表框中显示所有课程，右边列表框中显示已经选择的课程。其中，">"命令按钮用来表示是从左边列表框中被选中的课程移动到右边列表框中；">>"命令按钮用来表示是从左边列表框中把所有项目都移动到右边列表框中；"<"命令按钮用来表示是从右边列表框中被选中的课程移动到左边列表框中；"<<"命令按钮用来表示是从右边列表框中把所有项目都移动到左边列表框中

（2）设置各控件的属性，如表 7.4 所示。

表 7.4　控件的属性

对象类型	对象名	属　性	属性值
窗体	Form1	Caption	学生选课
标签	Label1	Caption	本学期开设课程
标签	Label2	Caption	已经选择的课程
命令按钮	Command1	Caption	>
命令按钮	Command2	Caption	>>
命令按钮	Command3	Caption	<
命令按钮	Command4	Caption	<<
列表框	List1	Style	1—Checked
列表框	List2	MultiSelect	1—Simple

（3）程序代码如下。

```
Private Sub Command3_Click()
    Dim i As Integer
    For i=List2.ListCount-1 To 0 Step -1
    If List2.Selected(i)=True Then
```

```vb
        List1.AddItem List2.List(i)
        List2.RemoveItem i
      End If
    Next i
End Sub
Private Sub Command2_Click()
   Dim i As Integer
   For i=0 To List1.ListCount-1
      List2.AddItem List1.List(i)
   Next i
   List1.Clear
End Sub
Private Sub Command1_Click()
   Dim i As Integer
   For i=List1.ListCount-1 To 0 Step -1
      If List1.Selected(i)=True Then
         List2.AddItem List1.List(i)
         List1.RemoveItem i
      End If
   Next i
End Sub
Private Sub Command4_Click()
   Dim i As Integer
   For i=0 To List2.ListCount-1
      List1.AddItem List2.List(i)
   Next i
   List2.Clear
End Sub
Private Sub Form_Load()
   List1.AddItem "C 语言程序设计"
   List1.AddItem "C++程序设计"
   List1.AddItem "数据结构"
   List1.AddItem "数据库原理"
   List1.AddItem "操作系统"
   List1.AddItem "网络工程"
   List1.AddItem "Java 语言"
   List1.AddItem "离散数学"
   List1.AddItem "人工智能"
   List1.AddItem "软件工程"
   List1.AddItem "Visual Basic 程序设计"
   List1.AddItem "计算机组成原理"
   List1.AddItem "汇编语言"
   List1.AddItem "编译原理"
End Sub
```

（4）运行程序，单击"＞"命令按钮，把左边列表框中前边有"√"项目移动到右边列表框中，同时还可以在右边列表框中选择多个项目移动到左边列表框中，显示运行结果如图 7.6 所示。

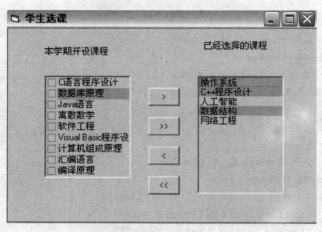

图 7.6　运行结果

2. 组合框

组合框是一种组合列表框和文本框的特性而成的控件，即组合框是一种独立的控件，但它兼有列表框和文本框的功能。它可以像列表框一样，让用户通过鼠标选择所需要的项目；也可以像文本框一样，用键入的方式输入项目。组合框的默认名称和标题为ComboX（X 为 1，2，3，…）。组合框的属性、方法和事件与列表框基本相同。

（1）组合框的常用属性有以下几种。

① Style 属性。Style 属性是组合框的一个重要属性，其取值为 0，1，2，它决定了组合框三种不同的类型，分别为下拉式组合框、简单组合框和下拉式列表框。

下拉式组合框的 Style 属性值为 0（默认值），显示在屏幕上的仅是文本编辑框和一个下拉箭头。执行时，用户可用键盘直接在文本框区域键入文本内容，也可用鼠标单击右边的下拉箭头，打开列表框供用户选择，选中的内容显示在文本框上。这种组合框允许用户键入不属于列表内的选项。当用户再用鼠标单击下拉箭头时，下拉出来的列表项就会消失，仅显示文本框信息。

简单组合框的 Style 属性值为 1。它列出所有项目供用户选择，右边没有下拉箭头，所列项目不能收起，与文本编辑框一起显示在屏幕上。用户可以在文本框中输入列表框中没有的选项。

下拉式列表框的 Style 属性值为 2。功能类似于下拉式组合框，但不能输入不在列表框里的内容。

② Text 属性。Text 属性用于获取当前选中的项目值。组合框在运行时 Text 属性与最后文本框中显示的文本相对应。

组合框的其他属性与列表框和文本框的大部分属性相同。组合框也有 SelLength、SelStart 和 SelText 这三个文本框特有的属性。

（2）组合框常用事件和方法。组合框所响应的事件依赖于其 Style 属性。单击组合框中向下的箭头时，将触发 Dropdown 事件，该事件实际上对应于向下箭头的 Click 事件。一般不针对组合框的事件进行单独编程。

组合框支持的方法与列表框相同，用法也一样。

例 7.5　设计一个窗体，使用文本框显示学生所在学院、所学专业和班级。

（1）创建一个窗体，在窗体上设置三个标签、一个文本框、三个组合框和一个命令按钮。组合框 1 中显示学院信息，组合框 2 中显示根据不同学院所开设的专业，组合框 3 中显示班级。

（2）设置各控件的属性，如表 7.5 所示。

表 7.5　控件的属性

对象类型	对象名	属 性	属 性 值
窗体	Form1	Caption	学生部门
标签	Label1	Caption	所在学院
标签	Label2	Caption	所学专业
标签	Label3	Caption	所在班级
命令按钮	Command1	Caption	显示
组合框	Combo1	Text	空白
组合框	Combo2	Text	空白
		Style	1—Simple Combo
组合框	Combo3	Style	2—Dropdown List
文本框	Text1	Text	张三是
		MultiLine	True

（3）程序代码如下。

```
Private Sub Combo1_Click()
    Combo2.Clear
    Select Case Combo1.Text
    Case "计算机科学与技术"
        Combo2.AddItem "计算机科学"
        Combo2.AddItem "网络工程"
        Combo2.AddItem "软件工程"
        Combo2.AddItem "计算机组成"
    Case "信息科学与技术"
        Combo2.AddItem "测控技术与仪器"
        Combo2.AddItem "自动化与仪表"
        Combo2.AddItem "电气工程及其自动化"
    Case "化学工程与技术"
        Combo2.AddItem "化学工程"
        Combo2.AddItem "安全工程"
        Combo2.AddItem "制药工程"
    Case "环境生物工程与技术"
        Combo2.AddItem "生物工程"
```

```
            Combo2.AddItem "环境工程"
        End Select
    End Sub
    Private Sub Command1_Click()
    Text1.Text=Text1.Text & Combo1.Text & "学院" & Combo2.Text & _
    "专业" & Combo3.Text & "班学生"
    End Sub
    Private Sub Form_Load()
        Combo1.AddItem "计算机科学与技术"
        Combo1.AddItem "信息科学与技术"
        Combo1.AddItem "化学工程与技术"
        Combo1.AddItem "环境生物工程与技术"
        Combo3.AddItem "1201"
        Combo3.AddItem "1202"
        Combo3.AddItem "1203"
        Combo3.AddItem "1204"
        Combo3.AddItem "1205"
    End Sub
```

（4）运行程序，单击"显示"命令按钮，根据不同组合框中所选的信息在文本框中显示，显示运行结果如图 7.7 所示。

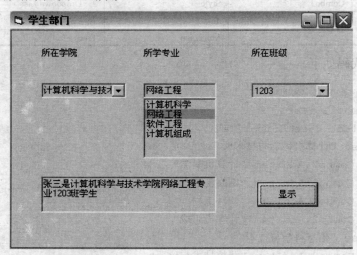

图 7.7　运行结果

7.1.3　滚动条

滚动条通常用来附在窗口上帮助观察数据或确定位置，也可用来作为数据输入的工具，被广泛用于 Windows 应用程序中。VB 6.0 为用户提供两种滚动条，即水平滚动条和垂直滚动条。水平滚动条和垂直滚动条的默认名称分别为 HScrollX 和 VScrollX（X 为 1，2，3，…）。除方向不一样外，水平滚动条和垂直滚动条的结构和操作是相同的。滚动条的两端各有一个滚动箭头，在滚动箭头之间有一个滚动框。滚动条的值均以整数表示，其取值范围为-32768～32767。滚动条的坐标系与它当前的尺寸大小无关，可以把每个滚动条当成有数字刻度的直线，从一个整数到另一个整数。这条直线的最小值和最大值分别在该直线的左、右端点或上、下端点，其值分别赋给属性 Min 和 Max。

（1）滚动条的常用属性有以下几种。

① Max 和 Min 属性。Max 属性设置滚动块位于水平滚动条最右侧或者垂直滚动条最低端时的值。默认值是 32767，表示当滑块处于滚动条最大位置时所代表的值。Min属性设置滚动块位于水平滚动条最左侧或者垂直滚动条最高端时的值，默认值是 0，表示当滑块处于滚动条最小位置时所代表的值。

② Value 属性。Value 属性用于设置或返回滚动条当前代表的值。滚动滑块的位置可以大体反映这个值。无论单击箭头、单击空白区域还是拖动滚动滑块，都会改变这个属性值。对应于滚动块在滚动条中的位置，其值总在 Min 和 Max 之间。

③ LargeChange 和 SmallChange 属性。LargeChange 指定用户在滚动框的空白区域内单击时，滚动条值的改变量。SmallChange 指定用户在滚动条两端的滚动按钮时，滚动条值的改变量，通常 SmallChange=1。

（2）滚动条常用事件和方法。滚动条不支持 Click 和 DblClick 事件。与滚动条有关的事件主要是 Scroll 和 Change。

① Change 事件。释放滚动块或单击滚动空白区域或单击滚动条按钮或通过代码改变 Value 属性值时发生该事件。

② Scroll 事件。当鼠标在滚动条内拖动滑块时会触发 Scroll 事件。单击滚动条两端的箭头或滚动条空白处均不能触发此事件。

Scroll 事件与 Change 事件的区别在于：当滚动条滑块滚动时，Scroll 事件一直发生，可用于跟踪滚动条的动态变化；而 Change 事件只是在滚动结束之后才发生一次，可用来得到滑块所在的位置值。

例 7.6　设计一个窗体，用滚动条改变文本框内文本字体的大小。

（1）创建一个窗体，设置四个标签、一个滚动条和一个文本框。

（2）设置各控件的属性，如表 7.6 所示。

表 7.6　控件的属性

对象类型	对象名	属　性	属性值
窗体	Form1	Caption	滚动条
标签	Label1	Caption	72
标签	Label2	Caption	8
标签	Label3	Caption	字体大小为
标签	Label4	Caption	空白
滚动条	VScroll1	Min	8
		Max	72
		LargeChange	5
		SmallChange	1
文本框	Text1	Text	文本的大小变化
		MultiLine	True
		ScrollBars	2—Vertical

（3）程序代码如下。

```
Private Sub Form_Load()
    Dim Size As Integer
    Size=72
    Label4.Caption=Size
    Text1.FontSize=Size
    VScroll1.Value=Size
End Sub
Private Sub VScroll1_Change()
    Text1.FontSize=VScroll1.Value
    Label4.Caption=VScroll1.Value
End Sub
```

（4）运行程序，移动滚动条的滑块，则文本框中文字随着变换大小，结果如图 7.8 所示。

图 7.8　运行结果

7.1.4　定时器

定时器控件（Timer）又称计时器、时钟控件，能够有规律地以一定的时间间隔触发计时器事件（Timer 事件）。一个窗体可以使用多个时钟控件，它们的时间间隔相互独立。适合编写不需要与用户进行交互而直接执行的代码，如计时、倒计时、动画等。在程序运行阶段，时钟控件不可见。

（1）定时器的常用属性有以下几种。

① Interval 属性。Interval 属性决定了两个 Timer 事件之间的时间间隔。时间间隔单位是毫秒，取值范围在 0～64767 之间（包括这两个数值），单位为 ms（0.001s），表示计时间隔，最大的时间间隔约为 65s。若将 Interval 属性设置为 0 或负数，则计时器将停止工作。

② Enabled 属性。Enabled 属性用于决定定时器是否生效。无论何时，只要时钟控件的 Enabled 属性被设置为 True，而且 Interval 属性值大于 0，则计时器开始工作（以 Interval 属性值为间隔，触发 Timer 事件）。通过把 Enabled 属性设置为 False，可使时钟

控件无效，即计时器停止工作。

（2）定时器常用事件和方法。Timer 事件是定时器唯一的一个事件。定时执行的代码都放在该事件过程中。Timer 事件是周期性的事情，间隔多长时间产生一次，由控件的 Interval 属性指定。当规定的时间间隔达到时，就会触发这个事件。如果希望每秒执行一次这个事件，则须将 Interval 属性设置为 1000。

例 7.7 设计一个窗体，实现闹钟的功能。

（1）创建一个窗体，设置五个标签、一个定时器和两个文本框。

（2）设置各控件的属性，如表 7.7 所示。

表 7.7 控件的属性

对象类型	对象名	属　性	属性值
窗体	Form1	Caption	闹钟
标签	Label1	Caption	现在时间:
标签	Label2	Caption	定时时间:
标签	Label3	Caption	空白
标签	Label4	Caption	时
标签	Label5	Caption	分
文本框	Text1	Text	空白
文本框	Text2	Text	空白
定时器	Timer1	Interval	1000

（3）程序代码如下。

```
Dim hour, minute
Sub Command1_Click()
    hour=Format(Text1.Text, "00")
    minute=Format(Text2.Text, "00")
End Sub
Sub Timer1_Timer()
    Dim i As Integer
    Label3.Caption=Time$()
    If Mid$(Time$, 1, 5)=hour+":"+minute Then
        For i=1 To 100
            Beep
        Next i
    End If
End Sub
Sub Command2_Click()
    hour="00"
    minute="00"
End Sub
Sub Command3_Click()
    End
End Sub
```

（4）运行程序，在两个文本框中输入定时的小时和分，然后单击"定时"按钮启动时钟，时钟以 1 秒间隔显示系统时间。"停止"按钮用来制止铃响，"结束"按钮用来终止程序运行，运行结果如图 7.9 所示。

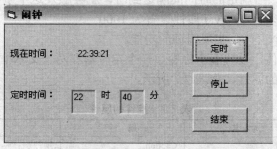

图 7.9　运行结果

7.1.5　图片框和图像框

图片框（PictureBox）和图像框（Image）是显示图形和图像的主要控件。二者相比，图片框比图像框功能更强，但图像框装载和显示图形的速度较快。

1．图片框

图片框用来显示图片和图形。图片框可以显示静态图形，也可以显示动态图形，还可以从文件中装入并显示以下几种格式的图形：位图文件（*.bmp）、图标文件（*.ico）、图元文件（*.wmf）、增强元文件（.emf）、JPEG 文件和 GIF 文件。当它作为其他控件的容器时，用法与框架控件相同。

（1）图片框的常用属性有以下几种。

① Picture 属性。Picture 属性用于设置控件是否要显示图片，可以在属性窗口静态设置，也可以在代码中动态设置。若没有设置 Picture 属性值，则图像框中不会显示任何图形。在代码中设置的格式如下：

```
[<对象名>.]Picture=LoadPicture([ <文件名> ])
```

例如，

```
Picture1.picture=Loadpicture("C:\Program Files\Microsoft Visual _
Studio\Common\Graphics\Icons\Elements\MOON01.ICO")
```

说明：

● 调用不带参数的 LoadPicture( )函数，将使图像控件不显示任何图像。

● 属性窗口设置的 Picture 属性，会被复制到二进制窗体文件（.frx）中，运行时不依赖源文件。而在程序代码中使用 LoadPicture 调入的图形文件，在运行时要保证函数的参数应该包括图形文件的完整路径和文件名。

② AutoSize 属性。AutoSize 属性用于设置是否自动改变图片大小以显示图片的全部内容。AutoSize 取值为 True 时，自动改变图片大小；取值为 False（默认值）时，则不改变图片大小。

③ Align 属性。Align 属性用于设置图片框在窗体中的显示方式。取值为 0 时，控件大小与位置由自身的 Width 属性、Height 属性、Left 属性和 Top 属性决定；取值为 1 时，控件位于窗体顶部，宽度等于窗体宽度，窗体宽度变化，图片框自动调整大小；取值为 2 时，控件位于窗体底部，宽度等于窗体宽度，窗体宽度变化，图片框自动调整大小；取值为 3 时，控件位于窗体左边，高度等于窗体高度，窗体高度变化，图片框自动调整大小；取值为 4 时，控件位于窗体右边，高度等于窗体高度，窗体高度变化，图片框自动调整大小。

（2）图片框常用事件和方法。图片框响应的事件较多，有 Click、DblClick 和 Change 等。其中，Change 事件在改变图片框的 Picture 属性时发生。在窗体上 PictureBox 控件与 Image 控件的使用方法基本相同。相比之下，图形框比图像框占用的内存多。使用 PictureBox 控件的优点在于它可以作为其他控件的"容器"。

① Print 方法。Print 方法用于在控件中输出文本和数据。其格式如下：

```
<对象名>.Print [输出项列表]
```

② Cls 方法。Cls 方法用于清除在图片框中输出的内容。Cls 只能清除窗体或图片框中由 Print 方法和绘图方法（见第 8 章）显示的文本信息和图形，不能清除窗体或图片框中的控件（如形状控件等）。利用 Picture 属性加载的图片，应用 LoadPicture 方法清除。其格式如下：

```
<对象名>.Cls
```

例 7.8　设计一个窗体，利用定时器顺序装载八幅图片，实现月食效果。

（1）创建一个窗体，设置一个图片框和一个定时器。

（2）设置各控件的属性，如表 7.8 所示。

表 7.8　控件的属性

对象类型	对象名	属　性	属性值
窗体	Form1	Caption	图片框
图片框	Picture1	AutoSize	True
定时器	Timer1	Interval	1000

（3）程序代码如下。

```
Dim i As Integer
Private Sub Timer1_Timer()
    i=i+1
    Picture1.Picture=LoadPicture(App.Path & "\MOON0" & i & ".ICO")
    If i=8 Then i=0
End Sub
```

（4）运行程序，程序运行结果如图 7.10 所示。

2. 图像框

图像框控件用来装载图形文件，使用方法与图片框类似。图像框功能单一，只能用于显示静态图形，不能作为容器，也不支持绘图方法和打印方法，但显示图形较快。

图 7.10　月亮运动轨迹的两种运行效果

（1）图像框的常用属性有以下几种。

① Picture 属性。Picture 属性指定控件中要显示的图片。

② Stretch 属性。Stretch 属性用来指定一个图形是否要调整大小，以适应图像框控件的大小。其值设置为 False 时，图像框可自动改变大小以适应其中的图形；其值设置为 True 时，加载到图像框的图形可自动调整尺寸以适应图像框的大小。

③ BorderStyle 属性。BorderStyle 属性决定了图像框是否有边框。属性值为 0 时，无边框（默认值）；为 1 时，有边框。其中，Name 属性、Left 属性、Top 属性、Width 属性、Height 属性、Visible 属性的意义与用法与其他控件的相同。

（2）图像框常用事件和方法。图像框支持的事件不多，主要有 Click、DblClick、MouseDown、MouseUp 和 MouseMove。图像框支持的方法也不多，主要有 Move 方法和 Refresh 方法。

例 7.9　设计一个窗体，实现随机抽取三个数字作为中奖号码。

（1）创建一个窗体，设置三个图像框、两个命令按钮和一个定时器。

（2）设置各控件的属性，如表 7.9 所示。

表 7.9　控件的属性

对象类型	对象名	属　　性	属性值
窗体	Form1	Caption	图像框
图像框	Image1	Picture	Shuzi0.jpg
图像框	Image2	Picture	Shuzi0.jpg
图像框	Image3	Picture	Shuzi0.jpg
定时器	Timer1	Interval	1000
命令按钮	Command1	Caption	抽奖
命令按钮	Command2	Caption	结束

（3）程序代码如下。

```
Dim num1 As Integer, num2 As Integer, num3 As Integer
Private Sub Command1_Click()
    Timer1.Enabled=True
End Sub
Private Sub Command2_Click()
    Timer1.Enabled=False
End Sub
Private Sub Form_Load()
    Timer1.Enabled=False
```

```
End Sub
Private Sub Timer1_Timer()
    Randomize
    num1=Int(Rnd*10)
    Image1.Picture=LoadPicture(App.Path & "\shuzi" & num1 & ".jpg")
    Randomize
    num2=Int(Rnd*10)
    Image2.Picture=LoadPicture(App.Path & "\shuzi" & num2 & ".jpg")
    Randomize
    num3=Int(Rnd*10)
    Image3.Picture=LoadPicture(App.Path & "\shuzi" & num3 & ".jpg")
End Sub
```

（4）运行程序，单击"抽奖"命令按钮时，图像框中的图像随机抽取；单击"停止"命令按钮时，抽奖结束，显示的数据就是中奖号码。运行结果如图 7.11 所示。

图 7.11　运行结果

7.2　菜　单　设　计

菜单是图形化界面一个必不可少的组成元素。通过菜单对各种命令按功能进行分组，使用户能够更加方便、直观地访问这些命令。

菜单的基本作用有两个，一是提供人机对话的接口，以便让用户选择应用系统的各种功能；二是管理应用系统，控制各种功能模块的运行。一个高质量的菜单程序，不仅能使系统美观，而且能使用户使用方便，并可避免误操作造成的严重后果。

绝大多数应用程序提供了菜单。菜单用于将命令分组。菜单按使用形式有以下两种。

（1）下拉式菜单：位于窗口的顶部，由鼠标单击来显示和选择；7.2.1 节介绍了下拉式菜单系统的组成结构。

（2）弹出式菜单：也称为快捷菜单，独立于菜单栏而显示在窗体上的浮动菜单。一般来说，不同的区域所"弹出"的菜单内容是不同的。

7.2.1　下拉菜单

在下拉式菜单系统中，一般有一个主菜单，称为菜单栏。其中包括一个或多个选择项，称为菜单标题。当单击某一个菜单标题时，包含菜单项的列表（菜单）即被打开。菜单由若干个命令、分隔条、子菜单标题（其右边含有三角的菜单项）等菜单项组成。当选择子菜单标题时又会"下拉"出下一级菜单项列表，称为子菜单。VB 6.0 的菜单项最多可达六层。

在 VB 6.0 中，一个菜单项（不管是主菜单栏上的菜单名，子菜单上的菜单项，还是分隔线，统称为菜单项）就是一个控件，响应 Click 事件。为菜单项编写程序就是编写它的 Click 事件过程。当用鼠标或键盘选中该菜单控件时，将调用该事件。与其他控件一样，它具有定义它的外观及行为的属性。在设计或运行时，可以设置 Caption 属性、Enabled 属性和 Visible 属性、Checked 属性以及其他属性。与一般控件不同的是，菜单控件不在 VB 6.0 的工具箱中，需要在"菜单编辑器"中进行菜单设计。

1. 菜单编辑器

VB 6.0 提供的"菜单编辑器"可以非常方便地在应用程序的窗体上建立菜单。进入菜单编辑器有四种方法：

（1）在设计模式下，执行"工具"菜单中的"菜单编辑器"命令。

（2）使用快捷键 Ctrl+E。

（3）单击工具栏中的"菜单编辑器"按钮。

（4）在要建立菜单的窗体上右击鼠标，在快捷菜单中，单击"菜单编辑器"命令。"菜单编辑器"窗口如图 7.12 所示。

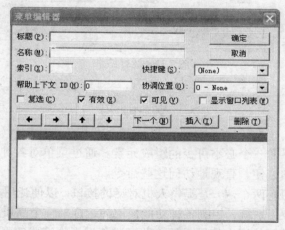

图 7.12　菜单编辑器

菜单编辑器窗口分为三部分，即菜单控件属性区、编辑区和菜单项显示区。

（1）菜单控件属性区。菜单控件属性区用于设置菜单项的各个属性。用户只要输入各属性的值，就可以创建一个菜单项。每创建一个菜单项，编辑窗口下部的显示区中会显示出来。所有菜单项输入完毕后，单击"确定"按钮。

① 标题（Caption）。标题（Caption）是一个文本框，设置菜单项的标题，相当于控件的 Caption 属性，也是应用程序菜单上出现的字符。可以在标题中设置热键，即用"Alt+热键"打开菜单。非底层菜单可以有热键，热键的设定是在标题前加&或在标题后

加上一个&和一个作为热键的字母。例如，标题为 File，可以用&File 指定 F 为热键，显示为 F̲ile；若标题为"文件"，可以用文件（&F）指定 F 为热键，显示为：文件（F̲）；若在菜单项中用水平线将菜单项划分为一些逻辑组，可输入一个连字符"-"。

② 名称（Name）。名称（Name）是一个文本框，用于输入所建立菜单的控件名，相当于控件的 Name 属性。这个属性不会出现在屏幕上，但在编程中常用该属性引用该菜单项。菜单项的命名规则与控件的命名规则相同。

③ 索引（Index）。设置菜单控件数组的下标，相当于控件数组的 Index 属性。

④ 快捷键（Shortcut）。快捷键（Shortcut）是一个列表框，非顶层菜单可以有快捷键。快捷键指的是不用打开菜单，直接用快捷键执行菜单命令，注意不要使用 Windows 中已定义的快捷键。快捷键的赋值包括功能键与控制键的组合，如 Ctrl+F1 键或 Ctrl+A 键，它们出现的位置在菜单中相应菜单项的右边。

⑤ 帮助上下文（HelpContextID）。帮助信息的上下文编号，在该处键入一个数值，这个值用来在帮助文件中查找相应的帮助主题。

⑥ 协调位置（NegotiatePosition）。协调位置（NegotiatePosition）是一个列表框，用来确定菜单或菜单项是否出现或在什么位置显示。取值为 0－None，表示菜单项不显示；取值为 1－Left，表示菜单项靠左显示（只对顶级菜单项有效）；取值为 2－Middle，表示菜单项居中显示（只对顶级菜单项有效）；取值为 3－Right，表示菜单项靠右显示（只对顶级菜单项有效）。

⑦ 复选（Checked）。该属性只对底层菜单有效，复选属性设置为"True"时，可以在相应的菜单项旁加上记号"√"。它不改变菜单项的作用，也不影响事件过程对于任何对象的执行结果，只是设置或重新设置菜单项旁的符号，表明该菜单项当前处于活动状态。

⑧ 有效（Enabled）。用来设置菜单项的操作状态。在默认情况下，该属性被设置为 True，表明相应的菜单项可以对用户事件作出响应。如果该属性被设置为 False，则相应的菜单项会变"灰"，不响应用户事件。

⑨ 可见（Visible）。设置该菜单项是否可见。一个不可见的菜单项是不能执行的，在默认情况下，此属性值为 True。如果该属性被设置为 False，则相应的菜单项将被暂时从菜单中去掉，直到该属性重新被设置为 True 才能使用。

⑩ 显示窗口列表（WindowList）。在 MDI（多文档窗口）应用程序中，确定菜单控件是否包含一个打开的 MDI 子窗口标题。该属性只对 MDI 窗体和 MDI 子窗体有效，对普通窗体无效。当该选项被设置为"On"时，将显示当前打开的一系列子窗口。

（2）编辑区。编辑区共有七个按钮，用来对输入的菜单项进行简单的编辑。

① 左右箭头：提高或降低菜单的级别。产生或取消内缩符号"...."，内缩符号可以确定菜单的层次。单击一次右箭头可以产生一个内缩符号，单击一次左箭头可以删除一个内缩符号。

② 上下箭头：用于调整菜单项的上下位置。当位于菜单控件列表框中的菜单项被选中后，可以通过上、下箭头来移动其位置。

③ 下一个：开始一个新的菜单项设计。

④ 插入：在光标所在处插入一个空白的菜单项。

⑤ 删除：删除光标所在处的菜单项。

（3）菜单项显示区。菜单项显示区在菜单设计窗口下部，输入的菜单项在这里显示，并且通过内缩符号表明菜单的层次，条形光标所在的菜单项为"当前菜单项"。

说明：

① "菜单项"包括四个方面的内容：菜单名、菜单命令、分隔线和子菜单。

② 在输入菜单项时，如果在字母前加上"&"，则显示菜单时在该字母下面加上一条下划线，可以通过 Alt+"带下划线的字母"打开菜单或执行相应的菜单命令。

③ 内缩符号由四个小数点"...."组成，它表明菜单项所在的层次。一个内缩符号"...."表示一层，两个内缩符号"........"表示两层……最多为六层。如果一个菜单项前面没有内缩符号，则该菜单为菜单名，即菜单的第一层。

④ 如果在"标题"栏内只输入一个"-"，则表示产生一个分隔线。

⑤ 只有菜单名没有菜单项的菜单称为"顶层菜单"，在输入这样的菜单项时，通常在后面加上一个感叹号（!）。

⑥ 除分隔线外，所有的菜单项都可以接受 Click 事件。

例 7.10   设计一个窗体，设计一个下拉菜单，实现字体、字号和颜色的设置。

（1）创建一个窗体，在窗体上设置一个下拉菜单和一个文本框，文本框的 Multiline 属性为 True，ScrollBars 属性为 3－Both。

（2）设置各菜单控件的属性，如表 7.10 所示。

表 7.10   菜单控件的属性

菜单项的层数	菜单项标题	菜单项名称	Shortcut 属性
1	文件（&F）	mnufile	
2	新建	mnunew	Ctrl+N
2	打开	mnuopen	Ctrl+O
2	保存	mnusave	Ctrl+S
2	-	mnuspace	
2	退出	mnuexit	
1	格式	mnuformat	
2	字体	mnufont	
3	楷体_GB2312	mnukaiti	
3	隶书	mnulishu	
3	黑体	mnuheiti	
2	字号	mnusize	
3	14 号	mnu14	
3	16 号	mnu16	
3	18 号	mnu18	
2	颜色（&C）	mnucolor	
3	红色（&R）	mnured	
3	蓝色	mnublue	
3	绿色	mnugreen	
1	帮助（&H）	mnuHelp	

（3）程序代码如下。

```
Private Sub Form_Load()
    Text1.Visible=False
    mnulishu.Checked=False
    mnukaiti.Checked=False
    mnuheiti.Checked=False
    mnu14.Checked=False
    mnu16.Checked=False
    mnu18.Checked=False
    mnured.Checked=False
    mnublue.Checked=False
    mnugreen.Checked=False
End Sub
Private Sub mnu14_Click()
    Text1.FontSize=14
    mnu14.Checked=True
    mnu16.Checked=False
    mnu18.Checked=False
End Sub
Private Sub mnu16_Click()
    Text1.FontSize=16
    mnu14.Checked=False
    mnu16.Checked=True
    mnu18.Checked=False
End Sub
Private Sub mnu18_Click()
    Text1.FontSize=18
    mnu14.Checked=False
    mnu16.Checked=False
    mnu18.Checked=True
End Sub
Private Sub mnublue_Click()
    Text1.ForeColor=vbBlue
    mnured.Checked=False
    mnublue.Checked=True
    mnugreen.Checked=False
End Sub
Private Sub mnuexit_Click()
    End
End Sub
Private Sub mnugreen_Click()
    Text1.ForeColor=vbGreen
```

```
        mnured.Checked=False
        mnublue.Checked=False
        mnugreen.Checked=True
    End Sub
    Private Sub mnuheiti_Click()
        Text1.FontName="黑体"
        mnulishu.Checked=False
        mnukaiti.Checked=False
        mnuheiti.Checked=True
    End Sub
    Private Sub mnuhelp_Click()
        MsgBox "本系统是测试版"
    End Sub
    Private Sub mnukaiti_Click()
        Text1.FontName="楷体_GB2312"
        mnulishu.Checked=False
        mnukaiti.Checked=True
        mnuheiti.Checked=False
    End Sub
    Private Sub mnulishu_Click()
        Text1.FontName="隶书"
        mnulishu.Checked=True
        mnukaiti.Checked=False
        mnuheiti.Checked=False
    End Sub
    Private Sub mnunew_Click()
        Text1.Visible=True
    End Sub
    Private Sub mnured_Click()
        Text1.ForeColor=vbRed
        mnured.Checked=True
        mnublue.Checked=False
        mnugreen.Checked=False
    End Sub
    Private Sub mnusave_Click()
        MsgBox "你单击了保存菜单项"
    End Sub
```

    （4）运行程序，文本框的 Visible 属性为 False，当打开"文件"菜单中的"新建"时，文本框的 Visible 属性为 True，在文本框中输入"欢迎来到计算机世界"，选择"格式"菜单，设置"字体"、"字号"和"颜色"，同时在选定的菜单项前面加"√"标记。运行结果如图 7.13 所示。

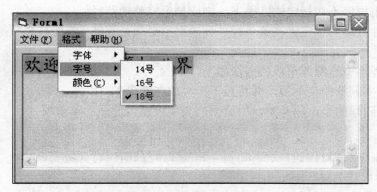

图 7.13　程序运行结果

2. 菜单控件数组

由于 VB 将菜单项看成控件，因此就能运用控件数组的概念。菜单控件数组就是在同一菜单上共享相同名称和事件过程的菜单工程的集合。菜单控件数组的作用主要有两个：一是在运行时用于动态地增删菜单项，但必须是菜单控件数组中的成员；二是简化编程，用一段代码处理多个菜单项。

每个菜单控件数组元素都有唯一的索引值来标识，该值在菜单编辑器上"Index 属性框"中指定。当一个控件数组成员识别一个事件时，VB 将其 Index 属性作为一个附加的参数传递给事件过程。事件过程必须包含有核对 Index 属性的代码，因而可以判断出正在使用的是哪一个控件。

（1）在程序中增加新菜单项的方法如下。

① 在菜单编辑器中设计菜单时，建立一个菜单控件数组，设置名称、标题、Index 属性值为 0。例如，建立一个名称为 mnufilelist，Index 为 0 的控件数组元素，设置其 Visible 属性为 False。

② 设置一个变量 num 来保存当前控件数组元素的位置。

③ 设置变量 title 来存放添加菜单项的标题。

④ 在需要添加菜单项时，执行下面的语句。

```
num=num+1                          '下标加 1，指向下一个数组元素
Load mnufilelist(num)              '建立新的控件数组元素
mnufilelist(num).Caption=title     '设置新数组元素的标题
mnufilelist(num).Visible=True      '使新数组元素可见
```

菜单数组中的每个元素都是一个独立的菜单控件，有相同的名称并共享事件过程。如果新增加的菜单项是一些应用程序的名字（包括路径），为了执行这些应用程序，应编写如下的 mnufilelist 的 Click 事件过程。

```
Private Sub mnufilelist _Click(Index as Integer)
   x=Shell(mnufilelist(Index).Caption, 1)
End Sub
```

如果应用程序不在指定的路径下，则应加上完整的路径。

菜单控件数组的各元素在菜单控件列表框中必须是连续的，而且必须是在同一缩进级上。

（2）在程序中删除菜单项的方法如下。

① 选择要删除的菜单项，并将其下标存放在变量 N 中。

② 从被删除的菜单项开始，用后面的菜单项覆盖前面的菜单项。

```
For I=N to num
    mnufilelist(I).Caption= mnufilelist(I+1).Caption
Next I
```

③ 然后用 Unload 删除最后一个菜单项，并将控件数组的个数减 1。

```
Unload mnufilelist(num)
num=num-1
```

例 7.11 在例 7.10 基础上设计增加一个新菜单项"mnufilelist"，当单击"文件"菜单中的"打开"菜单时，模拟打开最近访问的五个文件名显示在菜单中，在"格式"菜单中增加一个新菜单项"mnuzi"控件数组。

（1）设置 mnuzi"控件数组的 Index 属性为 0，其 Visible 属性为 False。名称属性为"mnuzi"、标题属性"加粗"。当打开"文件"菜单中的"新建"时，"格式"菜单增加了"加粗"、"斜体"两个菜单，同时在选定的菜单项前面加"√"标记。

（2）程序代码如下。

```
Private Sub mnunew_Click()
    Dim i As Integer
    Text1.Visible=True
    If num=0 Then mnuzi(0).Visible=True
        num=num+1
        Load mnuzi(num)
    mnuzi(num).Caption="斜体"
End Sub
Private Sub mnuopen_Click()
    Dim i As Integer
    mnuspace1.Visible=True
    mnuspace2.Visible=True
    num=num+1
    i=num Mod 5
    If i=0 Then i=5
        Load mnufilelist(num)
        mnufilelist(i).Caption="打开文件" & num
        mnufilelist(i).Visible=True
End Sub
Private Sub mnuzi_Click(Index As Integer)
```

```
Select Case Index
Case 0
  If mnuzi(Index).Checked=False Then
    Text1.FontBold=True
    mnuzi(Index).Checked=True
  Else
    Text1.FontBold=False
    mnuzi(Index).Checked=False
  End If
Case 1
  If mnuzi(Index).Checked=False Then
    Text1.FontItalic=True
    mnuzi(Index).Checked=True
  Else
    Text1.FontItalic=False
    mnuzi(Index).Checked=False
  End If
End Select
End Sub
```

（3）运行程序，运行结果如图 7.14 所示。

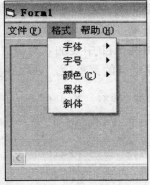

图 7.14　运行结果菜单

3. 菜单项的可用与不可用

VB 设计的菜单可以根据程序的运行状态动态地进行调整。当菜单项所指示的操作不适合当前的环境时，可以暂时将其关闭，不让用户选择该菜单项，也可以干脆把它隐藏起来，就像根本没有这个菜单项一样，等到条件成熟时，再重新显示被隐藏的菜单项。

要使在"菜单编辑器"中定义的菜单项不显示，可以在"菜单编辑器"中将菜单项的"可见"（Visible）属性左侧框中的"√"去掉，程序再运行时，Visible 属性被设为 False 的菜单将不出现在菜单中。只有在程序中重新设置 Visible 属性，使其值为 True，才能使这个菜单命令可见。

7.2.2　弹出菜单

在各种具有 Windows 风格的软件中，当右击鼠标时，会出现一个称为上下文菜单或快捷菜单的弹出菜单。弹出菜单是独立于菜单栏而显示在窗体上的浮动菜单，经常被用来快速地在屏幕上显示若干菜单命令，这些命令一般是当前鼠标所指向的对象的快捷操作命令。弹出菜单实际上是下拉菜单中某个菜单标题下的菜单项列表，只是激活方式不同而已。弹出菜单在窗体内的显示位置取决于单击鼠标键时指针的位置。

首先用"菜单编辑器"建立菜单，然后用 PopupMenu 方法弹出显示。第一步的操作与前面介绍的基本相同，唯一的区别是如果不想在窗体顶部显示该菜单，把菜单名（即主菜单项）的"可见"属性设置为 False 即可。

PopupMenu 方法用来显示弹出菜单，其格式如下：

[对象]．PopupMenu　<菜单项> [,Flag[,X[,Y]]]

其中，菜单项是必需的，其他参数是可选的；x，y 参数指定弹出快捷菜单显示的位置（x，y 坐标）。默认使用鼠标的坐标；标志参数用于进一步定义弹出菜单的位置和性能。

（1）位置。当 Flag 等于 0 或 vbPopupMenuLeftAlign 时，为系统的默认状态，此时，Flag 后面的 X 的位置是弹出菜单的左边界；当 Flag 等于 4 时，X 的位置是弹出菜单的中心位置；当 Flag 等于 8 时，X 的位置是弹出菜单右边界。

（2）性能。当 Flag 等于 0 或 vbPopupMenuLeftButton 时，为系统的默认状态，仅当用鼠标左键弹出快捷菜单；当 Flag 等于 2 或 vbPopupMenuRightButton 时，用鼠标左、右键均能弹出快捷菜单。

例如，在上面的例 7.11 中要加入有关"字体"子菜单的弹出菜单功能，右击 Text1 时能弹出 mnufont 菜单中的菜单项，则程序代码如下。

```
Private Sub Text1_MouseDown(Button As Integer, Shift As Integer,_
X As Single, Y As Single)
   If Button=2 Then
      Text1.Enabled=False
      Text1.Enabled=True
      PopupMenu mnufont
   End If
End Sub
```

其中，Button=2 表示按下鼠标右键，mnufont 为"字体"子菜单的菜单名。如果要想使其他控件对象上都能弹出"字体"子菜单，就需要在各个控件对象的 MouseDown 事件过程使用 PopupMenu 方法。

7.3　通用对话框

对话框是用户和计算机交互的主要手段。对话框中可以输入信息，也可以显示信息。在 VB 6.0 应用程序中，可以使用以下三类对话框。

　　预定义对话框：是 VB 6.0 系统定义的对话框，用户不必设计，如 InputBox、MsgBox 是用来调用预定义对话框的两个函数。

　　通用对话框：也称公共对话框，是 VB 系统基于 Windows 的标准对话框界面，创建的六种标准对话框（打开、另存为、颜色、字体、打印机和帮助）。

　　自定义对话框：是用户所创建的含有控件的窗体。这些控件包括命令按钮、单选钮、检查框和文本框等，它们可以为应用程序接收信息。因此，创建自定义对话框就是建立一个窗体，在窗体上根据需要放置控件，通过设置属性值来自定义窗体的外观。用户可以根据实际需要或自己的喜好，综合利用系统提供的各种控件，设计出自己真正满意的对话框。

　　一般来说，作为对话框的窗体与一般的窗体在外观上是有所区别的，对话框没有最大化最小化按钮，不能改变它的大小，边框类型定义为固定单边框。例如，进行 ControlBox=False、MaxButton =False、MinButton =False 和 BorderStyle=Fixed Dialog 的属性设置。

　　通用对话框（CommonDialog 控件）不是标准的控件，在使用通用对话框前，需要在"工程"菜单中选定"部件"对话框的"控件"选项卡，选中 Microsoft Common Dialog Control 6.0 选项，单击"确定"按钮，则通用对话框添加到工具箱中。设计阶段，窗体上的通用对话框能够显示，与时钟控件一样，通用对话框既不能放大，也不能缩小。但程序运行时，窗体上不会自动显示通用对话框，需要修改属性 Action 或者用 Show 方法才能够激活而调用对话框。

　　（1）通用对话框的属性有以下几种。

　　① Action 功能属性。这个属性用来决定调用何种类型的对话框，其取值与意义如表 7.11 所示。该属性不能在属性窗口内设置，只能在程序中赋值，用于调用相应的对话框。

表 7.11　Action 功能属性

属性值	意　义	属性值	意　义
0	无对话框显示	4	显示字体对话框
1	显示打开对话框	5	显示打印机对话框
2	显示另存为对话框	6	显示帮助对话框
3	显示颜色对话框		

　　② DialogTitle（对话框标题）属性。通用对话框标题属性。如果要在程序当中使用，则需写在给 Action 属性赋值的语句之前。它可以是任意字符串。

　　③ CancelError 属性。该属性决定在用户单击"取消"按钮时是否产生错误信息。取其值为 True 时，表示单击"取消"按钮，出现错误警告；取其值为 False（缺省）时，表示单击"取消"按钮，不会出现错误警告。

　　一旦对话框被打开，显示在界面上供用户操作。其中，"确定"按钮表示确认；"取消"按钮表示取消。有时为了防止用户在未输入信息时使用取消操作，可用该属性设置出错警告。当该属性设为 True 时，用户对对话框中的"取消"按钮一经操作，自动将错误标记 Err 置为 32755（cdCancel），供程序判断。该属性值在属性窗口及程序中均可设置。

　　④ Name 属性。Name 属性设置通用对话框的名称。

⑤ Index 属性。Index 属性是由多个对话框组成的控件数组的下标。

⑥ Left 和 Top 属性。Left 和 Top 属性表示通用对话框的位置。

在通用对话框的使用过程中，除了上面的基本属性外，每种对话框还有自己的特殊属性。这些属性可以在属性窗口中进行设置，也可以在通用对话框控件的属性对话框中设置。对窗体上的通用对话框控件右击鼠标，在弹出的快捷菜单中选择"属性"，即可调出通用对话框控件属性对话框，如图 7.15 所示。该对话框中有五个标签，可以分别对不同类型的对话框设置属性。例如，要对字体对话框设置，则选定字体标签。

（2）通用对话框的方法。VB 提供了一组方法用来调用相应的对话框，功能类似于 Action 属性。这些方法如下。

① ShowOpen 方法：显示"打开"对话框。

② ShowSave 方法：显示"另存为"对话框。

③ ShowColor 方法：显示"颜色"对话框。

④ ShowFont 方法：显示"字体"对话框。

⑤ ShowPrinter 方法：显示"打印机"对话框。

⑥ ShowHelp 方法：显示"帮助"对话框。

1. "打开"对话框

在程序运行时，当通用对话框的 Action 属性被设置为 1，可立即弹出打开文件对话框。打开文件对话框并不能真正打开一个文件，它仅仅提供一个打开文件的用户界面，供用户选择所要打开的文件，打开文件的具体工作还是要通过编程来完成。

"打开"对话框的属性。单击窗体中的通用对话框图标，使之"激活"。再右击鼠标，选中"属性"，屏幕上弹出"属性页"窗口，如图 7.15 所示。

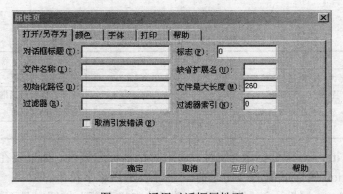

图 7.15　通用对话框属性页

"属性页"窗口中有五个选项卡，分别是"打开/另存为"、"颜色"、"字体"、"打印"和"帮助"，供用户选择。选择"打开/另存为"，显示有九项属性。这些属性既可以在设计时设定，也可以在运行时指定，有些属性还可以作为控件的返回值使用。

（1）对话框标题（Dialog Title）：用来给出对话框的标题内容，默认值为"打开"。

（2）文件名称（FileName）：是文件名字符串，用于设置"文件名称"文本框中所显示的文件名，或返回用户所选定的文件名。用户在对话框中的"文件列表框"中选中的"文件名"也放在此属性中，即用它能设置和返回选中的文件名。

（3）文件标题（FileTitle）属性：其属性值也是字符串，用于设置或返回用户所要打开的文件名。FileTitle 属性与 FileName 属性的区别在于，前者所代表的仅仅是选定文件的文件名，不包括路径；而后者不仅返回文件名，还包含了所选定文件的路径。

（4）初始化路径（InitDir）：用来指定初始的目录，若不设置该属性，系统缺省显示当前目录。用户选定的目录也放在此属性中，即用它能设置和返回选中的目录名。

（5）过滤器（Filter）：由一对或多对"描述符|过滤符"组成，中间以"|"相隔。用来指定在对话框中的文件列表框中提供的文件类型。在打开和保存文件时，由于文件的数目很多，列表框无法全部显示出来，所以往往需要根据实际情况进行"过滤"，即"过滤"出用户所需要的文件。

指定过滤器属性的格式为：

```
描述符 1|过滤符 1|描述符 2|过滤符 2|…
```

例如，

```
AllFile(*.*)|*.*|(.bmp)| *.bmp|(.vbp)| *.vbp|
```

描述符 1，描述符 2……是将要显示在"打开文件对话框"中"文件类型"下拉列表中的文字说明，是供用户看的，将按描述符的原样显示出来，如上面描述符 1 已指定为"AllFile(*.*)"，则在"打开文件对话框"的"文件类型"列表框中按原样显示"AllFile(*.*)"。如果用户在设置时不写 AllFile 而写"全部文件"，就会在打开文件对话框中的"文件类型"列表中显示"全部文件"字样。过滤符是有严格规定的，由通配符和文件扩展名组成，例如，"*.*"表示选全部文件，"*.bmp"是选 .bmp 类文件，"*.vbp"是选 .vbp 类文件。"描述符|过滤符"是成对出现的，缺一不可。

（6）标志（Flags）：用来设置对话框的一些选项。

（7）默认扩展名（DefaultExt）：用来显示在对话框的默认扩展名（即指定缺省的文件类型）。如果用户输入的文件名不带扩展名，则自动将此默认扩展名作为其扩展名。

（8）文件最大长度（MaxFileSize）：用来指定 FileName 的最大长度，可从 1～2048，默认值为 256。

（9）过滤器索引（FilterIndex）：为整型，用来指定在对话框中"文件类型"栏中显示的缺省的过滤符。在指定过滤器属性时，如有多个文件类型，则按序排为 1，2，3，…。若 FilterIndex=2 时，则打开对话框时，"文件类型"栏中自动显示的是第二项过滤符（即过滤符 2）。

（10）取消引发错误（CancelError）：这是一个复选钮，如果用户选中它（即属性值为 True），则当单击打开文件对话框内"取消"按钮以关闭一个对话框时，系统将显示一个报错信息的消息框，如未选中（False），则不显示报错信息，默认值为 False。

例如，窗体上放置一个命令按钮，其名字（Command1）和一个通用对话框控件。在程序运行时设置"打开文件"对话框的属性，编写以下过程事件。

```
Private Sub Command1_Click()
    CommonDialog1.DialogTitle="打开文件"
```

```
        CommonDialog1.Filter=" All Files(*.*)|*.*|frm 文件|*.frm|vbp 文件_
        |*.vbp| "
        CommonDialog1.FilterIndex=2
        CommonDialog1.InitDir=" C:\temp\chapter7"
        CommonDialog1.Flags=1
        CommonDialog1.Action=1
    End Sub
```

2. "另存为"对话框

另存为对话框是当 Action 为 2 时的通用对话框。它为用户在存储文件时提供一个标准用户界面，供用户选择或输入所要存入文件的驱动器、路径和文件名。同样，它并不能提供真正的存储文件操作，存储文件的操作需要编程来完成。对于另存为对话框，涉及的属性基本上与打开对话框一样，另外还有一个 DefaultExt 属性，它表示所存文件的默认扩展名。

例如，为"另存为…"命令按钮编写事件过程，把文本框内的信息存盘。其中关于文件的读写操作请参阅第 9 章。

```
    Private Sub Command2_Click()
        CommonDialog1.FileName="Default.Txt"      '设置默认文件名
        CommonDialog1.DefaultExt="Txt"            '设置默认扩展名
        CommonDialog1.Action=2                    '打开另存为对话框
        Open CommonDialog1.filename For Output As #1
                                                  '打开文件供写入数据
        Print #1, Text1.Text
        Close #1 ' 关闭文件
    End Sub
```

3. "颜色"对话框

"颜色"对话框是当 Action 为 3 时的通用对话框，供用户选择颜色。对于颜色对话框，除了基本属性之外，还有一个重要属性 Color，它返回或设置选定的颜色，如图 7.16所示。

在调色板中提供了基本颜色（Basic Colors），还提供了用户的自定义颜色（Custom Colors），用户可自己调色，当用户在调色板中选中某颜色时，该颜色值赋给 Color 属性。

例如，为"颜色…"命令按钮编写事件过程，设置为文本框的前景色。

```
    Private Sub Command3_Click()
        CommonDialog1.Action=3                     '打开颜色对话框
        Text1.ForeColor=CommonDialog1.Color        '设置文件框前景颜色
    End Sub
```

4. "字体"对话框

"字体"对话框如图 7.17 所示，其属性如下。

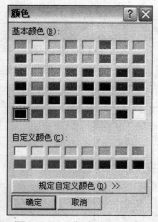

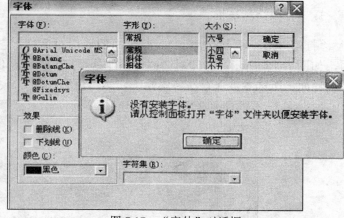

图 7.16　"颜色"对话框　　　　　　　　图 7.17　"字体"对话框

（1）Flags 属性。设置所显示的字体类型，数据类型为 Long。注意在显示"字体"对话框前，必须先将 Flags 属性设置为 cdlCFScreenFonts、cdlCFPrinterFonts 或 cdlCFBoth。否则将发生字体不存在错误。Flags 取值为 1－cdlCFScreenFonts，表示只显示屏幕字体；取值为 2－cdlCFPrinterFonts，表示只列出打印机字体；取值为 3－cdlCFBoth，表示列出打印机字体和屏幕字体；取值为 256－cdlCFEffects，表示显示删除线、下划线、检查框及颜色组合框。

（2）FontName（字体名称）属性。设置字体名称中的初始字体，并返回用户所选择的字体名称。

（3）FontSize（字体大小）属性。设置初始字体大小，并返回用户选择的字体大小，默认值为 8。

（4）FontBold、FontItalic 属性。返回在字体对话框中是否选中了粗体字、斜体字。

（5）FontStrikethru 和 FontUnderline 属性。返回在字体对话框中是否选中了下划线和删除线的字体风格。如要使用这个属性，必须先将 Flags 属性设置为 vbCFEffects。

（6）Color 属性。该属性值表示字体的颜色。当用户在 Color 列表框中选定某颜色时，Color 属性值即为所选颜色值。如要使用这个属性，必须先将 Flags 属性设置为 vbCFEffects。

例如，为"字体…"命令按钮编写事件过程，设置文本框的字体。

```
Private Sub Command4_Click()
    CommonDialog1.Flags=cdlCFBoth Or cdlCFEffects
    CommonDialog1.Action=4 ' 打开字体对话框
    Text1.FontName=CommonDialog1. FontName
    Text1.FontSize=CommonDialog1.FontSize
    Text1.FontBold=CommonDialog1.FontBold
    Text1.FontItalic=CommonDialog1.FontItalic
    Text1.FontStrikethru=CommonDialog1.FontStrikethru
    Text1.FontUnderline=CommonDialog1.FontUnderline
    Text1.ForeColor=CommonDialog1.Color
End Sub
```

5. "打印"对话框

"打印"对话框是当 Action 为 5 时的通用对话框，它是一个标准打印对话窗口界面，如图 7.18 所示。打印对话框并不能处理打印工作，仅仅是一个供用户选择打印参数的界面，所选参数保存在各属性中，然后由编程来处理打印操作。

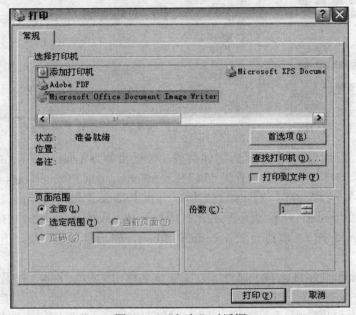

图 7.18　"打印"对话框

（1）打印对话框的重要属性如下。

① Copies（复制份数）：打印份数，如果打印驱动程序不支持多份打印，该属性有可能始终返回 1。

② FromPage（起始页号）：打印起始页号。

③ ToPage（终止页号）属性：打印终止页号。

④ Orientation（方向）属性：打印方向，cdlPortrait 为纵向，cdlLandSpace 为横向。

⑤ PrinterDefault 属性：确定在"打印"对话框中的选择是否用于改变系统默认的打印机设置。

（2）打印对话框的方法。VB 应用程序可使用 Printer 对象打印文本和图形，使用时，如果要使用默认打印机以外的打印机，需在 Printers 集合中为 Printer 对象指定该打印机。

其格式如下：

```
Set Printer=Printers(index)
```

其中，index 表示从 0 到 Printers.Count-1 之间的一个整数。

例如，调用"打印"对话框，打印标签中的文字。

```
Private Sub Command5_Click()
    CommonDialog1.ShowPrinter
```

```
For i=1 To CommonDialog1.Copies
    Printer.Print Label1.Caption
Next i
Printer.EndDoc
End Sub
```

6. "帮助"对话框

"帮助"对话框是当 Action 为 6 时的通用对话框。它为用户提供在线帮助，是一个标准的对话窗口。它不能制作应用程序的帮助文件，只能将已制作好的帮助文件从磁盘中读出，并与界面连接起来，达到显示并检索帮助信息的目的。

对于帮助对话框，在使用之前，必须先设置对话框的 HelpFile（帮助文件的名称和位置）属性，将 HelpCommand（请求联机帮助的类型）属性设置为一个常数，以表明对话框要提供何种类型的帮助。帮助对话框的属性如下。

（1）HelpCommand（帮助命令）属性：用于返回或设置需要的在线 Help 帮助类型。

（2）HelpFile（帮助文件）属性：用于指定已制作好的帮助文件的路径及文件名。

（3）HelpKey（帮助关键字）属性：用于指定帮助信息的内容，帮助窗口中显示由该帮助关键字指定的帮助信息。

（4）HelpContext（帮助上下文）属性：返回或设置所需要的 HelpTopic 的 ContextID，一般与 HelpCommand 属性一起使用，指定要显示的 HelpTopic。

帮助文件需要用其他的工具制作，如 Microsoft Windows Help Compiler。

例如，调用"帮助"对话框，当单击命令按钮时，调用 WINABC.HLP 文件帮助页面，如图 7.19 所示。

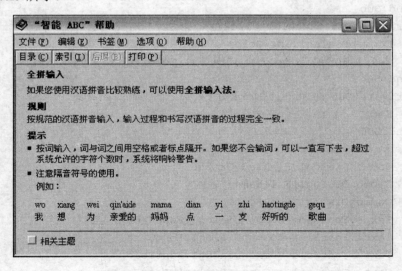

图 7.19　"帮助"对话框

```
Private Sub Command6_Click()
    CommonDialog1.HelpCommand=cdlHelpContents
    CommonDialog1.HelpFile="C:\WINDOWS\system32\WINABC.HLP"
```

```
    CommonDialog1.ShowHelp
End Sub
```

例 7.12　设计一个窗体,设计一个下拉菜单,实现通用对话框中各种对话框的设置。

（1）创建一个窗体,在窗体上设置一个下拉菜单、一个文本框和一个通用对话框,文本框的 Multiline 属性为 True, ScrollBars 属性为 3－Both。

（2）设置各菜单控件的属性,如表 7.12 所示。

表 7.12　菜单控件的属性

菜单项的层数	菜单项标题	菜单项名称	Shortcut 属性
1	文件（&F）	mnufile	
2	新建	mnunew	Ctrl+N
2	打开	mnuopen	Ctrl+O
2	保存	mnusave	Ctrl+S
2	打印	mnuprint	
2	退出	mnuexit	
1	格式	mnuformat	
2	字体	mnufont	
2	颜色（&C）	mnucolor	
1	帮助（&H）	mnuHelp	

（3）程序代码如下。

```
Option Explicit
Private Sub Form_Load()
    Text1.Visible=False
End Sub
Private Sub mnucolor_Click()
    CommonDialog1.ShowColor
    Text1.ForeColor=CommonDialog1.Color
End Sub
Private Sub mnuexit_Click()
    End
End Sub
Private Sub mnufont_Click()
    CommonDialog1.Flags=3 Or 256
    CommonDialog1.FileName="宋体"
    CommonDialog1.ShowFont
    Text1.FontName=CommonDialog1.FontName
    Text1.FontSize=CommonDialog1.FontSize
    Text1.FontBold=CommonDialog1.FontBold
    Text1.FontItalic=CommonDialog1.FontItalic
End Sub
Private Sub mnuhelp_Click()
    CommonDialog1.HelpCommand=cdlHelpContents
    CommonDialog1.HelpFile=App.Path & "\WINABC.HLP"
```

```
    CommonDialog1.ShowHelp
End Sub
Private Sub mnunew_Click()
    Text1.Visible=True
End Sub
Private Sub mnuopen_Click()
    Text1.Visible=True
    CommonDialog1.ShowOpen
    Text1.Text=CommonDialog1.FileName
End Sub
Private Sub mnuprint_Click()
    Dim i As Integer
    CommonDialog1.ShowPrinter
    For i=1 To CommonDialog1.Copies
        Printer.Print Text1.Text
    Next i
    Printer.EndDoc
End Sub
Private Sub mnusave_Click()
    CommonDialog1.ShowSave
    MsgBox "你输入的文件名是" & CommonDialog1.FileName & "(文件具体操作
    看第 9 章)"
End Sub
```

（4）运行程序，文本框的 Visible 属性为 False。当打开"文件"菜单中的"新建"时，文本框的 Visible 属性为 True；当打开"文件"菜单中的"打开"时，文本框的 Visible 属性为 True，弹出"打开"对话框，选择一个文件，则文本框显示选中文件的文件全名；当打开"文件"菜单中的"保存"时，弹出"另存为"对话框，输入要保存的文件名，弹出信息提示；当打开"文件"菜单中的"打印"时，弹出"打印"对话框；当打开"格式"菜单"字体"时，弹出"字体"对话框，则文本框显示所设置的字体格式；当打开"格式"菜单"颜色"时，弹出"颜色"对话框，则文本框显示所设置的颜色；当打开"帮助"菜单，弹出智能 ABC 的"帮助"对话框。

7.4　工　具　栏

工具栏以其直观、快捷的特点出现在各种应用程序中，事实上工具栏已经成为 Windows 应用程序的标准功能。一般情况下，工具栏用来配合菜单。工具栏具有菜单所缺少的图形化的外观，而且提供了比菜单更快速的访问方式。因此，利用工具栏与应用程序中最常用的菜单命令建立联系，由此可提高应用程序的用户操作速度。

在 VB 6.0 中可以通过手工方式和使用工具栏控件（Toobar）两种方法建立工具栏。

（1）手工方式：使用 PictureBox 和 Image 控件或 CommandButton 控件，按钮的效果需要手工控制。

手工制作工具栏的一般步骤如下。

① 在窗体中添加一个图片框（作为工具按钮的容器），并通过设置图片框的 Align 属性来控制工具栏（图片框）在窗体中的位置。当改变窗体的大小时，Align 属性值非 0 的图片框会自动地改变大小以适应窗体的宽度或高度。

② 选定图片框，在图片框中添加任何想在工具栏中显示的控件。通常使用的控件有命令按钮、图形方式的单选按钮和复选框按钮、下拉列表框等。

③ 设置控件的属性。通常在工具按钮上通过不同的图像来表示相应的功能，还可以设置按钮的 ToolTipText 属性为工具按钮添加工具提示。

④ 编写代码。由于工具按钮通常用于提供对其他（菜单）命令的快捷访问，所以一般都是在其 Click 事件代码中调用对应的菜单命令。

（2）ActiveX 控件：为便于创建工具栏，VB 的专业版与企业版专门提供了用于制作工具栏的 ToolBar 和 ImageList 控件，自动实现各种按钮显示效果。

使用 ToolBar 控件创建工具栏的步骤如下。

① 引入控件集，在主菜单中选择"工程"，在"工程"下拉菜单中选择"部件"，即可打开"部件"对话框。

② 选中 Microsoft Windows Common Controls 6.0，用鼠标单击"确定"按钮，即可在工具箱中增加一组控件。其中，包括用来创建工具栏的控件 Toolbar 控件与 ImageList 控件。

③ 用鼠标双击 Toolbar 控件，它将自动加入窗体并出现在窗体的顶部（也可单击控件后在窗体中画出控件）。右击窗体上的 Toolbar 控件，在弹出的快捷菜单中选择"属性"，打开"属性页"对话框，选择"通用"选项卡，如图 7.20 所示。

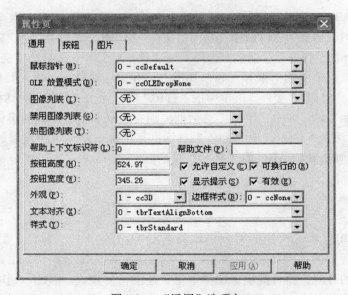

图 7.20　"通用"选项卡

"通用"选项卡中的"图像列表"属性将被用来与 ImageList 控件建立关联。若没将 ImageList 控件添加到窗体，此列表默认为空。

选择"按钮"选项卡，如图 7.21 所示。

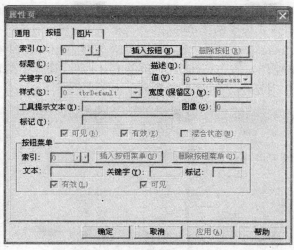

图 7.21 "按钮"选项卡

说明：

（1）插入与删除按钮：在 Button（按钮）集合中添加或删除元素。通过 Button 集合可以访问工具栏中的各个按钮。

（2）索引与关键字：工具栏中的按钮通过 Button 集合进行访问，集合中的每个按钮都有唯一的标识，索引（Index 属性）和关键字（Key 属性）都是标识。索引为整型，关键字为字符串型，访问按钮时可以引用二者之一。

（3）标题与描述：标题（Caption 属性）是显示在按钮上的文字。描述是按钮的说明信息。

（4）值（Value 属性）决定按钮的状态，0－tbrUnpressed 为弹起状态，1－tbrPressed 为按下状态。

（5）样式（Style 属性）决定按钮的行为特点，并且将影响按钮的功能。其值为 0－tbrDefault，表示默认按钮，并且按钮是一个规则的下压按钮。其值为 1－tbrCheck，表示复选按钮，具有按下、放开两种状态；当按钮代表的功能是某种开关类型时，可使用复选样式。其值为 2－tbrButtonGroup，表示单选按钮组；当一组按钮功能相互排斥时，可以使用单选钮组样式（注意：同一时刻只能按下一个按钮，但所有按钮可能同时处于抬起状态）。其值为 3－tbrSeparator，表示分隔符。此时按钮的功能是作为有八个像素的固定宽度的分隔符。分隔符样式的按钮可以将不同组或不同类的按钮分隔开，如将单选按钮分组。其值为 4－tbrPlaceholder，表示占位符。按钮在外观和功能上像分隔符，但具有可设置的宽度。占位符样式按钮的功能如同"哑"按钮。该按钮的作用是在 Toolbar 控件中占据一定位置，以便显示其他控件（如 ComboBox 控件或 ListBox 控件）。其值为 5－tbrDropdown 表示下拉式按钮。可以建立下拉菜单。

① 宽度（Width 属性）：当 Style 属性为 4 时，可设置按钮的宽度。

② 图像（Image 属性）：按钮上显示的图片在 ImageList 控件中的编号。

③ 工具提示文本（ToolTipText 属性）：程序运行时，当鼠标指向按钮时显示的说明文字。

ToolBar 控件常用的事件有两个，即 ButtonClick 和 ButtonMenuClick。前者对按钮样式为 0～2，后者对样式为 5 的菜单按钮。

④ 用鼠标双击 ImageList 控件，它将自动加入窗体并出现在窗体的顶部（也可单击控件后在窗体中画出控件）。右击窗体上的 ImageList 控件，在弹出的快捷菜单中选择"属性"，打开"属性页"对话框，如图 7.22 所示。

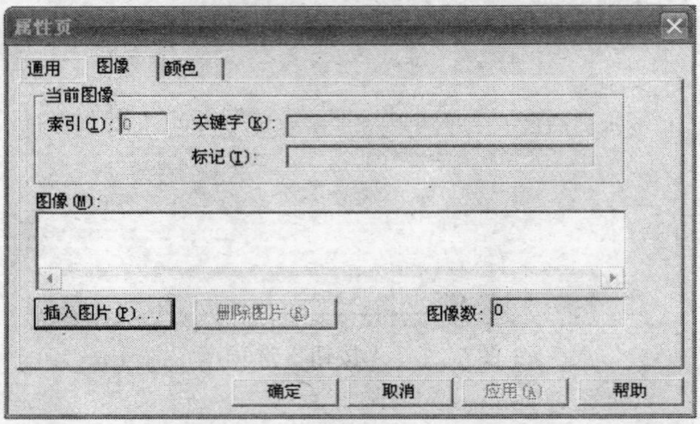

图 7.22　ImageList 控件"图像"选项卡

工具栏按钮本身没有 Picture 属性，不能像其他控件那样用 Picture 属性直接添加按钮上显示的图片。为此，VB 6.0 专门提供了图像列表控件 ImageList，在它的帮助下可以实现工具栏按钮图片的载入。

单击"图像"选项卡中的"插入图片"按钮，在弹出的"选定图片"对话框中找到所需要的图片，单击"打开"按钮即可将图片添加到 ImageList 控件中。重复上述操作得到所有需要的图片。在 ToolBar 中可引用图像文件的扩展名为.ico、.bmp、.gif 和.jpg 等。

建立 Toolbar 控件与 ImageList 控件的关联：打开 Toolbar 控件的属性页对话框，在"通用"选项卡的"图像列表"选项中选择 ImageList 控件名，即可建立两者间的关联。

在程序运行时，也可建立两者间的关联。其代码如下：

```
Set ToolBar1.ImageList=ImageList1
```

为工具栏按钮载入图片。一旦 Toolbar 与 ImageList 控件建立了关联，Toolbar 属性页对话框的"按钮"选项卡中的"图像"选项变为有效。只需在其中输入 ImageList 图像库中图像的索引号即可将对应的图片添加到按钮上。

例 7.13　在例 7.12 基础上，添加一个工具栏，通过工具栏实现和菜单一样效果。
程序代码添加：

```
Private Sub Toolbar1_ButtonClick(ByVal Button As MSComctlLib.Button)
  Select Case Button.Index
  Case 1
    mnunew_Click
  Case 2
    mnuopen_Click
  Case 3
    mnusave_Click
```

```
    Case 4
      mnufont_Click
    Case 5
      mnucolor_Click
    Case 6
      mnuhelp_Click
    Case 7
      mnuprint_Click
    End Select
  End Sub
```

程序运行结果如图 7.23 所示。

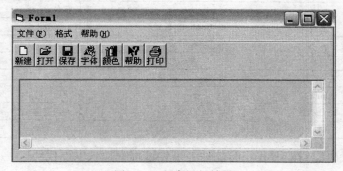

图 7.23   程序运行结果

7.5 综合应用

例 7.14   编一个计算月支付贷款的程序。现要求根据房产开发商提供的信息，买房者选择房型、面积、单价、按揭期等信息，计算每月支付贷款的程序。其中，窗体 1：列表框选择数据、标签显示数据、文本框输入数据；窗体 2：图形框显示房屋的平面图，并计算月支付贷款。

设计步骤如下。

（1）启动 VB 6.0，创建两个窗体。在一个窗体中添加 12 个标签、两个文本框、两个列表框和一个命令按钮。在另一个窗体中添加 PictureBox 控件。

（2）将窗体控件属性分别设置如表 7.13 所示。

表 7.13   控件属性的设置

对象类型	对象名	属 性	属性值
窗体	Form1	Caption	买房贷款
窗体	Form2	Caption	Form1.List1.List
图片框	Form2.picture	AutoSize	True
命令按钮	Command1	Caption	显示房型平面图
标签	Label1	Caption	房型
标签	Label2	Caption	面积

续表

对象类型	对象名	属 性	属性值
标签	Label3	Caption	单价 元/m2
标签	Label4	Caption	总价
标签	Label5	Caption	首付/万元
标签	Label6	Caption	按揭/年
标签	Label7	Caption	年利率%
标签	Label8	Caption	月付元
标签	Label9	Caption	空白
		BorderStyle	1—fixed single
标签	Label10	Caption	空白
		BorderStyle	1—fixed single
标签	Label11	Caption	空白
		BorderStyle	1—fixed single
标签	Label12	（名称）	标签显示月付
		BorderStyle	1—fixed single
文本	Text1	Text	空白
组合框	Combo1	Text	空白
列表框	Listbox1	（名称）	列表房型
列表框	Listbox2	（名称）	列表单价

（3）打开代码编辑器，在相应控件的事件过程中输入以下代码。

```
Option Explicit
Option Base 1
Dim area(5) As Double
Private Sub Combo1_Click()
  ' 根据贷款额，按揭年数，年利率，调用 Pmt 函数，计算每月支付额
  Dim rate1 As Single, rate As Single, nper As Integer, pv As Single,_
  pmt As Single
  Select Case Val(Combo1.Text)
    Case 1 To 3
      rate1=6.65
    Case 4 To 5
      rate1=6.9
    Case 6 To 30
      rate1=7.05
  End Select
  rate=rate1/12/100
  nper =(Combo1.Text)*12
  pv=Val(Label11.Caption)-Val(Text1.Text)*10000
  Label12.Caption=rate1 & "%"
  '等额本息计算公式：〔贷款本金×月利率×（1＋月利率）^ 还款月数〕÷〔（1＋月利率）^ 还款月数－1）
  pmt =(pv*rate*(1+rate) ^ nper) /((1+rate) ^ nper-1)
```

```vb
        Label9.Caption=Format(pmt, "0.00")
      End Sub
      Private Sub Command1_Click()
        Select Case Form1.List1.ListIndex        '根据房型，在另一窗体显示平面图
          Case 0
            Form2.Picture1=LoadPicture(App.Path+"\211.48.jpg")
          Case 1
            Form2.Picture1=LoadPicture(App.Path+"\154.33.jpg")
          Case 2
            Form2.Picture1=LoadPicture(App.Path+"\131.70.jpg")
          Case 3
            Form2.Picture1=LoadPicture(App.Path+"\121.89.jpg")
          Case 4
            Form2.Picture1=LoadPicture(App.Path+"\111.53.jpg")
        End Select
        Form2.Caption=Form1.List1.List(Form1.List1.ListIndex)
        Form2.Show
      End Sub
      Private Sub Form_Load()
        Dim i As Integer
        List1.AddItem "四室二厅"     '假设五种户型
        List1.AddItem "四室一厅"
        List1.AddItem "三室一厅"
        List1.AddItem "二室二厅"
        List1.AddItem "二室一厅"
        area(1)=211.48   '根据五种房型，假设每种房型 area
        area(2)=154.33
        area(3)=131.7
        area(4)=121.89
        area(5)=111.53
        List2.AddItem "2500"          '假设每平方米加入单价列表框
        List2.AddItem "3500"
        List2.AddItem "4500"
        List2.AddItem "5500"
        For i=1 To 30
          Combo1.AddItem i
        Next i
      End Sub
      Private Sub list2_Click()
        Label11.Caption=Val(area(List1.ListIndex+1))*Val(List2.List(List2.
ListIndex))
      End Sub
      Private Sub list1_Click()
```

```
Label10.Caption=area(List1.ListIndex+1)  '根据选择的房型，显示该房型
                                                的 area
End Sub
```

（4）运行程序，输入相应数据，程序自动计算贷款的月付数目，如图 7.24 所示。单击"显示房型平面图"按钮，显示对应房型图，如图 7.25 所示。

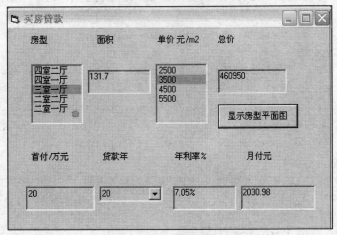

图 7.24　贷款计算

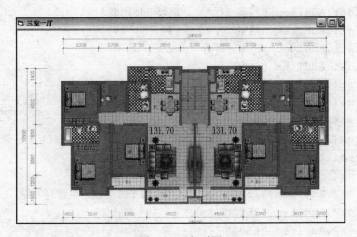

图 7.25　房型图

例 7.15　编写一个化学试题管理系统的程序。

要求通过菜单和工具栏两种方式添加学生基本信息、试题信息、装载试题及交卷的功能。通过信息提示框显示所做答案是否正确。

设计步骤如下。

（1）启动 VB 6.0，创建一个窗体。在窗体中添加菜单栏、10 个标签、两个文本框、一个列表框、一个组合框、八个单选按钮、四个框架、一个图片框、两个命令按钮、一个定时器和一个工具栏。

（2）窗体菜单属性设置如表 7.14 所示；窗体控件属性设置如表 7.15 所示。

表 7.14 菜单属性的设置

菜单项的级数	菜单项标题	菜单项名称	Shortcut 属性
1	试题管理	shitiguanli	
2	交卷	jiaojuan	Ctrl+J
2	试题装载	shitizhuangzai	Ctrl+L
2	退出	tuichu	
1	信息管理	xinxiguanli	
2	学生信息	xueshengxinxi	
2	试题信息	shitixinxi	
1	系统帮助	xitongbangzhu	

表 7.15 控件属性的设置

对象类型	对象名	属 性	属性值
窗体	Form1	Caption	化学试题管理系统
标签	Label1	Caption	第二章 滴定分析概论测试
		FontName	隶书
		FontSize	24
文本框	Text1	Text	空白
		MultiLine	True
文本框	Text2	Text	空白
		MultiLine	True
框架	Frame1	Caption	学生信息
框架	Frame2	Caption	试题信息
框架	Frame3	Caption	请选择答案：
框架	Frame4	Caption	请选择答案：
图片框	Image1	Picture	空白
单选按钮	Option1	Caption	A
单选按钮	Option2	Caption	B
单选按钮	Option3	Caption	C
单选按钮	Option4	Caption	D
单选按钮	Option5	Caption	D
单选按钮	Option6	Caption	C
单选按钮	Option7	Caption	B
单选按钮	Option8	Caption	A
列表框	List1	List	空白
组合框	Combo1	Text	空白
命令按钮	Command1	Caption	交卷
命令按钮	Command2	Caption	退出

对象类型	对象名	属　性	属性值
定时器	Timer1	Interval	1000
标签	Label4	Caption	学号：
标签	Label5	Caption	姓名：
标签	Label6	Caption	班级：
标签	Label7	Caption	院系：
标签	Label9	Caption	理论学科：
标签	Label10	Caption	测试时间：
标签	Label3	Caption	空白
标签	Label8	Caption	题型：
标签	Label2	Caption	学期：

（3）打开代码编辑器，在相应控件的事件过程中输入以下代码。

```
Option Explicit
Dim h As Integer, m As Integer, s As Integer
Private Sub Command1_Click()
    If Option4.Value=True And Option7.Value=True Then
        MsgBox "恭喜你全答对了，正确答案是 B 和 D"
    ElseIf Option4.Value=True Or Option7.Value=True Then
        MsgBox "你答对了一道题，正确答案是 B 和 D"
    Else
        MsgBox "太遗憾，你一道题都没答对，正确答案是 B 和 D"
    End If
End Sub
Private Sub Command2_Click()
    End
End Sub
Private Sub Form_Load()
    Combo1.AddItem "选择题"
    Combo1.AddItem "多选题"
    Combo1.AddItem "判断题"
    Combo1.AddItem "填空题"
    List1.AddItem "第一学期"
    List1.AddItem "第二学期"
    List1.AddItem "第三学期"
    List1.AddItem "第四学期"
    List1.AddItem "第五学期"
    List1.AddItem "第六学期"
    Timer1.Enabled=False
End Sub
Private Sub jiaojuan_Click()
    Command1_Click
```

```
      End Sub
      Private Sub shitixinxi_Click()
         m=0
         h=0
         s=0
         Label9.Caption=Label9.Caption & "滴定分析概论"
         Timer1.Enabled=True
         Label3.Caption=Format(h, "00") & ":" & Format(m, "00") & ":" &
Format(s, "00")
         Combo1.Text=Combo1.List(0)
         List1.Text=List1.List(0)
      End Sub
      Private Sub sitizhuangzai_Click()
         Text1.Text="用甲醛法测定铵盐中含氮量，满足式( )" & vbCrLf & "A. n(N)＝
4n(NaOH)   B. n(N)＝3n(NaOH)" & vbCrLf & "C. n(N)＝1/3n(NaOH)   D. n(N)＝n(NaOH)"
         Text2.Text="将置于普通干燥器中保存的   作为基准物质用于标定盐酸的浓度，则盐
酸的浓度将( )" & vbCrLf & "A.偏高 B.偏低" & vbCrLf & "C.无影响 D.不能确定"
      End Sub
      Private Sub Timer1_Timer()
         s=s+1
         If s > 59 Then
            m=m+1
            s=0
            If m > 59 Then
               h=h+1
               m=0
            End If
         End If
         Label3.Caption=Format(h, "00") & ":" & Format(m, "00") & ":" &
Format(s, "00")
      End Sub
      Private Sub Toolbar1_ButtonClick(ByVal Button As MSComctlLib.Button)
         Select Case Button.Index
         Case 1
            xueshengxinxi_Click
         Case 2
            shitixinxi_Click
         Case 3
            sitizhuangzai_Click
         Case 4
            jiaojuan_Click
         End Select
      End Sub
```

```
Private Sub tuichu_Click()
    Command4_Click
End Sub
Private Sub xueshengxinxi_Click()
    Image1.Picture=LoadPicture(App.Path & "\songzuying.jpg")
    Label4.Caption=Label4.Caption & "11111001"
    Label15.Caption=Label5.Caption & "宋祖英"
    Label16.Caption=Label6.Caption & "1001"
    Label17.Caption=Label7.Caption & "计算机"
End Sub
```

（4）运行程序，单击工具栏中"学生信息"，则框架 1 中的信息填写完整；单击工具栏中"试题信息"，则框架 2 中的信息填写完整，并开始计时；单击工具栏中"试题装载"，则文本框中装入试题；单击工具栏中"交卷"，则弹出提示框，判断试题是否做得正确。运行界面如图 7.26 所示。

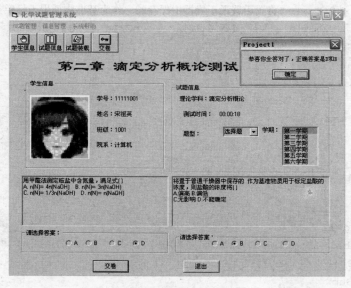

图 7.26　运行界面

小　　结

本章主要介绍 VB 6.0 常用控件、菜单、通用对话框和工具栏的使用，掌握单选按钮、复选框、框架、列表框、组合框、滚动条、图片框、图像框和定时器的属性、事件和方法。掌握使用"菜单编辑器"设计下拉式菜单和弹出式菜单及菜单项编写事件的过程。了解通用对话框 CommonDialog 控件的打开、保存、字体和颜色设置、打印、帮助的常规操作。了解工具栏 Microsoft Windows Common 6.0 控件的使用和工具栏按钮的事件过程，并利用 Case 语句及 Button.Key 判定用户选择的鼠标按键及响应的事件。

第 8 章　Visual Basic 的图形技术

本章要点

- 图形控件
- 坐标系统与颜色
- 图形绘制方法

本章学习目标

- 掌握 Line 控件和 Shape 控件的简单应用
- 掌握自定义坐标系统的方法及颜色的取值方法
- 掌握点、直线、圆、椭圆和圆弧的绘制方法
- 理解 PaintPicture 方法在处理图形方面的简单应用

8.1　图形技术概述

VB 的显著特色之一是能采用图形化的方法为用户定制应用程序界面。在 VB 中绘图，可使用系统默认的标准坐标系，也可根据需要自定义坐标系。Line 控件和 Shape 控件是 VB 画图形的基本工具，但它们只能用于表面装饰，不支持任何事件。在实际应用中，可能需要用计算机进行自由绘图，也可能对图像进行一些变换处理（放大、缩小或裁剪等），VB 提供的典型绘图方法有助于完成不同的工作任务。

8.2　图　形　控　件

VB 比较典型的图形控件有 Line 控件和 Shape 控件，基于这两个控件可以绘制简单甚至复杂一些的几何图形。

8.2.1　Line 控件

Line 控件是 VB 6.0 的标准控件，可以在某些容器控件（如 Form、Frame、Picture 等）上画出水平、垂直或斜线图形。Line 控件主要属性说明如下：

（1）X1：线段起点的横坐标。

（2）Y1：线段起点的纵坐标。

（3）X2：线段终点的横坐标。

（4）Y2：线段重点的纵坐标。

（5）BorderColor：线段的颜色，有调色板和系统两种设置模式。

（6）DrawMode：16 种不同的画线样式。

（7）BorderStyle：七种不同的线形。

（8）BoderWidth：以像素为单位设定线的粗细。

图 8.1 显示了在某些容器控件中采用 Line 控件所画的线段。

例 8.1　用 Line 控件在窗体的中间做出水平分隔线。

设计步骤：在窗体上加入两个 Line 控件，双击窗体，在窗体的 Load 事件中输入以下代码。

```
Private Sub Form_Load()
    Line1.BorderColor=vbBlack
    Line1.X1=0
    Line1.X2=Form1.ScaleWidth
    Line1.Y1=Form1.ScaleHeight/2
    Line1.Y2=Form1.ScaleHeight/2
    Line2.BorderColor=vbWhite
    Line2.BorderWidth=2
    Line2.X1=Line1.X1
    Line2.X2=Line1.X2
    Line2.Y1=Line1.Y1+20
    Line2.Y2=Line1.Y1+20
    Line1.ZOrder 0
End Sub
```

最后一行代码 Line1.ZOrder 0 的作用是将直线 Line1 放在最上层，以体现分隔线的嵌入效果。运行结果如图 8.2 所示。

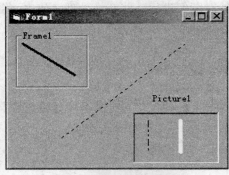

图 8.1　Line 控件生成线段

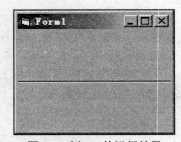

图 8.2　例 8.1 的运行效果

8.2.2　Shape 控件

Shape 控件是 VB 6.0 的标准控件，可以画出水平、垂直或斜线填充图形。Shape 控件的常用属性说明如下。

（1）Shape：可以指定六种图形，分别是矩形（Rectangle）、方形（Square）、椭圆形

（Oval）、圆形（Circle）、圆角矩形（Rounded Rectangle）和圆角方形（Rounded Square）。

（2）FillStyle：VB 6.0 提供的八种在控件内部的填充模式。

（3）FillColor：用于设置填充线的颜色，有调色板和系统两种设置模式。

（4）BorderStyle：用于设置控件边框线的样式。

图 8.3 显示了采用 Shape 控件可生成的图形。

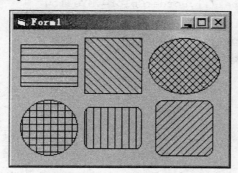

图 8.3　Shape 控件生成的图形

例 8.2　用 Shape 控件数组产生如图 8.4 所示的奥林匹克五环图，上面三个圆环的颜色从左向右依次为蓝色、黑色、红色，下面两个圆环的颜色从左向右依次为黄色、绿色。

设计步骤：在窗体上放置一个 Shape 控件，调整到合适大小，并设置 Shape 属性值为圆形（3－Circle），然后在当前窗体上创建具有五个元素的 Shape 控件数组（默认名 Shape1）。

按从左向右、从上到下的顺序分别放置数组索引值为 0、1、2、3、4 的圆环，然后按所给顺序设定五个圆环的边界颜色属性 BorderColor 的值。同时，注意设置圆的边界属性 BorderWidth 的值，如图 8.5 所示。

图 8.4　例 8.2 的运行效果

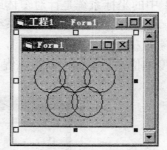

图 8.5　例 8.2 的设计界面

在窗体的 Load 事件中输入以下代码。

```
Private Sub Form_Load()
  Dim i As Integer
  For i=0 To 4
    Shape1(i).BorderWidth=5
    Select Case i
      Case 0
        Shape1(i).BorderColor=vbBlue
```

```
        Case 1
            Shape1(i).BorderColor=vbBlack
        Case 2
            Shape1(i).BorderColor=vbRed
        Case 3
            Shape1(i).BorderColor=vbYellow
        Case 4
            Shape1(i).BorderColor=vbGreen
    End Select
  Next
End Sub
```

8.3　坐标系统与颜色

每个对象都定位于存放它的容器内，每个容器都有一个坐标系，它包括坐标原点、X 坐标轴和 Y 坐标轴，默认的坐标原点（0，0）位于容器对象的左上角。

坐标系统描述的是一个像素在屏幕上的位置或者在打印纸上点的位置。坐标值从 0 开始，对于二维坐标系，点（0，0）被称为原点。VB 中坐标的原点为窗体或控件的左上角，X 坐标从左向右递增，Y 坐标从上到下递增。每个坐标都是一个数字，其含义可根据具体需求指定。坐标系也可由用户需要自定义。

在 VB 中绘图常常需要指定所用的颜色，VB 提供四种方法以供用户选择。

8.3.1　坐标系统

VB 中的坐标系统是针对窗体或窗体上的控件而设计的，因此称为对象坐标系统。VB 坐标系统分为标准规格坐标系统和自定义规格坐标系统。标准规格坐标系统的特点是：对象的左上角坐标为（0，0），坐标值沿水平方向向右增加，沿垂直方向向下增加，并且量度单位是规范的，默认以缇（Twip）为测量单位，如图 8.6 所示。

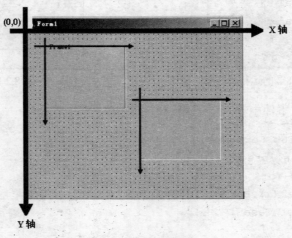

图 8.6　VB 坐标系

　　在 VB 中，坐标系统的每个轴都有自己的度量单位。如果确定了坐标系和度量单位，则与此相关的对象移动、对象大小调整及图形绘制语句都将以该度量单位为准。需要注意是，在设定度量单位时，一定要明确针对的容器对象（如窗体、框架或图片框）。

　　在实际应用中，允许用户使用 ScaleMode 属性对坐标的量度单位进行重新设置，其语法格式如下：

```
对象名.ScaleMode=属性值
```

ScaleMode 的取值有八种选择，如表 8.1 所示。

表 8.1　ScaleMode 属性取值

属 性 值	含　　义
0—User	可设置 ScaleTop、ScaleLeft、ScaleWidth、ScaleHeight 属性的值
1—Twip	系统默认设置，单位是 Twip（缇），1 英寸≈1440 缇
2—Point	磅，1 英寸≈72 磅
3—Pixel	像素，1 像素≈15 缇
4—Character	字符
5—Inch	英寸
6—Milimeter	毫米
7—Centimeter	厘米，1 厘米≈567 缇

　　自定义规格坐标系统的特点是：VB 允许用户定义自己的坐标系统，包括原点位置，轴线方向和轴线刻度。其语法格式如下：

```
对象名.ScaleLeft=x
对象名.ScaleTop=y
对象名.ScaleWidth=<宽度>
对象名.ScaleHeight=<高度>
```

　　例如，以下代码将原点定义在窗体的中心位置。

```
Form1.ScaleMode=vbUser
Form1.ScaleLeft=-1000    '设置对象左边距值
Form1.ScaleTop=-750      '设置对象上边距值
Form1.ScaleWidth=2000    '设置对象宽度
Form1.ScaleHeight=1500   '设置对象高度
```

　　执行上述代码之后，在该对象内的绘图都将基于这个左上角的新坐标值进行。

　　另一种更简洁的改变坐标系统的途径是使用 Scale 方法，对运行时的图形语句以及控件位置的坐标系统都有影响。Scale 方法用于定义 Form、PictureBox 或 Printer 的坐标系统，其语法格式如下：

```
Object.Scale(x1, y1) -(x2, y2)
```

Scale 方法的参数含义说明如下。

　　（1）Object：可选的，代表一个对象，如果省略 Object，则带有焦点的 Form 对象默认为 Object。

（2）x1，y1：可选的。均为单精度值，指示定义 Object 左上角的水平（X-轴）和垂直（Y-轴）坐标，即代表坐标系的左上角坐标。这些值必须用括号括起。如果省略，则第二组坐标也必须省略。

（3）x2，y2：可选的。均为单精度值，指示定义 Object 右下角的水平（X-轴）和垂直（Y-轴）坐标，即代表坐标系的右下角坐标。这些值必须用括号括起。如果省略，则第一组坐标也必须省略。

使用 Scale 方法定义坐标时，注意（x1，y1）和（x2，y2）的符号及取值大小。例如，以 PictureBox 控件（控件名 Picture1）的中心点为圆心画一个半径为 500 缇的圆，如果用 Scale 方法需采用如下语句定义坐标系。

```
Picture1.Scale(-1000, 1000)-(1000, -1000)
```

在本章中，若无特殊说明，均是基于 VB 标准规格坐标系统进行绘图。

8.3.2　颜色

在 VB 中，每种颜色都是由一个 Long 型数值来表示，在指定颜色的所有上下文中，该值取相同的意义。如果需要在运行中指定颜色值，可通过下列四种方法实现。

1．RGB 函数

使用该函数可以组合得到任何一种需要的颜色，可将该函数的返回值赋给对象的颜色属性或颜色参数。RGB 函数的使用方法是 RGB（Red，Green，Blue），其中，Red、Green 和 Blue 三个参数是必不可少的，它们的含义分别表示了在一种颜色中红、绿和蓝三种颜色的强度，其值在 0～255 之间变化。

2．QBColor 函数

使用该函数可以返回一个 Integer 值，该值表示对应于指定的颜色编号的 RGB 颜色代码。使用方法是 QBColor(Color)，其中，Color 必选，可选值为 0～15 中的整数，Color 参数设置如表 8.2 所示。

表 8.2　Color 参数设置

数　字	颜　色	数　字	颜　色
0	黑色	8	灰色
1	蓝色	9	浅蓝色
2	绿色	10	淡绿色
3	青色	11	淡青色
4	红色	12	浅红色
5	洋红色	13	浅洋红色
6	黄色	14	淡黄色
7	白色	15	亮白色

3．颜色常量

使用 RGB 或 QBColor 函数虽然可以得到所需的颜色，但是记忆表示颜色的数值比较困难。所以，VB 6.0 为用户提供了许多表示颜色的字符串常量，它们均以 vb 开头，后接表示颜色的英文单词或单词组合，如表 8.3 所示。

表 8.3　VB 6.0 的颜色常量（部分）

常　量	含　义	常　量	含　义
vbBlack	黑色	vbBlue	蓝色
vbRed	红色	vbMagenta	洋红色
vbGreen	绿色	vbCyan	青色
vbYellow	黄色	vbWhite	白色

4. 颜色值

在 VB 中，通常采用十六进制数据表达颜色值，其格式如下：

```
&HBBGGRR&
```

其中，BB、GG、RR 分别代表两位十六进制数，表示蓝、绿、红的亮度，它们的取值范围均为 00～FF。例如，&H0000FF&表示红色，&H00FF00&表示绿色。

8.4　图形绘制方法

在 VB 中，除了使用图形控件装载图形、生成图形之外，还提供了一些创建图形的方法。每一种创建图形方法都是将绘制图形输出到窗体、图片框内或 Printer 对象中，通常要在绘图方法前加上窗体或图片框对象的名字，如果省略了该对象的名字，则图形将被画在当前窗体上。创建图形方法需要编写代码实现。在 VB 6.0 环境下，可以进行绘图的对象有窗体和图片框。在窗体或图片框中进行图形处理时，通常使用如表 8.4 所示的绘图方法。

表 8.4　VB 6.0 的绘图方法

方法名称	功　能
PSet	在窗体或图片框中画点
Point	获取窗体或图片框中指定像素点的颜色值
Line	在窗体或图片框中画线段
Circle	在窗体或图片框中画圆、圆弧、椭圆等
Cls	清除窗体或图片框中的图形或文本
PaintPicture	在窗体或图片框中显示图像，或对图像进行缩放、平铺及其他效果处理

8.4.1　画点

在窗体、图片框中画单个点，最常用的是 PSet 方法。其语法格式如下：

```
Object.PSet [Step] (x, y), [color]
```

PSet 将在指定位置（x, y）处用指定颜色 color 画点。例如，PSet(100, 100), vbRed 表示在当前窗体坐标为（100, 100）处画一个红色的圆点。为了使画出的圆点比较明显，可在该条语句之前加上 DrawWidth=5。

　　例 8.3　天女散花：单击窗体，在窗体上随机出现 1000 个圆点，点的大小在 1～4
缇之间变化，点的颜色也随机变化。

　　设计步骤：用 PSet 方法和函数 Rnd 可完成圆点的生成，同时设置 DrawWidth 的值。
在窗体的单击事件中输入以下代码。

```
Private Sub Form_Click()
    For i=1 To 1000
        PSet(Rnd*Me.Width,Rnd*Me.Height),RGB(Rnd*255,Rnd*255,Rnd*255)
        Me.DrawWidth=Rnd*4+1
    Next
End Sub
```

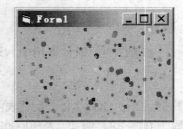

图 8.7　例 8.3 的运行结果

　　运行程序，结果如图 8.7 所示。

8.4.2　画直线

　　Line 方法用于实现画线。在窗体或图片框中绘制直
线，一般需为该方法提供起点和终点，当起点省略时，
默认从当前位置开始画线。Line 方法的语法格式如下：

```
Object.Line [Step] (x1, y1) [Step] (x2, y2), [color], [B][F]
```

　　说明：（x1, y1）和（x2, y2）分别为直线的起点坐标和终点坐标，数据类型均为单
精度浮点型 Single。参数 B 是可选的，如果方法中包括 B，则以（x1,y1）和（x2,y2）
为对角线坐标画一个矩形。Color 代表线或边框的颜色。F 是可选参数，代表该矩形以
矩形边框的颜色填充，且必须与 B 一起使用。在实际应用中，绘制线和矩形框等图形时，
通常需要设置窗体或图片框的与绘图有关的属性。这些属性将影响到图形的绘制效果，
主要有以下几种。

　　（1）DrawMode：绘制的对象与容器中已有对象的相互作用。

　　（2）DrawStyle：绘图时所用的线型。

　　（3）DrawWidth：绘图时线的宽度。

　　（4）FillColor：绘图时图形内部的填充颜色。

　　（5）FillStyle：绘图时图形内部的填充方式。

　　（6）FillColor：设置填充颜色。

　　上述属性的值可以根据需要在设计时设置，也可以用代码实现。

　　例 8.4　用 Pset 方法和 Line 方法在 PictureBox 控件中绘制 $y=x^3$ 的函数曲线，x、y
均为单精度型数据，x 取值 -7～7。

　　设计步骤：首先按照按数学中的平面直角坐标系定义 PictureBox 控件的坐标系统，
然后用 Line 方法分别绘出 X-轴和 Y-轴，最后根据曲线方程用 Pset 方法画出曲线（曲线
可看成是由若干点组成）。应该注意的是，X 轴坐标的取值要密集一些，使绘出的曲线
比较平滑。

　　在"画曲线"按钮的单击事件中输入以下代码。

```
Private Sub Command1_Click()
    Dim x  As Single, y As Single
    Picture1.Scale(-10, 25)-(10, -25) '定义坐标系
    Picture1.Line(-10, 0)-(10, 0), RGB(0, 0, 255)    '画横坐标轴
    Picture1.Line(0, 25)-(0, -25), RGB(0, 0, 255)    '画纵坐标轴
    '描点画函数图像
    For x=-7 To 7 Step 0.0001
        y=x*x*x
        Picture1.PSet(x, y), RGB(255, 0, 0)
    Next x
End Sub
```

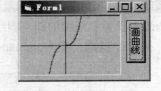

图 8.8　例 8.4 的运行效果

值得注意的是，必须重新定义系统坐标系，这里采用 Scale 方法实现。 运行效果如图 8.8 所示。

8.4.3　画圆、椭圆和圆弧

使用 Circle 方法画圆，同时该方法还可以完成弧和椭圆的绘制，其语法格式如下：

```
Object.Circle [step](x, y), radius, [Color], [Start], [End], [Aspect]
```

用 Circle 方法画圆一般只需给出圆心坐标（x, y），半径 radius 以及圆弧颜色等。例如，

```
Circle(ScaleWidth/2, ScaleHeight/2), 1000, vbGreen
```

这行代码是以当前窗体的中心点为圆心，画一个半径为 1000 的绿色圆。Circle 方法中的 Start 和 End 参数用来在容器中画一段圆弧，这两个参数表示的是从水平方向算起的弧度。如果这两个参数为负值，则将绘制一个饼图。如果这两个参数均为正值，则将绘制一条简单的圆弧。如果这两个参数一正一负，则负值所表示的弧度端点与圆点之间有半径相连。在当前窗体的 Click 事件中分别输入以下代码。

```
Circle(ScaleWidth/2,ScaleHeight/2),1000,vbGreen,-3.1415/2,-3.1415
Circle(ScaleWidth/2,ScaleHeight/2),1000,vbGreen,3.1415/2,3.1415
Circle(ScaleWidth/2,ScaleHeight/2),1000,vbGreen,-3.1415/2,3.1415
```

运行程序，单击窗体，可看到如图 8.9 所示的绘图效果。

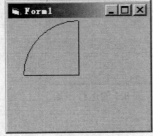

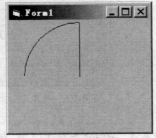

（a）画饼图（扇形）　　　　　　　　（b）画圆弧　　　　　　　　　（c）画任意圆弧

图 8.9　Circle 方法画不同的圆弧

如果利用 Circle 方法绘制椭圆，则必须利用形状参数 Aspect，该参数表示椭圆的垂

直半径与水平半径之比。例如，

```
Circle(ScaleWidth/2, ScaleHeight/2), 1000, vbGreen, , , 0.5
```

在上述代码中，需要注意的是，vbGreen 与 Aspect 的值 0.5 之间的弧度值可以省略，但弧度值之间的分隔符逗号不能省略。

例 8.5　在窗体上放置一个图片框 Picture1，背景颜色为白色。自定义图片框的坐标系统：将 Picture1 的坐标系统原点（0，0）设置在图形区域的中心点，并以坐标原点为圆心画半径为 500 缇的圆，圆线为蓝色，线宽为 3，圆心为红色。设计界面如图 8.10 所示。

设计步骤：在 Command1 按钮的单击事件中输入以下代码。

```
Private Sub Command1_Click()
    Picture1.BackColor=vbWhite
    Picture1.Circle(0, 0), 500, vbBlue
    Picture1.DrawWidth=3
    Picture1.Pset(0, 0), vbRed
End Sub
```

本题需要使用自定义坐标系，在窗体的 Load 事件中输入以下代码。

```
Private Sub Form_Load()
    Picture1.ScaleMode=vbUser
    Picture1.ScaleLeft=-1000
    Picture1.ScaleTop=-750
    Picture1.ScaleWidth=2000
    Picture1.ScaleHeight=1500
End Sub
```

也可利用 Scale 方法实现自定义坐标系。

```
Picture1.Scale(-1000, 1000)-(1000, -1000)
```

运行效果如图 8.11 所示。

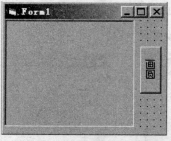

图 8.10　例 8.5 的设计界面

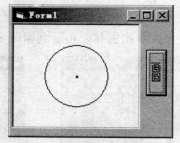

图 8.11　例 8.5 的运行效果

8.4.4　Point 方法和 Cls 方法

Point 方法可以获取给定点的颜色，其语法格式如下：

```
Object.Point(x, y)
```

其中，x，y 代表给定点的坐标，均为单精度型数据。其返回值为表示颜色的长整型数据。

Cls 方法将清除图形和打印语句在运行时所产生的文本和图形，其语法格式如下：

```
Object.Cls
```

8.4.5　PaintPicture 方法

PaintPicture 方法用于在 Form、PictureBox 或 Printer 上绘制图形文件（.bmp、.wmf、.emf、.cur、.ico 或 .dib）的内容。

```
Object.PaintPicture Pic, DestX, DestY, DestWidth, DestHeight, _
    ScrX, ScrY, ScrWidth, ScrHeight, Opcode
```

说明：

（1）Pic：图片对象，必需的。要绘制到 Object 上的图形源。Form 或 PictureBox 必须是 Picture 属性。

（2）DestX，DestY：目标图像位置，必需的。均为单精度值，指定在 Object 上绘制 Pic 的目标坐标。

（3）DestWidth，DestHeight：目标图像尺寸。DestWidth 可选的，单精度值，指示 Pic 的目标宽度。DestHeight 可选的，单精度值，指示 Pic 的目标高度。

（4）ScrX，ScrY：原图像的裁剪坐标。ScrX，ScrY 可选的，均为单精度值，指示 Pic 内剪贴区的坐标。

（5）ScrWidth，ScrHeight：原图像的裁剪尺寸。ScrWidth 可选的，单精度值，指示 Picture 内剪贴区的源宽度。ScrHeight 可选的，单精度值，指示 Pic 内剪贴区的源高度。

（6）Opcode：可选的，用来定义在将 Pic 绘制到 Object 上时对 Pic 执行的位操作（例如，vbMergeCopy、vbSrcCopy 或 vbSrcAnd 等操作）。

例 8.6　以不同效果将图片显示在窗体上。主要效果包括：图片的原样显示、放大两倍，显示部分内容（裁剪）和特殊效果（反转源位图显示）。

设计步骤：在窗体上设置四个命令按钮、一个 Image 控件，界面设计如图 8.12 所示。注意，所选图片尺寸不要太大。通过设置 Image 的 Picture 属性即可设置原始图片。

设置各控件属性如表 8.5 所示。

表 8.5　控件的属性设置

对　　象	控　　件	属　　性	属性值
命令按钮	Command1	Caption	原始尺寸
	Command2	Caption	放大两倍
	Command3	Caption	部分内容
	Command4	Caption	特殊效果
图像框	Image1	Stretch	True
		Picture	C:\tiger.jpg

图 8.12   例 8.6 的设计界面

在"原始尺寸"按钮的 Click 事件中输入以下代码。

```
Private Sub Command1_Click()
    Form1.Cls
    Form1.PaintPicture Image1.Picture, Form1.Width/2, 0
End Sub
```

在"放大两倍"按钮的 Click 事件中输入以下代码。

```
Private Sub Command2_Click()
    Form1.Cls
    Form1.PaintPicture Image1.Picture, 0, 0, _
    ScaleX(Image1.Picture.Width, _
    vbHimetric, vbTwips)*2, _
    ScaleY(Image1.Picture.Height, vbHimetric, vbTwips)*2
End Sub
```

在"部分内容"按钮的 Click 事件中输入以下代码。

```
Private Sub Command3_Click()
    Form1.Cls
    Form1.PaintPicture Image1.Picture, Form1.Width/2, _
    0, , , 1000, 1000, 1500, 1500
End Sub
```

在"特殊效果"按钮的 Click 事件中输入以下代码。

```
Private Sub Command4_Click()
    Form1.Cls
    Form1.PaintPicture Image1.Picture, Form1.Width/2, _
```

```
        Form1.Height/2, , , , , , , , vbNotSrcCopy
    End Sub
```

运行效果如图 8.13 所示。

（a）原始尺寸

（b）放大两倍

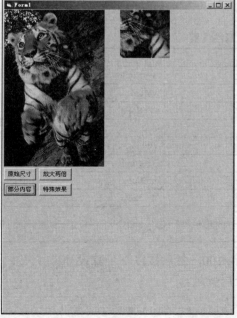

（c）部分显示

（d）特殊效果

图 8.13　例 8.6 的运行效果

8.5   综合应用实例

例 8.7   模拟地球绕太阳公转，地球运动的轨迹（一个椭圆）方程如下：

$$X=x0+rx*\cos(alfa)\quad Y=y0+ry*\sin(alfa)$$

其中，x0、y0 为椭圆圆心坐标，rx 为水平半径，ry 为垂直半径，alfa 为圆心角，X、Y 为地球在某一时刻的轨迹坐标。要求在窗体上体现太阳（红色圆）、地球（蓝色圆）以及运动轨迹，并让地球沿运动轨迹绕太阳旋转，图 8.14 为地球在某时刻绕太阳公转的示意图。

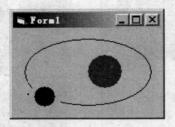

图 8.14   例 8.7 的运行效果

设计步骤：在窗体上放置两个合适大小的形状控件 Shape1、Shape2 和一个定时器控件。其中，Shape1 表示太阳，放在窗体的任意位置；Shape2 表示地球。窗体的中心即为地球运动轨迹的中心，然后分别求出地球运动轨迹的水平和垂直半径。通过不断修改 Shape2 的 Left 属性和 Top 属性的值，使地球按预定轨迹绕太阳旋转。相关控件的属性设置如表 8.6 所示。

表 8.6   控件的属性设置

控　件	属　性	属性名
Shape1	Shape	3—Circle
	FillColor	vbRed
	FillStyle	0—Solid
	Height	600
	Width	600
Shape2	Shape	3—Circle
	FillColor	vbBlue
	FillStyle	0—Solid
	Height	375
	Width	375

设置 Timer1.Enabled=True，Timer1.Interval=100，然后按以下步骤设计。

（1）在 Form1 窗体的通用部分声明三个全局变量。

```
Dim rx As Single, ry As Single, alfa As Single
```

（2）在窗体的 Load 事件中输入以下代码。

```
Private Sub Form_Load()
    Shape1.Left=Form1.ScaleWidth/2-Shape1.Width/2
    Shape1.Top=Form1.ScaleHeight/2-Shape1.Height/2
    '计算椭圆轨道的水平半径rx和垂直半径ry
    rx=Form1.ScaleWidth/2-Shape2.Width/2
    ry=Form1.ScaleHeight/2-Shape2.Height/2
    '将表示地球的Shape2的初始位置定位在水平轴的0刻度位置上
    Shape2.Left=Form1.ScaleWidth/2+rx-Shape2.Width/2
    Shape2.Top=Form1.ScaleHeight/2-Shape2.Height/2
```

（3）编写定时器的 Timer 事件，程序如下。

```
Private Sub Timer_Time()
    alfa=alfa+0.05               '绘制地球的运行轨迹
    Circle(Form1.ScaleWidth/2, Form1.ScaleHeight/2), _
    rx, , , , ry/rx
    x=Form1.ScaleWidth/2+rx*Cos(alfa)
    y=Form1.ScaleHeight/2+ry*Sin(alfa)
    Shape2.Left=x-Shape2.Width/2
    Shape2.Top=y-Shape2.Height/2
End Sub
```

小　结

　　本章主要介绍的是 VB 6.0 的图形技术。Line 控件和 Shape 控件是两个典型的图形控件，基于它们可以生成简单的几何图形。在默认情况下，VB 6.0 使用的是标准规格坐标系统，即对象的坐标原点（0,0）在左上角，坐标值 X 沿水平方向向右增加，坐标值 Y 沿垂直方向向下增加，且以缇为度量单位。用户也可以根据需要自定义坐标系统，Scale 方法可方便实现自定义坐标。在绘图时，可用 RGB 函数、QBColor 函数、颜色常量和颜色值四种方法之一指定颜色。在 VB 6.0 中，可运用 Pset、Point、Line、Circle、Cls 等方法直接创建简单的甚至复杂一些的图形。另外，可用 PaintPicture 方法对图像进行缩放、平铺等特效处理。

第 9 章 文 件

本章要点

- 文件系统控件
- 顺序文件
- 随机文件
- 文件的操作

本章学习目标

- 掌握文件系统控件的使用方法
- 了解常用文件的分类
- 掌握顺序文件、随机文件的基本操作

文件是存储在外部介质上的以文件名标识的数据集合。通常情况下,计算机处理的大量数据都是以文件形式存放在外部介质上的,操作系统也是以文件为单位管理数据的。如果想访问存放在外部介质上的数据,必须先按文件名找到所指定的文件,然后再从该文件中读取数据。要向外部介质上存储数据也必须先创建一个文件(以文件名标识),才能向它输入数据。

VB 具有较强的文件处理能力,为用户提供了多种处理方法。它既可以直接读写文件,又可以提供大量与文件管理有关的语句和函数,以及用于制作文件系统的控件。程序员可以使用这些功能开发出功能强大的应用程序。

9.1 文件系统控件

在一个应用程序中,对文件的处理是一个比较常用的操作,如打开文件、保存文件等。VB 提供了三个控件对磁盘文件夹和文件进行显示与操作,它们分别是 DriveListBox(驱动器列表框)控件、DirListBox(目录列表框)控件和 FileListBox(文件列表框)控件,如图 9.1 所示。

9.1.1 驱动器列表框控件

驱动器列表框(DriveListBox)是一种下拉式列表框,与一般下拉列表框的区别在于,它提供驱动器的列表。在程序运行期间,驱动器列表框可展开并显示系统所有的驱动器名称。在一般情况下,只显示当前磁盘驱动器的名称。单击列表框右端向下的箭头,则会把计算机所有的驱动器名称全部展示出来,如图 9.2 所示。双击某个驱动器名,即可将它设置为当前驱动器。

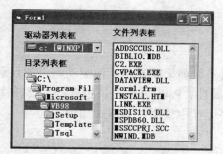

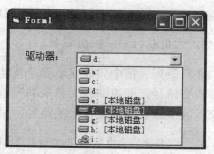

图 9.1　文件系统控件　　　　图 9.2　驱动器列表框（运行期间）

1. 常用属性——Drive 属性

驱动器列表框及后面介绍的目录列表框、文件列表框有许多标准属性，包括 Enable、FontBold、FontItalic、FontName、FontSize、Height、Left、Name、Top、Visible 和 Width 等。此外，驱动器列表框还有一个特殊属性，即 Drive 属性，用来设置或返回所选择的驱动器名称。Drive 属性只能通过程序代码实现设置，不能通过属性窗口设置。其格式如下：

　　　驱动器列表框名称.Drive [=驱动器名]

例如，要在窗体启动时把当前磁盘改为 D 盘，则需用如下代码。

```
Private Sub Form_Load()
    Drive1.Drive="D:"
End Sub
```

这里的"驱动器名"是指定的驱动器，如果省略，则 Drive 属性值指的是当前驱动器；如果所选择的驱动器在当前系统中不存在，则产生错误。

2. 常用事件——Change 事件

驱动器列表框常用的事件为 Change 事件。每次重新设置驱动器列表框的 Drive 属性时，都将触发 Change 事件。驱动器列表框的默认名称为 Drive1，其 Change 事件过程的开头为 Drive1_Change( )。

9.1.2　目录列表框控件

目录列表框（DirListBox）控件用来显示当前驱动器上的目录结构。刚创建时，显示当前驱动器的顶层目录和当前目录，顶层目录用一个打开的文件夹表示，当前目录用一个加了阴影的文件夹表示，当前目录下的子目录用合起来的文件夹表示，如图 9.3 所示。

当用户在窗口中创建目录列表框时，当前目录为 VB 的安装目录。程序运行后，双击顶层文件夹，就能自动显示下一级的文件夹；双击某个子目录，就可以把它变

图 9.3　目录列表框（运行期间）

为当前目录。目录列表框默认名称为 Dir1。

1. 常用属性——Path 属性

在目录列表框中只能显示当前驱动器上的目录。如果要显示其他驱动器上的目录，必须改变路径，即重新设置目录列表框的 Path 属性。Path 属性是该控件的主要属性，用来返回或设置当前文件夹的路径，只能在程序运行中使用。其格式如下：

　　　　文件夹列表框名称.Path=具体的路径

例如，要在窗体启动时把默认显示的文件夹路径改为 D:\Mytool\，程序代码如下。

```
Private Sub Form_Load()
    Dir1.Path="D:\Mytool\"
End Sub
```

2. 常用事件——Change 事件

在程序运行时，当改变当前目录（即目录列表框的 Path 属性改变）时，将触发 Change 事件。

9.1.3 文件列表框控件

文件列表框（FileListBox）用来显示当前目录下的文件，文件列表框的默认控件名是 File1。

1. 常用属性——Pattern 属性和 FileName 属性

（1）Pattern 属性：用来设置运行时显示的某些类型的文件。该属性既可以在设计阶段用属性窗口设置，也可以通过程序代码设置。在默认情况下，Pattern 属性值为*.*，即所有文件。在属性窗口中把它改为*.jpg，则运行时文件列表框中显示的是*.jpg 文件。

在程序代码中设置 Pattern 的格式如下：

　　　　文件列表框名. Pattern[=属性值]

如果省略"=属性值"，则显示当前文件列表框的 Pattern 属性值。例如，在程序代码中输入 Print File1.Pattern，将显示文件列表框 File1 的 Pattern 属性值。

（2）FileName 属性：用来返回或设置所选文件的路径与文件名。

设置 FileName 属性的格式如下：

　　　　文件列表框名.FileName [=文件名]

这里的"文件名"可以带有路径，还可以有通配符。因此，可用它设置 Drive、Path 或 Pattern 的属性。

比如，要在窗体启动时将"E:\稿件"目录下的所有 ZIP 文件列出来，其程序代码如下。

```
Private Sub Form_Load()
    File1.FileName="E:\稿件\*.zip"
End Sub
```

2. 常用事件——Click 事件和 DblClick 事件

单击（双击）列表框中的某个文件时触发 Click（DblClick）事件。

9.1.4 三个控件的联动

在窗体中创建驱动器列表框、目录列表框和文件列表框控件，然后对某个控件进行操作，在这种情况下，它们是互不关联的。然而，在实际应用中，这三个控件往往需要同步操作，一般在程序中通过 Path 属性的改变触发 Change 事件来实现。

（1）将驱动器列表框的操作赋值给文件夹列表框的 Path 属性，在驱动器列表框的 Change 事件中输入如下代码。

```
Private Sub Drive1_Change()
    Dir1.Path=Drive1.Drive
End Sub
```

（2）对目录列表框控件进行的操作，直接影响文件列表框所显示的内容。

```
Private Sub Dir1_Change()
    File1.Path=Dir1.Path
End Sub
```

最后程序运行结果如图 9.4 所示。

例 9.1 综合运用文件系统控件、图像框控件、组合框及标签控件，编写代码，要求在图像框中显示硬盘上的图形文件，并显示文件所在位置。程序运行结果如图 9.5 所示。

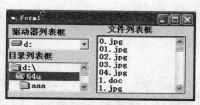

图 9.4　文件控件的关联　　　　　　　图 9.5　例 9.1 的运行界面

根据题意，需要在窗体上创建七个标签、一个组合框、一个图像框及一个文件系统控件。其主要属性设置如表 9.1 所示。

表 9.1　程序中使用的主要控件

对　　象	名称（Name）	Style	对　　象	名称（Name）	Style
组合框	Combo1	0	文件列表框	File1	无
驱动器列表框	Drive1	无	图像框	Image1	无
目录列表框	Dir1	无	标签	Label1-Label17	略

事件过程代码如下。

```
Private Sub Combo1_Click()              '单击组合框事件
    Select Case Combo1.ListIndex        '根据组合框内容限制文件列表框中的文件类型
    Case 0
        File1.Pattern="*.bmp"
    Case 1
        File1.Pattern="*.gif"
    Case 2
        File1.Pattern="*.jpg"
    End Select
End Sub
Private Sub Dir1_Change()               '目录列表框改变事件
    File1.Path=Dir1.Path
End Sub
Private Sub Drive1_Change()             '驱动器列表框改变事件
    Dir1.Path=Drive1.Drive
End Sub
Private Sub File1_Click()               '文件列表框单击事件
    Label6.Caption=File1.Path & "\" & File1.FileName    '显示文件路径
    Image1.Picture=LoadPicture(Label6.Caption)    '在图像框中显示图形文件
End Sub
Private Sub Form_Load()
    '窗体调用时组合框中显示的内容
    Combo1.AddItem "位图文件(*.bmp)"
    Combo1.AddItem "动画图片(*.gif)"
    Combo1.AddItem "照片(*.jpg)"
End Sub
```

9.2　文件及其结构

众所周知，文件是由文件名标识的一组相关信息的集合。文件是计算机中存储信息的基本单位，一篇文章、一个程序、一组数字都可组成一个文件。在 VB 6.0 中，应用程序常常需要调用来自外部的数据文件，本节主要讨论如何组织包含字符或数字的文本文件并对其进行读取或写入操作，即文件管理。

9.2.1 文件系统的基本概念

1. 文件分类

依据文件内容及文件内部信息组织方式的不同，可以将文件分为三类，即顺序文件、随机文件和二进制文件。VB 6.0 对不同的文件类型，提供了相应的访问方式、语句及命令。

（1）顺序文件。这是非常常用的一类文件，文本文件一般属于顺序文件。顺序文件中的数据是一个接一个地按顺序保存的，文件一般可分为多行，每一行的数据可多可少，长度可以不固定。因此，要对顺序文件进行处理，必须按顺序从头开始一个个地读取，读取后再处理文件信息；信息处理完毕后，再按顺序写回文件中。这与听录音带类似，想听磁带结尾的内容，需经过前面的一段才能到达；同样，想访问顺序文件末尾的文本，首先要读取该文本之前的内容。顺序文件适用于数据不经常修改或数据之间没有明显逻辑关系以及数据量不大的情况。

（2）随机文件。顾名思义，随机文件是可以按任意次序处理文件中数据的文件。随机文件将数据分成多个记录，每个记录具有相同的数据结构，记录的长度也都相同，对数据进行处理时可以随机地存取记录，非常灵活、快捷。如果说顺序文件像磁带，那么随机文件就像磁盘或唱片，要想读取某些数据不必从头到尾顺序读取，只要在随机文件中任意移动即可取出数据。随机文件适用于数据结构一定和经常需要修改的情况。

（3）二进制文件。这类文件与随机文件相似，但它认为数据记录的长度是一个字节，数据与数据之间不存在逻辑关系，只是一组由若干二进制位构成的信息而已。图像文件、声音文件、可执行文件等都属于二进制文件。

VB 6.0 对不同的文件提供了不同的访问方式、语句及命令，应根据文件包含什么类型数据和数据之间的结构来确定使用的文件访问类型。在 VB 6.0 中有三种访问类型，它们是顺序型、随机型和二进制型。这三种文件访问类型分别适合于访问顺序文件、随机文件和二进制文件。

2. 文件存取的基本步骤

虽然 VB 6.0 针对不同类型文件的存取方式和技巧都有所不同，但它们都遵循以下相同的步骤。

（1）使用文件前必须先打开文件，实际上是通过 Open 命令来实现。

（2）将文件全部或部分数据读到程序的变量中。顺序文件只能从开头到结尾依次存取；随机文件则可以在文件中指定存取的位置；二进制文件可以在文件中存取任何一个字节。

（3）使用、处理或修改变量中的数据。

（4）将变量中的数据重新写回文件中。通常，顺序存取按从开头到结尾的顺序将整个文件写回去或追加在文件尾；随机存取一般只更新特定位置的信息；二进制存取则可以任意更新任何位置的信息。

（5）工作结束后，要使用 Close 命令关闭文件。

9.2.2 文件操作语句和函数

1. 文件的打开和关闭

在 VB 6.0 中，使用一个文件必须调用 Open 语句打开该文件。打开文件时，VB 为该文件指定一个文件号，程序中其余部分使用这个文件号访问该文件。对文件操作结束后，调用 Close 语句关闭文件。

（1）Open 语句。其格式如下：

```
Open PathName [For Mode] [Access Access] [Lock] As [#] FileNumber
[Len=Reclength]
```

功能：打开指定的文件，以便能够对文件进行输入/输出（I/O）操作。

说明：

① 语法中的 Open、For、Access、As 及 Len 为关键字。

② PathName：指定要打开的文件名，该文件名可以包括目录、文件夹及驱动器。

③ Mode：指定打开文件的方式，有 Input、Output、Append、Random、Binary 共五种方式。如果没有指定方式，则以 Random 方式打开文件。

④ Access Access：第一个 Access 是关键字；第二个 Access 是可选参数，用于指定打开的文件可以进行的操作，有 Read、Write 和 Read Write 三种操作方式。

⑤ Lock：可选参数，用于指定其他进程能够对打开文件进行的操作，有 Shared（共享）、Lock Read（不能读）、Lock Write（不能写）、Lock Read Write（不能读写）四种。

⑥ FileNumber：用于指定打开文件使用的文件号，范围为 1～511，可以使用 FreeFile 函数得到一个可用的文件号。

⑦ Reclength：可选参数，一个小于或等于 32767（字节）的数，对于用随机方式打开的文件，该值为记录长度；对于顺序文件，该值为缓冲区字符数。

> 注 意
>
> 如果以 Input 方式打开的文件不存在，则会出现错误提示；而以其他四种方式打开不存在的文件，Open 语句将创建这个文件。

下面是打开文件的例子。

```
Open "D:\cj1.dat" For Output As #1
```
表示创建或打开 D 盘上的 cj1.dat 文件，并准备向这个文件写入新内容。

```
Open "D:\cj1.dat" For Random Access Read Lock Write As #3 len=256
```
表示以随机方式打开该文件，只允许读，不允许写，文件号为 3，记录长度为 256 字节。

（2）Close 语句。其格式如下：

```
Close [#] 文件号1 [, [#] 文件号2 …] ]
```

功能：关闭 Open 语句打开的文件并释放相应的文件号。

说明：如果省略文件号，则关闭所有 Open 语句打开的文件。

下面是关闭文件的例子。

```
Close #1, #2
```

表示关闭 1 号和 2 号文件。

```
Close
```

表示关闭所有 Open 语句打开的文件。

2. 其他语句和函数

（1）FreeFile 函数。其格式如下：

```
FreeFile
```

功能：返回在程序中没有使用的一个文件号。

例如，

```
FileNo=FreeFile
Open "D:\MyFile.txt" For Output As FileNo
```

（2）Seek 函数和 Seek 语句。

Seek 函数的格式如下：

```
Seek(文件号)
```

功能：返回文件指针的当前位置。

对于随机文件，Seek 函数返回指针当前所指的记录号；对于顺序文件，Seek 函数返回指针所在的当前字节位置（从头算起的字节数）。

Seek 语句的格式如下：

```
Seek [#]文件号, 位置
```

功能：将指定文件的文件指针设置为指定位置，以便进行后续的读写操作。

对于随机文件，"位置"是一个记录号；对于顺序文件，"位置"表示字节位置。

（3）Eof 函数。其格式如下：

```
Eof(文件号)
```

功能：测试与文件号相关的文件指针是否达到文件的末位。如果是，函数值为真；否则，函数值为假。使用 Eof 函数是为了避免在文件结束处读取数据而发生错误。

一般应用方法如下。

```
Open "MYFILE.TXT" For Input As #1
    Do While Not EOF(1)
        读写语句
    Loop
    Close #1
```

（4）Lof 函数。其格式如下：

> Lof(文件名)

功能：返回与文件号相关的文件总字节数。

（5）Loc 函数。其格式如下：

> Loc(文件号)

功能：返回与文件号相关的文件当前读写位置。

9.3　顺序文件

使用应用程序处理纯文本文件，通常选择顺序文件来组织文本。特别是对于字符型的信息，顺序访问是最佳方案。但顺序文件不适合存储大量数字，因为若把数字当成字符来存储，会占用太多的存储空间。

1. 打开顺序文件

使用顺序文件的第一步，是要通过某种顺序型访问模式打开这个文件，即调用 Open 语句实现，其格式如下：

> Open <文件名> For [Input|Output|Append] As [#]<文件号>

（1）其中，Input、Output、Append 是三种顺序型的访问模式。

① Input：表明从顺序文件中读取字符。该文件必须已经存在，否则会出现错误提示。

② Output：表明向顺序文件输出字符，输出的内容将重写整个文件。若文件不存在，则创建这个文件；否则，改写该文件，其原有内容将全部丢失。

③ Append：表明将要把字符追加到顺序文件的最后。若文件不存在，则创建这个文件；否则，将字符追加到文件中原有内容的末尾，并保持原有内容不变。

（2）<文件号>即文件句柄，是专为文件指定的一个有效号码，其值是一个整型数字，范围为 1～511。VB 6.0 操作文件时，只是与文件号发生关系，而不是直接和文件名发生关系。可用 FreeFile 函数来取得当前状态下的一个可用的文件号。

> **注 意**　◁》
>
> 　　在以某种访问模式打开顺序文件后，若再要以其他访问模式重新打开该文件，则必须先用 Close 语句关闭前一种访问模式。

2. 顺序文件的读操作

以 Input 访问模式打开顺序文件后，就可以对它进行读操作。VB 6.0 提供了三种从顺序文件读取字符的函数或语句。

（1）Input( )函数。该函数最为常用。用 Input( )函数来读取顺序文件，可以得到整个文件的精确映像，即它能将包含在顺序文件中的所有字符（包括回车/换行符在内）全部读取出来。如果读取文件是为了进行字处理，首选该函数。

Input( )函数的格式如下：

```
Input(<读取的字符长度>, <文件号>)
```

Input( )函数可以从顺序文件中读取指定长度的字符串，其长度可以小到一个字符，大到整个文件的长度（可通过 Lof( )函数得到）。

（2）Line Input # 语句。Line Input #用来读取顺序文件，得到一行字符。具体地说，它会从当前字符开始逐个读入后续字符，直到遇到一个回车/换行符结束。但需注意的是，它会将最后读到的回车/换行符删除，因此每次读到的都是一个纯文本行。

如果读取顺序文件是为了对文件中的每行字符进行分析，那么 Line Input #语句是首选；如果是为了得到顺序文件的完整内容，需在代码中重新为读到的每行字符加上回车/换行符。

Line Input #语句的格式如下：

```
Line Input # <文件号>, <变量>
```

执行该语句，会从顺序文件中读取一行字符，并删除最后读到的回车/换行符，再将该纯文本行赋给指定的变量。

（3）Input#语句。Input#语句和 Line Input #语句很相似，如果不加读取限制，也是从顺序文件中读取一行字符。两者的区别是，它不仅在遇到回车/换行符时终止本次读操作，而且当它遇到逗号时也会停止读操作，甚至还会删除每行字符开头的空格；由于这些"过分"加工，使文件完全失去了原有的格式，因此它较少被使用。

例 9.2　编程将一个文本文件的内容读到文本框中。假定文本框名称为 txtTest，文件名为 MYFILE.txt。由分析可知，可以通过下面三种方法来实现。

方法 1：逐行读取

```
txtTest.Text = ""
Open "MYFILE.TXT" For Input As #1
Do While Not EOF(1)
    Line Input #1, InputData
    txtTest.Text = txtTest.Text+InputData+vbCrLf        '（换行）
Loop
Close #1
```

方法 2：一次性读取

```
txtTest.Text = ""
Open "MYFILE.TXT" For Input As #1
txtTest.Text=Input(LOF(1), 1)
Close #1
```

方法 3：逐个字符读取

```
Dim InputData As String*1
txtTest.Text = ""
```

```
Open "MYFILE.TXT" For Input As #1
Do While Not EOF(1)
    Input #1, InputData
    txtTest.Text = txtTest.Text+InputData
Loop
Close #1
```

3. 顺序文件的写操作

通过 Output 或 Append 访问模式打开顺序文件后，可以对它进行写操作了。VB 6.0 共提供了两种用来向顺序文件写入字符的语句。

（1）Print # 语句。该条语句最为常用，用来将指定的字符串写入顺序文件中，并且能保存其中的格式化信息（包括回车/换行符、制表符等）。也就是说，它可以做到丝毫不差地把显示在屏幕上的文本保存到顺序文件中。

Print #语句的格式如下：

```
Print # <文件号>, <变量>
```

该语句执行过后，把变量中的内容写入到文件号所指定的顺序文件中。文件中原有的内容保留与否，取决于文件访问模式。若顺序文件是以 Output 模式打开的，则原有内容将全部丢失，文件中只有用 Print#语句写入的内容；若顺序文件是以 Append 模式打开的，则仍然保留原有内容，而 Print#语句将变量中的内容追加到文件的末尾。

下面通过例题说明 Print#语句的用法。

例 9.3 编程把一个文本框中的内容以文件形式存入磁盘。假定文本框的名称为 Mytxt，文件名为 Myfile.dat。

```
Open "Myfile.dat" For Output As #1
Print #1, Mytxt.Text
Close #1
```

（2）Write # 语句。该语句与 Print#语句的区别在于，它向顺序文件写入数据时，会自动用双引号标记字符串数据，并把数据以字符形式存储起来，同时插入逗号将多个数据项目分隔开来。它可以用来保存固定大小的单个记录方式数据，而这样的数据形式用随机文件或二进制文件来组织更为方便。

Write #语句主要作为 Print#语句的配对命令，已很少使用。

例 9.4 Print#语句与 Write#语句输出数据结果比较，效果如图 9.6 所示。

```
Private Sub Form_Click()
    Dim Str As String, Anum As Integer
    Open "D:\Myfile.dat" For Output As 1
    Str="ABCDEFG"
    Anum=12345
    Print #1, Str, Anum
```

```
        Write #1, Str, Anum
        Close #1
    End Sub
```

例 9.5　一个顺序文件存取数据的综合
示例。

程序代码如下。

```
Private Sub Form_Load()
    Show
    Open "data1.txt" For Output
As #1
    a=123 : b$="ABCD"
    Write #1, a, b$                      '写入
    Close #1
    Open "data1.txt" For Input As #1
    Input #1, c, d$                      '读出
    Close #1
    Print c, d$
End Sub
```

程序运行后，输出结果如下：

```
123            ABCD
```

图 9.6　效果图

9.4　随　机　文　件

在处理纯文本文件时，顺序文件因其可以给予用户更大的自由度而备受青睐。但如果文件内容是由固定长度的记录组成的，使用随机文件是更好的选择。在这种方式下，VB 6.0 能够获得每个记录的准确长度，因此可以快速定位记录，实现随机存取。

例如，将某所学校全体学生的档案组织到一个文件中，每位学生的档案数据都是定长的记录，包括了该生的学号、姓名、年龄和性别等数据。对于这种情况，可以利用 Type 语句把记录定义成一个新类型，然后用随机文件来组织对数据的存取。

自定义的数据类型：在模块级别中使用，用于定义包含一个或多个元素的用户自定义的数据类型。

其格式如下：

```
Type 自定义类型名
    元素名 [([下标])] As  类型名
    元素名 [([下标])] As  类型名
    ...
End Type
```

例如，为了处理数据的方便，对于一名学生的"学号"、"姓名"、"性别"、"年龄"和

"入学成绩"等数据，常常需要把这些数据定义成一个新的数据类型（如 **Student** 类型）。

```
Type Student
    Xh As String*2
    Xm As String*8
    Xb As String*4
    Nl As Integer
    Score As Single
End Type
```

有了这样一个固定长度的自定义数据类型，可以在代码中定义这个数据类型的记录数据，以便将它们组织到随机文件中。

> **注 意**
>
> 在创建自定义数据类型时，对于其中的字符串字段一定要定义成定长的字符串类型；否则，将不能保证记录是固定长度的。

1. 打开随机文件

与顺序文件一样，使用随机文件的第一步也是用 Open 语句打开它，其格式如下：

```
Open <文件名> [For Random] As [#] <文件号> Len＝<记录长度>
```

说明：

① For Random 是 Open 语句默认的访问类型，所以可以缺省。

② <记录长度>指定了随机文件中所有记录的长度，其值是一个整型数值。如果将要写入的实际记录比定义的记录长，则会产生错误；反之，虽然不影响写入，但将浪费存储空间。

随机文件被打开后，可以对其进行记录的读取、写入及删除等操作。但有一点比顺序文件方便，那就是在一次打开后可以对随机文件完成所有的操作，而不必像顺序文件那样，在切换访问模式时需要先关闭前一种模式才能开启下一种模式。

2. 读取随机文件中的记录

在随机文件中读取记录的语句是 Get 语句，其格式如下：

```
Get [#] <文件号>, <记录号>, <记录变量>
```

执行该语句后，从随机文件中读取指定记录号的记录内容，并将内容存入记录变量中。例如，**Get # 2, 3, u** 表示将 2 号文件中的第三条记录读出并存放到变量 u 中。

3. 向随机文件写入新记录

向随机文件中写入记录的语句是调用 Put 语句，其格式如下：

```
Put [#]<文件号>, <记录号>, <记录变量>
```

执行该语句后，把记录变量中的内容写入到随机文件的指定记录号位置。写入时，有两种情况：一种是将新记录写入到随机文件中已有的记录位置，实际是对指定记录进行修改操作；另一种是在随机文件尾部添加新记录，这样的话，Put 语句中的记录号，应该是文件中原有记录个数加 1。

例如，Put # 1, 9, t 表示将变量 t 的内容送到 1 号文件中的第 9 号记录。

注 意

在向随机文件写入新数据时，如果其中的字符串长度小于记录变量中对应元素的长度，则 VB 6.0 会自动在其尾部添加空格；反之，则截断超出的部分。

例 9.6 对职工工资信息进行查询、增加、修改、删除等操作。

（1）创建应用程序的用户界面如图 9.7 所示。

（2）设置对象属性。

（3）编写程序代码。

① 在标准模块 Module1 中定义记录类型和创建一个通用过程。

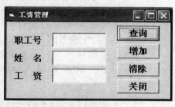

图 9.7 例 9.6 的用户界面

```
Type salary
    name As String*8
    salary As Long
End Type

Public sal As salary, recno As Integer      'recno 表示记录号
'检查编号的通用过程
    Function Cheno(no As String) As Boolean
    recno=Val(no)
    If recno < 0 Or recno > 999 Then
        MsgBox "输入的职工号超出范围", 0, "检查编号"
        Cheno=True
    Else
        Cheno=False
    End If
End Function
```

② 利用事件过程 Form_Load( )打开文件和显示第一个记录。

```
Private Sub Form_Load()
    Open "Data1.dat" For Random As #1 Len=Len(sal)
    Get #1, 1, sal
    Text1.Text=Format(1, "000")
    Text2.Text=sal.name
    Text3.Text=sal.salary
End Sub
```

③ 编写"查询"按钮的 Click 事件过程。

```
Private Sub Command1_Click()
    If  Cheno(Text1.Text) Then Exit Sub
    If  recno > LOF(1)/Len(sal) Then
        MsgBox "无此记录"
        Exit Sub
    End If
    Get #1, recno, sal
    Text2.Text=sal.name
    Text3.Text=Str(sal.salary)
    Text1.SetFocus                      '设置焦点
End Sub
```

④ 编写"增加"按钮的 Click 事件过程。

```
Private Sub Command2_Click()
If  Cheno(Text1.Text) Then Exit Sub
    sal.name=Text2.Text
    sal.salary=Val(Text3.Text)
    Put #1, recno, sal
    Text1.SetFocus
End Sub
```

⑤ 编写"清除"按钮的 Click 事件过程。

```
Private Sub Command3_Click()
    If  Cheno(Text1.Text) Then Exit Sub
    If  recno > LOF(1)/Len(sal) Then
      MsgBox "无此记录"
      Exit Sub
    End If
    sal.name=""                         '记录内容清空
    sal.salary=0
    Text2.Text=""                       '文本框清空
    Text3.Text=""
    Put #1, recno, sal
    Text1.SetFocus
End Sub
```

⑥ 编写"关闭"按钮的 Click 事件过程。

```
Private Sub Command4_Click()
    Close #1
    Unload Me
End Sub
```

9.5　二进制文件

二进制文件的特点是将文件中的每个字节按八位二进制码对待，由文件使用者对这些二进制码进行理解和变换，它适合于存储非记录形式的数据或变长记录形式的数据。在二进制访问模式下，每个字节的数据可以在任何时候，从文件的任一指定点读入或写出。

二进制文件的操作方法与随机文件很类似，但要明确一点，前者是以字节为单位来读写的，后者是以记录为单位来读写的。

1. 打开二进制文件

其格式如下：

```
Open <文件名> For Binary As [#] <文件号>
```

2. 二进制文件的读取操作

其格式如下：

```
Get [#]<文件号>, [<字节位置>], <变量名>
```

执行该语句后，从字节位置读取数据到变量中，读入的字节数取决于变量名指定的变量的数据类型。字节位置从 1 开始，如省略字节位置，则从当前字节位置的下一字节位置开始。

3. 二进制文件的写入操作

其格式如下：

```
Put [#]<文件号>, [<字节位置>], <变量名>
```

执行该语句后，把变量名指定的内容（字节数取决于数据类型）写入文件的指定字节位置。使用二进制文件比随机文件更为节省存储空间，因为它不必为了使存放在其中的记录具有固定的长度而添加空格字符。二进制方式也为用户提供了对文件读取最为准确、完全的控制，用户可以决定在文件的哪个位置读取或写入数据。不过，二进制文件在写入信息时，使用的是 Byte 类型的数据，这样可能会增加编程的复杂程度。因此，可以采取将随机文件和二进制文件相结合的办法，比如将变长记录中的长度变化不大的元素放入随机文件中，而将长度变化较大的元素放入二进制文件中，并在随机文件的记录结构中增加一个元素用以存放相应的可变元素在二进制文件中的位置。这其实也是参照了数据库文件中备注型字段的组织方法。

9.6　文件的基本操作

文件操作包括对磁盘上所有文件的管理操作，VB 6.0 提供了一系列的函数和语句来实现这样的管理，包括 FileCopy 语句、Kill 语句和 Name 语句等。

1. 用来复制文件的 FileCopy 语句

在 DOS 操作系统中，可以通过 Copy 命令来复制文件；在 VB 6.0 中提供了 FileCopy 语句来实现相似的功能。

其格式如下：

```
FileCopy <源文件名>, <目标文件名>
```

功能：将<源文件名>指定的文件复制给<目标文件>，所产生的目标文件将与源文件的内容完全一致。

例如，

```
FileCopy "C:\aaa.txt", "D:\Temp\bbb.txt"
```

> **注意** 🔊
>
> 不能复制已打开的文件，若复制应先将其关闭。不能在<源文件名>和<目标文件名>中使用通配符 "*" 或 "?"，也就是说，每次只能复制一个文件。

2. 用来删除文件的 Kill 语句

在 DOS 中，可以通过 DEL 命令或 Delete 命令来删除文件；在 VB 6.0 中，可以使用 Kill 语句来实现同样的功能。

其格式如下：

```
Kill<文件名>
```

功能：将指定的文件删除。若<文件名>中没有包含驱动器号，则删除当前驱动器上的指定文件；若<文件名>中没有包含目录，则删除当前目录下的指定文件；若<文件名>中包含通配符 "*" 或 "?"，则删除符合这个广义文件名的一组文件。

例如，

```
Kill  "D:\VB\datal.dat"
Kill  "D:\VB\dat\*.*"
```

3. 文件改名和移动的 Name 语句

其格式如下：

```
Name 原名 As 新名
```

例如，

```
改名: Name "C:\aaa.txt" As "C:\ccc.txt"
移动: Name "C:\Aaa.txt" As "C:\Tmp\Aaa.txt"
```

例 9.7 文件操作综合示例。在"我的文档"（C:\My Documents）文件夹下创建一个新文件夹 mydir，然后复制文件"C:\My Documents\cj2.txt"到新文件夹下，复制生成的文件名称由用户指定。

```
Private Sub Form_Load()
    Show
    Print "正在进行文件操作"
    MkDir "C:\My Documents\mydir"
    fname=InputBox("请输入新文件名", "更改文件名")
    fname="C:\My Documents\mydir\"+fname+".txt"
    FileCopy "C:\My Documents\cj2.txt", fname
    Print "已完成要求的操作"
End Sub
```

有关文件操作的语句和函数还有许多，读者可以借助有关文件系统的专著来查询更广泛、更详细的信息。

小　结

本章主要介绍了文件的概念、文件的结构与分类、顺序文件的读写操作、随机文件的读写操作、文件系统控件与文件基本操作。通过本章的学习，应正确理解文件的概念和文件的三种访问方式，掌握文件操作的函数和语句，以及驱动器列表框、目录列表框与文件列表框的关联使用。

第 10 章 数据库应用程序设计

本章要点

- 数据库概述
- SQL 语言
- 可视化数据管理器
- ADO 数据库访问技术

本章学习目标

- 理解数据库的概念及相关术语
- 掌握 SQL 语言的简单操作
- 掌握可视化数据管理器建立数据库及编辑数据的方法
- 理解 ADO 模型访问数据库的机制,掌握利用 ADO 数据控件和数据绑定控件进行连接数据库、存取数据、查询数据和制作数据报表的方法

在各类应用软件中,数据库应用软件所占的比例是最大的。众所周知,一个好的开发工具应具备完善的数据管理功能。VB 将 Windows 的各种先进特性与其强大的数据管理功能有机地结合在一起,为用户提供了方便实用的数据库开发能力。在本章中,将以实例的形式为读者展现如何利用 VB 作为开发工具构造数据库,设计用户界面并实现 VB 用户操作界面对数据库的存取操作。

10.1 数据库概述

在日常的生产生活中,人们接触过许多信息管理系统,如银行账户信息系统,食堂餐饮管理系统、学生信息管理系统、公交 IC 卡管理系统等。这些系统通常需要保存并处理大量数据,而这些数据通常就被保存在计算机中被称为“数据库”的地方。

10.1.1 相关术语

1. 数据和信息

数据是指描述客观世界事物的符号,其表现形式多种多样。例如,文字、图形、图像、声音、视频、动画等。数据的表现形式虽然多种多样,但它们经过专门处理以后都可以存入计算机中。信息是指经过加工处理的数据,是数据的具体含义。数据是信息的载体,信息是数据的内涵。数据一般来说比较具体,而信息很多时候是抽象的。

2. 数据库

数据库是指有组织的数据的集合，可以长期存储在计算机内，可以共享，通常以文件形式存在于计算机中。

3. 数据库管理系统

数据库管理系统是一个数据管理的软件，通常包括数据定义、数据操纵、数据库建立、运行和维护几个方面的功能。

4. 数据库系统定义

数据库系统通常是由数据库、数据库管理系统及其开发工具、应用系统、数据库管理员（DBA）和用户组成。

10.1.2　关系数据库

关系数据库，是建立在关系数据库模型基础上的数据库，借助于集合代数等概念和方法来处理数据库中的数据。目前主流的关系数据库有 Microsoft Access、Visual FoxPro、Microsoft SQL Server、Oracle 等。从代数角度，将笛卡儿积的有限子集称之为关系，关系在其本质上是一个或多个二维表。

任何数据都可以看成是二维表格中的元素，而这个由行和列组成的二维表格就是数据库中的表（Table），一个数据库中可能有一个或多个表。例如，学生信息管理系统的数据库中包含学籍表、课程表和成绩表等。例如，表 10.1 是一个关系表。

表 10.1　学生学籍表（部分）

学号	姓名	年龄	性别	专业班级	入学年份
03160220	和绅	24	男	金融学 0302	2003
04060212	纪晓岚	22	男	计算机 0402	2004
05050515	小月	18	女	表演 0501	2005
…	…	…	…	…	…

下面以表 10.1 为例，介绍关系数据库的一些相关术语。

（1）记录：表中的每一行称为行、元组或记录（Record），一行中的所有数据元素描述的是同一个实体不同方面的特征。一个表中的所有记录是各不相同的，一般不允许重复。

（2）字段：表中的每一列是一个属性值集，称为属性或字段（Field）。比如学籍表有学号、姓名、年龄和性别等字段。

（3）主键：能标识实体唯一性的一个属性或多个属性称之为表的主键。例如，学籍表中的学号。

（4）关联：一般说来每个表都独立地描述某类事物，但事物之间是有关系的，所以数据库应该能够在表之间建立这种关联。例如，成绩表具有学号、姓名、成绩等字段，则可以通过学号字段与学籍表建立关联。

10.1.3 SQL 语言

1. SQL 语言概述

SQL（Structured Query Language）是 1974 年由 Boyce 和 Chamberlin 提出的。1975～1979 年，IBM San Jose Research Laboratory 实现了 SQL。1986 年，美国国家标准局（American National Standard Institute）数据库委员会批准 SQL 为关系数据库语言的美国标准。1987 年，国际标准化组织同意这一标准。后来，SQL 成为关系数据库的标准语言。

SQL 语言集 Data Query、Data Manipulation、Data Definition、Data Control 功能于一体的综合性的、功能性极强的、简便易学的语言，可实现各种形式的查询、排序和分组汇总。

SQL 主要特点如下：

（1）综合统一：SQL 集成四种功能，所用语言风格统一，可以独立完成数据库的建立、查询、修改、更新、维护等全部活动，而且这些活动实现起来方便、快捷、有效。

（2）高度非过程化：用户只需用 SQL 语言描述做什么，如何做由系统完成。

（3）面向集合的操作方式：即大批量的数据处理方式。

（4）提供自主式和寄生式两种使用方式。

（5）语言简单、易学易用。

SQL 核心功能用九个动词来完成，如表 10.2 所示。

查询是 SQL 语言的重要组成部分，实现基于单个表或多个表进行数据查询及统计。例如，定义一个学生选课数据库 xuanke.mdb，其中包含 kc_table（课程表）和 xk_table（选课表），如表 10.3 和表 10.4 所示。

表 10.2　SQL 核心命令

SQL 功能	动词
数据查询	Select
数据定义	Create, Drop, Alter
数据操纵	Insert, Update, Delete
数据控制	Grant, Revoke

表 10.3　xk_table 的数据

学号	姓名	课程号
11040501	郭靖	001
11040502	黄蓉	002
11040503	洪七公	001
11040504	黄药师	002
11040505	欧阳峰	001
11040506	杨过	003

表 10.4　kc_table 的数据

课程号	课程名	学分
001	高等数学	6
002	大学英语	8
003	思想道德	2

2. 数据查询

（1）简单查询：对一个表的查询操作。

① 显示所有课程的信息。

```
select * from kc_table
```

② 显示"高等数学"的课程信息。

```
select * from kc_table where
    课程名='高等数学'
```

③ 显示课程"高等数学"的课程号和学分。

```
select  课程号, 学分  from  kc_table  where  课程名='高等数学'
```

④ 查询选修课程号为"001"的学生学号和姓名。

```
select  学号, 姓名  from  xk_table where 课程号='001'
```

（2）联合查询：对多个表的查询操作。

① 查询已选课学生的学号、姓名、课程号、课程名称和学分。

```
select  xk_table.学号,姓名,xk_table.课程号, 课程名,学分
from   xk_table,kc_table
where  xk_table.课程号= kc_table.课程号
```

② 查询学生"杨过"所选课程的课程名称和学分。

```
select  课程名,学分 from  xk_table,kc_table
where  xk_table.课程号= kc_table.课程号 and 姓名='杨过'
```

（3）统计查询：使用 SQL 的统计函数进行的查询操作。

count(*)：统计记录的数目。

sum(e)：对字段 e 求和。

avg(e)：对字段 e 的所有值求算术平均值。

max(e)：对字段 e 的所有值求其最大值。

min(e)：对字段 e 的所有值求其最小值。

① 查询选课的总人数。

```
select  count(*)  from  xk_table
```

② 查询最高学分。

```
select  max(学分) from  kc_table
```

3. 数据修改

将"高等数学"的学分修改为 5。

```
update kc_table  set 学分=5   where 课程名='高等数学'
```

4. 数据删除

删除"欧阳峰"的选课记录。

```
delete  from  xk_table   where 姓名='欧阳峰'
```

10.2　可视化数据管理器

为了便于开发数据库应用程序，在 VB 集成开发环境中，提供了专门的数据库应用

程序开发环境。该环境由可视化数据管理器、数据库应用程序、数据源控件和对象、数据库接口驱动程序等组成，如图 10.1 所示。

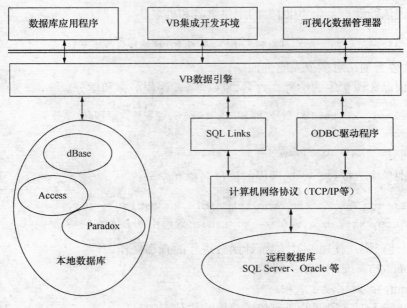

图 10.1　VB 集成开发环境

可视化数据管理器可用于建立 Access、Paradox、FoxPro 等类型的数据库，并在数据库中建立数据表的结构，还可以对数据表中的数据进行添加、查询、更新、删除等操作。下面利用 VB 提供的"可视化数据管理器"构造 Access 数据库。

（1）在 VB 集成开发环境，执行"外接程序"|"可视化数据管理器"命令，进入如图 10.2 所示的可视化数据管理器界面。

图 10.2　可视化数据管理器

（2）在可视化数据管理器中，执行"文件"|"新建"|"Microsoft Access(M)"|"Version 7.0 MDB（7）"命令，出现如图 10.3 所示的 Access 数据库命名窗口。

选择"保存在"D 盘，在文件名后面输入 xuanke（即 Access 数据库的名称），选择"保存"按钮后，展开数据库窗口的"Properties"属性，可发现已建好的 Access 数据库信息，其文件扩展名是.mdb，如图 10.4 所示。

图 10.3 新建 Access 数据库命名

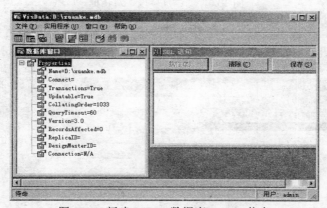

图 10.4 新建 Access 数据库 xuanke 信息

（3）在如图 10.4 所示的数据库窗口空白处右击鼠标，在弹出的快捷菜单中执行"新建表"命令，打开如图 10.5 所示的"表结构"对话框。

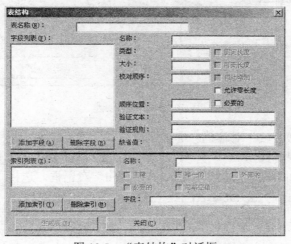

图 10.5 "表结构"对话框

（4）在如图 10.5 所示的"表结构"对话框中，输入表名称为 xk_table，单击"添加字段"按钮，出现如图 10.6 所示的"添加字段"对话框。

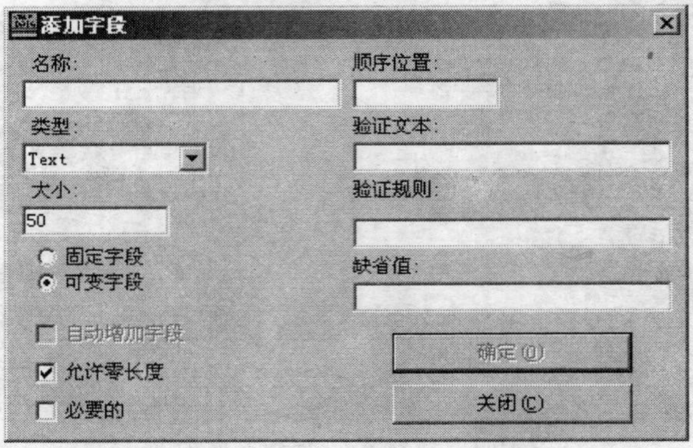

图 10.6　"添加字段"对话框

在图 10.6 中，字段名称输入"学号"，类型选择"Text"，大小设置为 8，其他不变，单击"确定"按钮，可发现"学号"字段已成功创建，如图 10.7 所示。

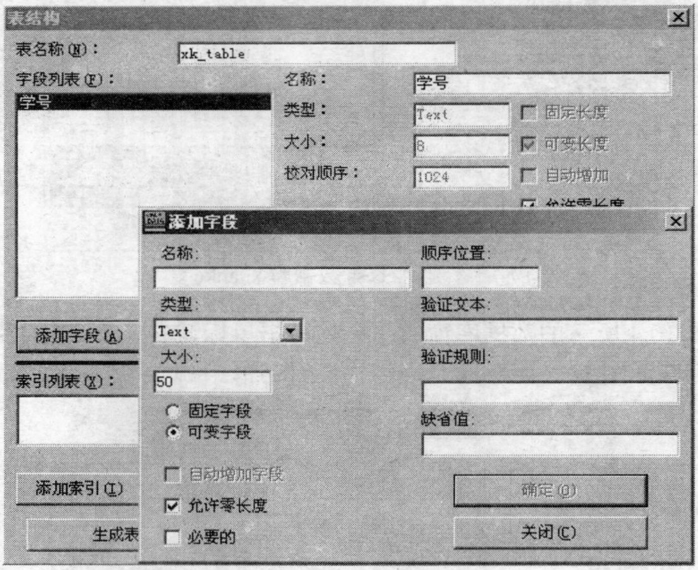

图 10.7　字段的创建

不要关闭"添加字段"对话框，继续添加以下字段：姓名、课程号。字段类型及大小与学号相同。结果如图 10.8 所示。

（5）关闭"添加字段"对话框，返回"表结构"对话框，选择"生成表"按钮，返回"数据库窗口"，此时 xk_table 表已经生成，如图 10.9 所示。

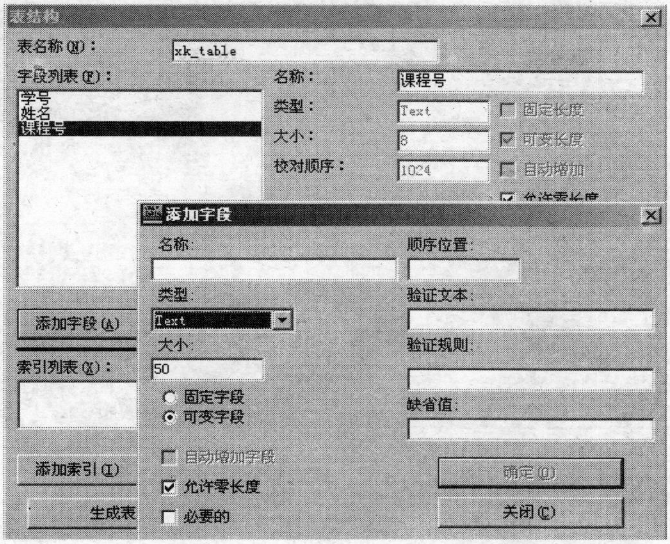

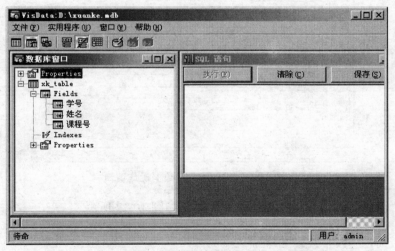

图 10.8　xk_table 表所有字段的创建

图 10.9　xk_table 表的数据窗口

（6）重复步骤（3）、（4）、（5），建立另一个表 kc_table 的结构（包括三个字段：课程号、课程名和学分。其中，课程号，类型为 Text，大小为 8；课程名，类型为 Text，大小为 20；学分，类型为 Integer），结果如图 10.10 所示。

注　意

xk_table 表和 kc_table 表通过各自的"课程号"字段建立联系。

（7）输入数据：在数据库窗口的 xk_table 表名上右击鼠标，在弹出的菜单中选择"打开"命令，进入如图 10.11 所示的 xk_table 表的数据操作界面。

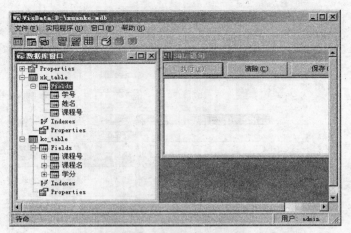

图 10.10　kc_table 表的数据窗口

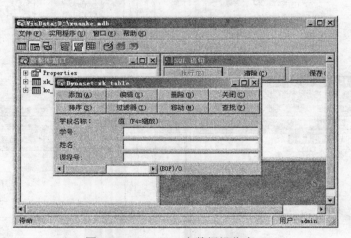

图 10.11　xk_table 表数据操作窗口

单击"添加"按钮，进入数据录入界面，如图 10.12 所示。

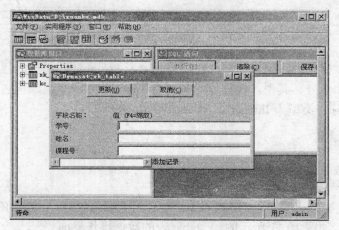

图 10.12　数据录入界面

　　依次在每个字段的后面输入相应的数据，然后单击"更新"按钮，重复步骤 7，将表 10.3 所示的数据录入表 xk_table 中。

　　（8）仿照步骤（7），将表 10.4 所示的数据录入到表 kc_table 中。最后关闭可视化数据管理器窗口。至此，本章后续各节所需的 Access 数据库及数据记录输入完毕，保存好，备用。

　　完成上述八个步骤的操作以后，选课数据库 xuanke.mdb 中有两个基本表：xk_table 和 kc_table。本章后续章节的数据操作都是基于这两个表进行的。

10.3　ADO 数据库访问技术

10.3.1　ADO 对象

1. ADO 对象模型

　　ADO（ActiveX Data Object）活动数据访问接口是 Microsoft 处理数据库信息的最新技术。采用 OLE DB 的数据访问模式，是数据访问对象 DAO、远程数据对象 RDO 和开放数据库互连 ODBC 三种方式的扩展。OLE 对象具有链接和嵌入对象的功能。ADO 对象模型定义了一个可编程的分层对象集合，主要由三个对象成员 Connection、Command 和 Recordset 对象，以及几个集合对象 Errors、Parameters 和 Fields 等所组成。ADO 对象模型的每一个成员负责不同的任务，成员之间既相对独立又具有直接或间接的联系，如图 10.13 所示。ADO 对象模型成员的作用如表 10.5 所示。

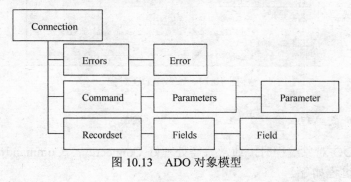

图 10.13　ADO 对象模型

表 10.5　ADO 对象描述

对象名	描　述
Connection	指定连接数据来源
Command	发出命令信息从数据源获取所需数据
Recordset	由一组记录组成的记录集
Error	访问数据源时所返回的错误信息
Parameter	与命令对象有关的参数
Field	记录集中某个字段的信息

2．ADO 对象模型访问数据库

ADO 是一项新的数据库存取技术，可以访问任何种类数据源的数据访问接口。通过 ADO 可引用包括 SQL Server、Oracle、Access 等数据库，甚至 Excel 表格、文本文件、图形文件和无格式的数据文件在内的任何一种 OLE DB 数据源。ADO 对象模型屏蔽了对数据库访问的底层细节，使用户对数据库的存取更加容易。同时，ADO 对象模型还为数据的外在表现（主要是通过数据识别控件）提供了方便快捷的接口。

3．加载 ADO 对象模型

在程序中使用 ADO 对象，必须先为工程添加 ADO 对象库。添加方式是执行"工程"菜单的"引用"命令，打开"引用"对话框，在"可用的引用"中选取"Microsoft ActiveX Data Objects 2.0 Library"选项，如图 10.14 所示。这种加载方式包含了主要的 ADO 对象，支持更多的功能。

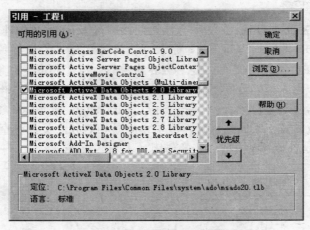

图 10.14　加载 ADO 对象

4．ADO 对象编程

在使用 ADO 对象编程时，通常只需处理好 Connection、Command 和 Recordset 三个对象，基本过程如下。

（1）创建 Connection 对象，设置数据库连接字符串（即 ConnectionString 属性），并采用 Open 方法实现 Connection 对象与数据库的连接。

（2）创建 Command 对象，设置该对象的活动连接（即 ActiveConnection 属性）为第（1）步的 Connection 对象，使 Command 对象与数据库建立联系。指定 Command 对象的命令类型（即 CommandType）。当 CommandType 取值为 adCmdTable 或 adCmdStoreProc 时，CommandText 取值为数据库的某个表名或某个存储过程名。当 CommandType 取值为 adCmdText 时，CommandText 取值为 SQL 命令。

（3）使用 Command 对象的 Execute 方法执行数据的处理，并将其执行结果保存在 Recordset 对象中。此时，Recordset 对象表示待处理的或已查询到的数据记录的集合。

（4）使用 Recordset 对象处理数据记录。

（5）数据处理完毕后，释放 Connection、Command 和 Recordset 三个对象。

例 10.1　利用 ADO 对象实现对数据库 xuanke.mdb 的表 xk_table 的访问，并将该表中所有数据显示在 Form 窗体上。

设计与步骤：新建一个 VB 工程，在 Form 窗体上放置一个命令按钮控件。利用上述方法为当前的 VB 工程加载 ADO 对象，然后创建 Connection、Command 和 Recordset 三个 ADO 对象，并为它们设置相应的属性值，通过循环结构读取数据记录。在按钮的单击事件 Command1_Click()中添加以下代码：

```
Private Sub Command1_Click()
    Dim adoConnection As New ADODB.Connection    '创建 Connection 对象
    Dim adoCommand As New ADODB.Command          '创建 Command 对象
    Dim adoRecordset As New ADODB.Recordset      '创建 Recordset 对象
    adoConnection.ConnectionString = "Provider= _
    Microsoft.Jet.OLEDB."4.0; Data Source=D:\xuanke.mdb;" _
    + "Persist Security Info=False"  '设置数据库连接信息，路径信息需写正确
    adoConnection.Open                  '真正与数据库建立连接
    Set adoCommand.ActiveConnection=adoConnection 'Command 与数据库连接
    adoCommand.CommandType = adCmdTable     '设置 Command 对象的命令类型
    adoCommand.CommandText = "xk_table"    '设置与表 xk_table 的关联
    '下面的 Execute 方法表示与表 xk_table 建立关联，并返回数据集到
    adoRecordset
    Set adoRecordset = adoCommand.Execute
    Print adoRecordset.Fields(0).Name + "      ";  '输出第一个字段名称
    Print adoRecordset.Fields(1).Name + " ";       '输出第二个字段名称
    Print adoRecordset.Fields(2).Name              '输出第三个字段名称
    '以下的 Do While 循环是输出表中所有记录
    Do While adoRecordset.EOF = False
        Print adoRecordset.Fields(0).Value + " ";
        Print adoRecordset.Fields(1).Value + " ";
        Print adoRecordset.Fields(2).Value + ""
        adoRecordset.MoveNext
    Loop
    '以下语句为释放 Recordset、Command 和
    Connection 对象对象
    Set adoRecordset=Nothing
    Set adoCommand=Nothing
    Set adoConnection=Nothing
End Sub
```

运行该工程，其运行结果如图 10.15 所示。

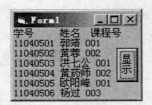

图 10.15   例 10.1 运行结果

注 意

在例 10.1 中，必须保证数据库路径的正确性，即 ConnectionString 属性值中 Data Source 的设置一定要正确。除此以外，在数据访问结束以后，需要及时释放程序开始运行时创建的 ADO 对象。

10.3.2   ADO 数据控件和数据绑定控件

VB 访问数据库通常有四种方式：可视数据管理器（VB 提供的一个应用程序，不需要编程就可访问）；数据控件和数据绑定控件（简单应用，只需少量编程）；数据访问对象，DAO 模型（早期应用）；ActiveX 数据访问对象，ADO 模型。

目前，ADO 模型是各种开发工具最广泛应用的数据库连接机制，它的底层通过 ODBC 接口访问数据库，可以使用任何一种 ODBC 数据源，其优点如下：

（1）统一的数据访问接口方法，独立于开发工具和开发语言（VB、Visual C++、Delphi）。

（2）对象模型简单易用。

有以下四种方法可以使用 ADO 模型：

方法一：利用 ADO 数据控件（Adodc）和绑定控件。

方法二：利用 DataEnvironment 设计器和绑定控件。

方法三：制作报表使用 DataReport 设计器使用对象 (加载引用)。

方法四：直接使用 ADO 对象。

其中，方法四在 10.3.1 节介绍。下面，首先介绍利用方法一访问数据库，这种方法是最简单的，主要是利用 VB 提供的 ADO 数据控件进行数据库的连接和对数据的访问。

通常情况下，ADO 数据控件与数据绑定控件一起使用，以实现对数据的添加、查询、修改和删除等操作。数据绑定控件是数据识别控件，在数据库应用程序中可以通过它来显示数据库数据。一旦与数据控件实现绑定，就可以自动显示记录值，编辑修改记录值，自动将记录值写入数据库。

数据绑定控件的类别可分为以下三类：

（1）标准绑定控件：如 CheckBox、ListBox、TextBox、Label、PictureBox、Image、ComboBox 等，将它们的 DataSource 和 DataField 属性绑定到数据库和字段上。

（2）外部绑定控件：需要加载，如 DBCombo、DBGrid、DBList、RichText、FlexGrid 等。

（3）适用于 OLE DB 的外部绑定控件：与 ADO 控件结合，如 DataCombo、DataList、DataGrid 等。

数据绑定控件的一般用法有以下两种：

（1）DataSource 属性，指定该控件要绑定的数据源，即 Data 控件的名称。可直接在属性窗口中设置或用代码赋值。如果一个窗体中有多个数据控件，只能绑定到其中之一。

（2）DataField 属性，指定该控件要绑定的字段。可以直接在属性窗口中设置或用代码赋值。

利用 ADO 数据控件（Adodc）和绑定控件存取数据库的基本步骤如下：

（1）添加 Adodc 数据控件。

（2）设置数据控件的属性，建立到数据库的连接。

（3）添加其他控件，并与数据绑定控件进行绑定，指定要显示的字段。

（4）运行程序，可以查看数据库记录了。

ADO 数据控件的主要属性有以下几种：

（1）ConnectionString：负责数据库连接，可通过对话框设置生成。

（2）Recordset：Recordset 是 Adodc 控件的一个属性，同时本身就是一个功能强大的对象——记录集对象。窗口加载时，如果控件的各属性都设置正确，将自动创建基于这些属性的记录集对象，即 Adodc1.RecordSet。

记录集对象具有丰富的属性和方法，利用它们可以增强数据控件的功能：提供数据库记录，支持反复筛选查询；数据库记录的增删改；可以将记录集传递给其他过程或模块（类似一个公用变量）；移动记录。

移动记录主要有以下几种方式：

① MoveFirst：指向记录集中首记录。

② MoveLast：指向记录集中尾记录。

③ MoveNext：指向记录集当前记录的下一记录。

④ MovePrevious：指向记录集当前记录的上一记录。

⑤ Move NumRecords, Start ：指向记录集任何位置。

MoveNext 和 MovePrevious 方法不能自动检查是否到了记录集的上下界（BOF, EOF），如果程序员不加控制，继续移动则会导致越界错误。

（3）RecordCount：指示当前记录集的记录总数。为了获取记录集中的记录总数，并显示在一个文本框中，代码如下：

```
Text1.Text = Adodc1.Recordset.RecordCount
```

（4）BOF 和 EOF：表示记录集当前记录的位置。记录集通常顺序读取，有一个记录指针指示当前记录的位置。其中，BOF 指示当前记录是否指到首记录之前，EOF 指示当前记录是否指到尾记录之后。

如果要输出所有选课学生的姓名，则编写如下代码：

```
Do While Adodc1.Recordset.EOF = False
    Print  Adodc1.Recordset("姓名")
    Adodc1.Recordset.MoveNext
Loop
```

（5）Fields：表示记录集的字段信息，常用的两个属性如下：

① Name 属性：可返回字段名。

② Value 属性：可查看或更改数据库字段值，该属性是 Field 对象的缺省属性。

有两种方法可以访问某个记录的字段信息：利用字段在集合中的索引位置（编号从

0 开始)来实现,如 Fields(1)、Fields(2);或者直接使用字段名来实现,如 Fields("Address")、Fields("姓名")等。

例如,取出当前记录所有字段的值,可以使用下面的循环:

```
For i=0 To Adodc1.Recordset.Fields.Count - 1
    Print Adodc1.Recordset.Fields(i).Name & "=" _
    Adodc1.Recordset.Fields(i).Value
Next
```

例 10.2 利用 ADO 数据控件和 TextBox 数据绑定控件对 10.2 节 xuanke.mdb 数据库的表 kc_table 的数据记录实现浏览、添加、修改及删除操作。

设计步骤:

(1)在 VB 开发环境下,执行"文件"|"新建工程"命令,在"新建工程"对话框中,选择"数据工程",单击"确定"按钮可建立一个 VB 工程,如图 10.16 所示。

(2)在"工程窗口"中,展开"窗体"前面的"+"号,双击"frmDataEnv"图标,将出现工程窗体,如图 10.17 所示。

图 10.16 工程窗口

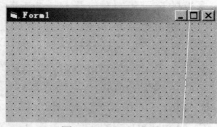

图 10.17 工程窗体

(3)从 VB 工具箱选择 Adodc 控件 放到工程窗体上,拖动该控件到适当长度,然后放置三个标签控件 Label、三个文本控件 TextBox 和四个命令按钮控件 Command。各控件属性设置如表 10.6 所示。界面设计结果如图 10.18 所示。

表 10.6 属性设置

对象名	属 性	属性值
Label1	Caption	课程号
Label2	Caption	课程名
Label3	Caption	学分
Command1	Caption	首记录
Command2	Caption	上一条记录
Command3	Caption	下一条记录
Command4	Caption	尾记录

图 10.18 界面设计

（4）保存当前工程文件，并将数据库文件 xuanke.mdb 与工程文件放在同一文件夹中。设置 Adodc 控件：选中 Adodc 控件，右击鼠标，选择"ADODC 属性"命令，出现 Adodc 属性对话框，如图 10.19 所示。

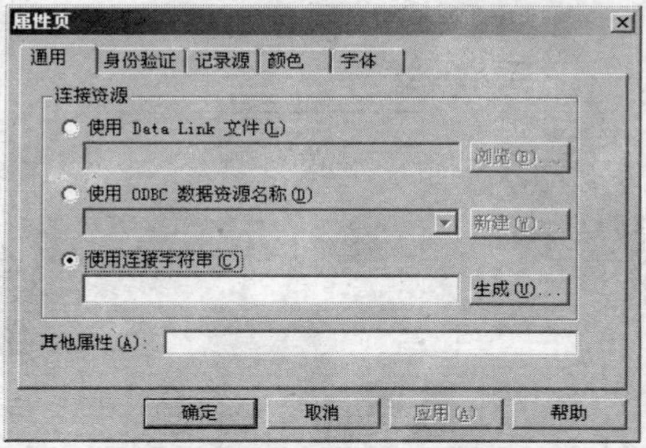

图 10.19　Adodc 属性对话框

在"通用"标签页，选择"使用连接字符串"，然后单击"生成"按钮，进入"数据链接属性"对话框，在"提供程序"标签页中选择"Microsoft Jet 4.0 OLE DB Provider"，如图 10.20 所示。

图 10.20　数据库连接驱动程序

选择"下一步"按钮，进入"连接"属性页，通过"选择或输入数据库名称"后面的"浏览"按钮▦可确定数据库的路径，如图 10.21 所示。

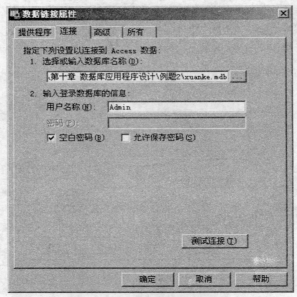

图 10.21   数据库连接路径设置

单击"测试连接"按钮，如果出现"测试连接成功"的提示，表明数据库连接成功。单击当前标签页的"确定"按钮完成数据库连接，返回到 Adodc 属性对话框。

（5）在 Adodc 属性对话框，选择"记录源"标签，将"命令类型"设置为"2－adCmdTable"，同时把"表或存储过程名称"设置为 kc_table，如图 10.22 所示。

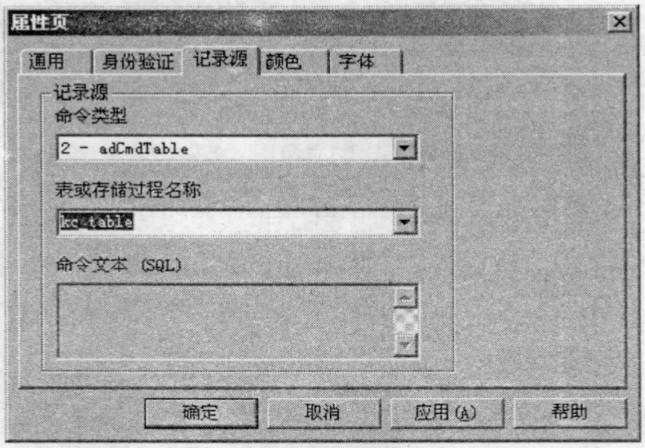

图 10.22   记录源设置

（6）数据绑定控件设置。返回设计界面，选择第一个文本控件 Text1，将其属性 DataSource 设置为 Adodc1，DataField 属性设置为"课程号"。与此类似，将 Text2 和 Text3 两个文本控件分别与 kc_table 表的另两个属性"课程名"和"学分"绑定，如表 10.7 所示。由于 ADO 数据控件的外观没有文字提示，箭头方式控制记录移动对缺乏计算机基础的用户来说不够直观，因此可以替换为四个按钮控件。将 Adodc1 的 Visible 属性设置为 False，保存程序，然后运行程序，发现三个文本绑定控件显示数据表中的第一个记录，如图 10.23 所示。

表 10.7　文本控件的属性设置

对象名	属 性	属性值
Text1	DataSource	Adodc1
	DataField	课程号
Text2	DataSource	Adodc1
	DataField	课程名
Text3	DataSource	Adodc1
	DataField	学分

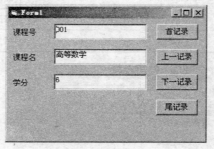

图 10.23　程序运行

（7）结束程序运行，返回 VB 应用程序开发环境，进行数据记录移动功能的实现。

图 10.18 中"首记录"按钮的单击事件代码：

```
Private Sub Command1_Click()
    Adodc1.Recordset.MoveFirst
End Sub
```

图 10.18 中"上一记录"按钮的单击事件代码：

```
Private Sub Command2_Click()
    Adodc1.Recordset.MovePrevious
    If Adodc1.Recordset.BOF = True Then
        Adodc1.Recordset.MoveFirst
    End If
End Sub
```

图 10.18 中"下一记录"按钮的单击事件代码：

```
Private Sub Command3_Click()
    Adodc1.Recordset.MoveNext
    If Adodc1.Recordset.EOF = True Then
        Adodc1.Recordset.MoveLast
    End If
End Sub
```

图 10.18 "尾记录"按钮的单击事件代码：

```
Private Sub Command4_Click()
    Adodc1.Recordset.MoveLast
End Sub
```

（8）保存程序，然后运行程序，单击相应按钮，注意体会记录指针的移动情况。

（9）结束程序的运行，在开发环境的窗体中（图 10.18），再增加四个命令按钮，其属性设置如表 10.8 所示。此时，界面设计结果如图 10.24 所示。

表 10.8   命令按钮的属性设置

对象名	属 性	属性值
Command5	Caption	添加
Command6	Caption	删除
Command7	Caption	修改
Command8	Caption	确定

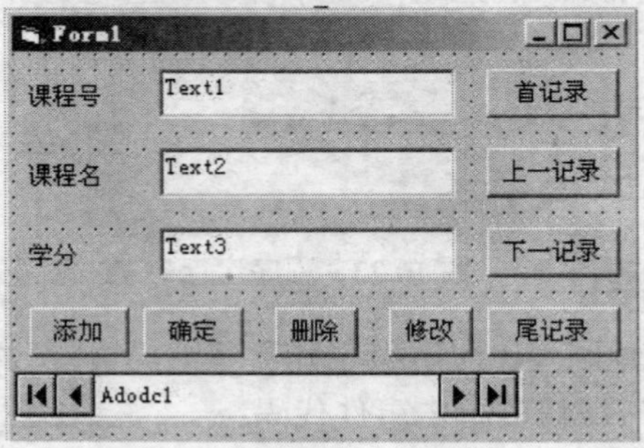

图 10.24   界面设计结果

"添加"按钮的单击事件代码：

```
Private Sub Command5_Click()
    Adodc1.Recordset.AddNew
End Sub
```

语句 **Adodc1.Recordset.AddNew** 作用是添加一条空记录，具体表现是将当前数据绑定控件清空，等待用户输入新数据。当用户在数据绑定控件（这里指上述的三个文本控件）输入数据以后，数据并未真正提交到数据库中，所以在"确定"按钮的单击事件中需包括如下代码：

```
Private Sub Command8_Click()
    Adodc1.Recordset.Update
    MsgBox "数据添加成功!"
End Sub
```

Update 方法的作用是将数据记录真正添加到数据库中。最后用 **MsgBox** 方法提示数据添加成功。运行程序，先执行"添加"按钮，输入课程号为"004"，课程名称为"C 语言"，学分为"3"，再执行"确定"按钮，通过窗体上的"尾记录"按钮可看到新添加的数据记录。

（10）删除数据记录：结束程序运行，保存当前程序。在"删除"按钮的单击事件中需包括如下代码：

```
Private Sub Command6_Click()
   If MsgBox("确实要删除么？", vbYesNo) = vbYes Then
      Adodc1.Recordset.Delete
      Adodc1.Recordset.MoveNext
      If Adodc1.Recordset.EOF = True Then
         Adodc1.Recordset.MoveLast
      End If
   End If
End Sub
```

在上述代码中，MsgBox 的作用是让用户确认删除操作是否进行，避免误删。数据记录删除操作属于破坏性动作，数据一旦被删除，将无法恢复。数据集对象 Recordset 的 Delete 作用是删除当前记录。当前记录从数据库中被删除以后，数据绑定控件（这里是指三个文本控件）仍显示被删除的记录信息。为了让用户感觉到记录确实被删除了，采用 MoveNext 方法让数据绑定控件显示被删除记录的下一条记录，同时要对数据库的记录指针越界情况进行处理。

（11）修改数据记录：修改数据记录的操作可直接在允许编辑的数据绑定控件上进行，然后调用 Update 方法就可以将修改过的数据记录提交到数据库中。此外，修改数据也可以通过独立的修改记录窗口完成，具体过程是：在工程窗口添加一个新窗体作为数据修改窗口，然后在窗体上添加三个 Label 控件、三个 TextBox 控件和两个命令按钮控件，并将该窗体名改为 UpdateForm，保存 UpdateForm 文件与原工程在同一目录下。设置 Label 控件和按钮控件的 Caption 属性值，如表 10.9 所示。修改界面设计结果如图 10.25 所示。

表 10.9　修改记录界面的控件的属性设置

对象名	属性	属性值
Label1	Caption	学号
Label2	Caption	课程名
Label3	Caption	学分
Command1	Caption	确认修改
Command2	Caption	取消修改

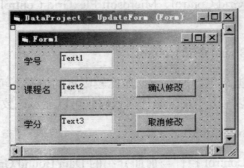

图 10.25　修改界面设计结果

在工程窗体"修改"按钮的单击事件中，输入代码：

```
UpdateForm.Show 1
```

上述语句的作用是显示修改窗体。在修改窗体的加载事件中，将文本控件的显示内容设置为工程窗体（其名为 frmDataEnv）的当前记录的字段值，修改窗体的事件代码：

```
Private Sub Form_Load()
    Text1.Text = frmDataEnv.Adodc1.Recordset.Fields(0)
    Text2.Text = frmDataEnv.Adodc1.Recordset.Fields(1)
    Text3.Text = frmDataEnv.Adodc1.Recordset.Fields(2)
End Sub
```

"确认修改"按钮的作用是将修改窗体的各个文本框的内容赋给 Recordset 对象当前记录对应的字段值，然后调用 Update 方法使数据修改生效，并关闭修改数据窗口。"确认修改"按钮的单击事件代码：

```
Private Sub Command1_Click()
    frmDataEnv.Adodc1.Recordset.Fields(0) = Text1.Text
    frmDataEnv.Adodc1.Recordset.Fields(1) = Text2.Text
    frmDataEnv.Adodc1.Recordset.Fields(2) = Text3.Text
    frmDataEnv.Adodc1.Recordset.Update
    Unload Me
End Sub
```

"取消修改"按钮不进行数据修改操作，其单击事件代码：

```
Private Sub Command2_Click()
    Unload Me
End Sub
```

10.3.3 表格控件 DataGrid 和 MSHFlexGrid

在 VB 开发环境中，表格控件在界面开发元素中占有重要地位。它不仅有外观整洁、表达形式规范的优点，更重要的是它较高的信息表现率（即相对于其他控件来说能够表达更多的信息）。VB 平台提供了四种类型的表格控件：Microsoft Data Bound Grid Control、Microsoft DataGrid Control、Microsoft FlexGrid Control 和 Microsoft Hierarchial FlexGrid Control。

1. Microsoft Data Bound Grid Control

该控件主要用于数据绑定，即在数据源比较固定的情况下可以使用这种控件。设定控件的 DataSource 属性以后，不用编写任何代码就可以显示该数据源所指向的记录数据。

2. Microsoft DataGrid Control

Microsoft Datagrid Control 控件与前面介绍的 Data Bound Grid Control 控件很相似，也是主要进行绑定操作。

3. Microsoft Flexgrid Control 与 Microsoft Hierarchcal FlexGrid Control

这两种控件不仅能够反映数据，而且还能把数据的修改信息反映到数据库中去，因此弥补了上述两种控件的不足。如果数据不需要修改，那么可以进行绑定操作，其方法与前面介绍的完全一样，就是通过设置 DataSource 属性来完成数据的显示工作。但是实际开发中，需要对整个表格控件进行更为灵活的显示控制。

数据表格控件在实际运用中还有很多技巧，只有不断地在实际编程中积累经验才能达到灵活运用的功效。

例 10.3　将 xuanke.mdb 数据库中选修课程的学生信息显示在 DataGrid 表格中。

设计过程：在 VB 平台下，使用 DataGrid 控件需要通过"工程"|"部件"|"Microsoft DataGrid Control 6.0"加载。课程信息由 xuanke.mdb 中的 kc_table 表读取，由 Adodc1 控件提供数据源，显示课程信息的 TextBox 文本控件与 Adodc1 绑定，设置 CommandType 为"2－adCmdTale"，RecordSource 为 kc_table。选课信息从 xk_table 表中读取，由 Adodc2 提供数据源，由 DataGrid 负责显示，并且将 DataGrid 与 Adodc2 绑定。kc_table 表和 xk_table 通过各自的"课程号"字段建立关联，当课程信息的内容发生改变时，立即刷新在 DataGrid 中显示的选课信息。

设计步骤：

（1）在 VB 集成开发环境下，建立一个数据工程。在工程窗体上引入三个 Label 控件、三个文本控件、两个 Adodc 控件和一个 DataGrid 控件。在同一目录下保存工程的所有文件，将数据库文件 xuanke.mdb 与工程文件也放在同一目录下。各控件的属性设置如表 10.10 所示。

表 10.10　控件的属性设置

对象名	属　性	属性值
Adodc1	ConnectionString	Provider=Microsoft.Jet.OLEDB.4.0;Data Source=xuanke.mdb;Persist Security Info=False
	CommandType	2－adCmdTale
	RecordSource	kc_table
Adodc2	Visible	False
DataGrid	DataSource	Adodc2
Label1	Caption	课程号
Label2	Caption	课程名
Label3	Caption	学分
Text1	DataSource	Adodc1
	DataField	课程号
Text2	DataSource	Adodc1
	DataField	课程名
Text3	DataSource	Adodc1
	DataField	学分

DataGrid 数据表格的设计界面如图 10.26 所示。

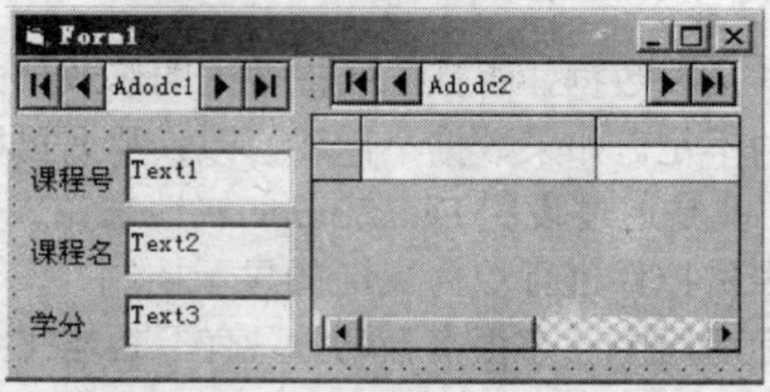

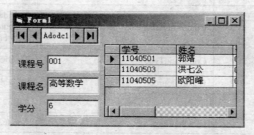

图 10.26　DataGrid 设计界面

（2）Text1 的 Change 事件代码：

```
Private Sub Text1_Change()
    Adodc2.ConnectionString = "Provider=Microsoft.Jet.OLEDB.4.0;" _
    + "Data Source=xuanke.mdb;Persist Security Info=False"
    Adodc2.RecordSource = "select * from xk_table where 课程号='" _
                            & Text1.Text & "'"
    Adodc2.Refresh
End Sub
```

注　意

Adodc2 的 ConnectionString 属性必须通过代码在 Text1 的 Change 事件中进行设置，否则会出现"[ADODC]未指定数据源"的错误提示。

（3）保存程序，运行程序，单击 Adodc1 控件两端的箭头按钮，可看到如图 10.27 所示的结果。

图 10.27　DataGrid 运行界面

10.3.4　数据报表设计器 DataReport

数据报表（DataReport）是一个强有力的工具，通过拖放数据环境（DataEnvironment）窗体外的字段可以很容易地生成一个复杂的报表。

首先介绍一下 DataReport 对象的几个常用属性。

（1）DataSource：用于设置一个数据源，通过该数据源，数据使用者被绑定到一个数据库。DataSource 一般是一个数据环境或是 ADODB.Connection 类型的变量。

（2）DataMember：从 DataSource 提供的几个数据成员中设置一个特定的数据成员。DataMember 对应数据环境中的 Command 或是 ADODB.RecordSet 类型的变量，推荐使用数据环境及 Command。

（3）LeftMargin、RightMargin、TopMargin、BottomMargin：用于指定报表的左右上下的页边距。

（4）Sections：即 DataReport 的报表标头、页标头、细节、页脚注、报表脚注五个区域，如果加上分组（可以有多层分组），则增加一对区域，即分组标头、分组脚注。Sections 是 DataReport 的精髓所在。

Sections 是一个集合，可以为每一个 Section 指定名称，也可以用其缺省的索引，从上到下依次为 1，2，…。每个 Section 均有 Height 和 Visible 属性。在 Section 中可以放置各种报表控件，其中，RptLabel、RptImage、RptShape 和 RptLine 可以放在任意的 Section 中，用于输出各种文字、图形及表格线；RptTextBox 只能放在细节中，一般用于绑定输出 DataMemeber 提供的数据字段；RptFunction 只能放置在分组注脚中，用于输出使用各种内置函数计算出的合计、最大值、最小值、平均值、记数等。

利用数据报表设计器（Data Report designer）使用数据库中的记录生成报表，通常遵循以下步骤。

（1）配置一个数据源，例如 Microsoft 数据环境，以访问数据库。

（2）设定 DataReport 对象的 DataSource 属性为数据源。

（3）设定 DataReport 对象的 DataMember 属性为数据成员。

（4）右击设计器，并单击"检索结构"。

（5）向相应的节添加相应的控件。

（6）为每一个控件设定 DataMember 和 DataField 属性。

（7）运行时，使用 Show 方法显示数据报表。

例 10.4　用 DataReport 做一个固定格式的数据报表，显示 xk_table 表中的数据记录。

设计步骤：

（1）在 VB 平台下新建一个数据工程，在工程窗口双击数据环境设计器 DataEnvironment1 进入数据环境设计器窗口。选择其 Connection1 并右击鼠标，进行数据库 xuanke.mdb 连接设置，再右击 Connection1，选择"添加命令"，将在 Connection1 下面添加一个 Command1 对象。右击 Command1 对象，选择"属性"命令，在数据源设置中，数据源选择为"SQL 语句"，并在空白处输入 SQL 语句命令：select * from xk_table，然后单击"确定"按钮，回到数据环境设计器 DataEnvironment 窗口，如图 10.28 所示。

图 10.28　数据环境设计器

（2）在工程窗口双击数据报表设计器 DataReport1 进入数据报表设计器窗口。在属性工具箱设置 DataReport1 的 DataSource 为 DataEnvironment1 及 DataMember 值为 Command1。单击 VB 平台窗口左下角的"数据报表"工具箱，发现有 RptLabel、RptTextBox、RptImage、RptLine、RptShape 和 RptFunction 控件，用于显示数据、图像、线条、图形及函数计算。

（3）在页标头下面空白处右击鼠标，选择"显示报表标头/注脚"命令，使报表标头显示在页标头上方。在报表标头下面的空白处添加 RptLabel 标签，设置其 Caption 属性为"学生选课信息"，利用 Font 属性调整字体大小。在页标头下面的空白处添加三个 RptShape 矩形框，矩形框呈水平方向相邻放置，在矩形框下面添加三个 RptLabel 标签，设置其 Caption 属性分别为"学号"、"姓名"和"课程号"，并调整字体大小。将这三个 RptLabel 标签控件与三个 RptShape 矩形框分别重合。在细节区域增加三个 RptTextBox 控件。注意与页标头的三个 RptLabel 标签对齐，设置 RptTextBox 控件的 DataMember 属性为 Command1，并将其 DataField 属性绑定为相应的字段，利用 Font 属性调整字体大小，然后用三个 RptShape 矩形框包围这三个 RptTextBox 控件，最后在报表注脚区加上"制表人：洗刷刷"，如图 10.29 所示。

（4）在"工程"菜单选择"DataProject 属性"，打开"工程属性"对话框，在"通用"标签页的启动对象中选择"DataReport1"，单击"确定"按钮返回程序设计界面，保存程序，然后运行程序，结果如图 10.30 所示。

图 10.29　数据报表设计界面

图 10.30　数据报表运行界面

10.4　综　合　应　用

本节以开发一个学生信息管理系统为例，该系统主要为教务管理人员和学生提供信息管理服务。教务管理人员可以添加、更新、查询、删除学生基本信息，并能为每个学生生成报表。学生只能查询自己的个人信息，并能生成个人信息报表（包括免冠照片）。教务管理人员和学生通过登录窗口进入不同的界面使用相应的服务。要求用 Microsoft

Access 2003 建立学生信息数据库 Student.mdb，包括两个表：① 教务管理人员表 Admin，表中有两个字段，即登录名 Name 和密码 Pwd；② 学生信息表 Student，表中包括学号 Stu_id，姓名 Name，密码 Pwd，班级 Class，性别 Sex，出生日期 Birthday，照片 Photo。照片用长二进制数据存储。以下实现时建议将工程文件与数据库文件保存在同一目录下。实现过程如下：

（1）利用 VB 提供的可视化数据管理器建立数据库 Student.mdb，并按表 10.11 和表 10.12 建立数据表 Admin 和 Student。

表 10.11　Admin

字段名	类型	长度
Name	文本	10
Pwd	文本	8

表 10.12　Student

字段名	类型	长度
Stu_id	文本	7
Name	文本	10
Class	文本	50
Birthday	日期	
Sex	文本	2
Photo	OLE	
Pwd	文本	8

（2）学生信息维护界面设计：建立一个数据工程，将默认的窗体命名为"FrmStudent"。在窗体上放置五个 Label 控件、五个 TextBox 控件、一个 Adodc 控件、一个 CommonDialog 控件、一个 Image 控件和九个 CommandButton 控件。各控件的属性设置如表 10.13 所示。

表 10.13　学生信息维护界面控件的属性设置

对象名	属　性	属性值
Adodc1	ConnectionString	Provider=Microsoft.Jet.OLEDB.4.0;Data Source=Student.mdb;Persist Security Info=False
	CommandType	2—adCmdTale
	RecordSource	Student
Command1	Caption	首记录
Command2	Caption	上一条
Command3	Caption	下一条
Command4	Caption	尾记录
Command5	Caption	添加
Command6	Caption	确定
Command7	Caption	修改
Command8	Caption	删除
Command9	Caption	选择照片
Frame1	Caption	清空
Label1	Caption	学号
Label2	Caption	姓名
Label3	Caption	班级
Label4	Caption	生日
Label5	Caption	性别
Text1	DataSource	Adodc1
	DataField	Stu_id

续表

对象名	属 性	属性值
Text2	DataSource	Adodc1
	DataField	Name
Text3	DataSource	Adodc1
	DataField	Class
Text4	DataSource	Adodc1
	DataField	Birthday
Text5	DataSource	Adodc1
	DataField	Sex
Image1	DataSource	Adodc1
	DataField	Photo
	Stretch	True

按图 10.31 所示排列控件，其运行界面如图 10.32 所示。

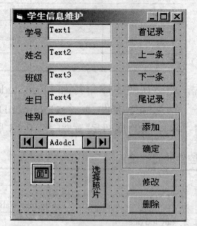

图 10.31　学生信息维护界面设计

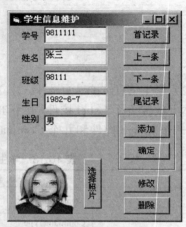

图 10.32　学生信息维护运行界面

学生信息维护界面的代码如下：

```
Public mstrFileName As String  ' 定义图片文件名变量
Private Sub Command1_Click()   '首记录按钮的单击事件
   Adodc1.Recordset.MoveFirst
End Sub
Private Sub Command2_Click()   ' 上一条记录按钮的单击事件
   Adodc1.Recordset.MovePrevious
   If Adodc1.Recordset.BOF = True Then
      Adodc1.Recordset.MoveFirst
   End If
End Sub
Private Sub Command3_Click()   ' 下一条记录按钮的单击事件
   Adodc1.Recordset.MoveNext
   If Adodc1.Recordset.EOF = True Then
      Adodc1.Recordset.MoveLast
```

```vb
      End If
End Sub
Private Sub Command4_Click()      ' 尾记录按钮的单击事件
   Adodc1.Recordset.MoveLast
End Sub
Private Sub Command5_Click()      ' 添加按钮的单击事件
   Adodc1.Recordset.AddNew
End Sub
Private Sub Command6_Click()      ' 确定按钮的单击事件
   ' WriteImage 过程是保存学生照片到数据库的 OLE 字段
   Call WriteImage(Adodc1.Recordset.Fields("photo"), mstrFileName)
   Adodc1.Recordset.Update
   MsgBox "数据添加成功!"
End Sub
Private Sub Command7_Click()   ' 修改按钮的单击事件
   Adodc1.Recordset.Fields("Stu_id").Value = Text1.Text
   Adodc1.Recordset.Fields("Name").Value = Text2.Text
   Adodc1.Recordset.Fields("Class").Value = Text3.Text
   Adodc1.Recordset.Fields("Birthday").Value = Text4.Text
   Adodc1.Recordset.Fields("Sex").Value = Text5.Text
   Call WriteImage(Adodc1.Recordset.Fields("photo"), mstrFileName)
   Adodc1.Recordset.Update
   MsgBox "数据更新成功!"
End Sub
Private Sub Command8_Click()   ' 删除按钮的单击事件
   If MsgBox("确实要删除么? ", vbYesNo) = vbYes Then
      Adodc1.Recordset.Delete
      Adodc1.Recordset.MoveNext
      If Adodc1.Recordset.EOF = True Then
         Adodc1.Recordset.MoveLast
      End If
   End If
End Sub
Private Sub Command9_Click()   ' 选择图片按钮的单击事件
   CommonDialog1.DialogTitle = "选择该学生的照片"
   CommonDialog1.Filter = _
            "所有图形文件|*.bmp;*.dib;*.gif;*.jpg;*.ico| _
            位图文件(*.bmp;*.dib)|*.bmp;*.dib|GIF 文件(*.gif) _
            |*.gif|JPEG 文件(*.jpg)|*.jpg|图标文件(*.ico)|*.ico"
   CommonDialog1.ShowOpen
   If CommonDialog1.FileName = "" Then Exit Sub
   Image1.Picture = LoadPicture(CommonDialog1.FileName)
   mstrFileName = CommonDialog1.FileName
```

```
      Exit Sub
   End Sub
   Private Sub Form_Load()
      Adodc1.Visible = False
   End Sub
```

注　意　🔊

　　在"修改"按钮的单击事件中，更新照片时调用了过程 WriteImage，其作用是将照片文件以二进制流的方式写入数据表的 OLE 字段（以下程序如无必要，不必深究，直接在当前窗体 FrmStudent 的代码窗口输入即可）。

```
'WriteImage 过程是将图片文件转换为二进制流
Private Sub WriteImage(ByRef Fld As ADODB.Field, DiskFile As String)
   Dim byteData() As Byte                    '定义数据块数组
   Dim NumBlocks As Long                     '定义数据块个数
   Dim FileLength As Long                    '标识文件长度
   Dim LeftOver As Long                      '定义剩余字节长度
   Dim SourceFile As Long                    '定义自由文件号
   Dim i As Long
   Const BLOCKSIZE = 4096                    '每次读写块的大小
   SourceFile = FreeFile                     '提供一个尚未使用的文件号
   Open DiskFile For Binary Access Read As SourceFile '打开文件
   FileLength = LOF(SourceFile)              '得到文件长度
   If FileLength = 0 Then                    '判断文件是否存在
      Close SourceFile
      MsgBox DiskFile & "无内容或不存在!"
   Else
      NumBlocks = FileLength \ BLOCKSIZE     '得到数据块的个数
      LeftOver = FileLength Mod BLOCKSIZE    '得到剩余字节数
      Fld.Value = Null
      ReDim byteData(BLOCKSIZE)              '重新定义数据块的大小
      For i = 1 To NumBlocks
         Get SourceFile, , byteData()        ' 读到内存块中
         Fld.AppendChunk byteData()          '写入 FLD
      Next i
      ReDim byteData(LeftOver)               '重新定义数据块的大小
      Get SourceFile, , byteData()           '读到内存块中
      Fld.AppendChunk byteData()             '写入 FLD
      Close SourceFile                       '关闭源文件
   End If
End Sub
```

（3）学生个人信息浏览设计：在 VB 工程窗口增加一个新窗体，将新增窗体命名为

"FrmView"，该窗体用于设计学生个人信息浏览界面。在窗体上添加五个标签控件、五个文本控件、一个 Adodc 控件、一个 Image 控件和一个命令按钮控件。各控件的属性设置如表 10.14 所示。

表 10.14　控件的属性设置

对象名	属 性	属性值
Adodc1	ConnectionString	Provider=Microsoft.Jet.OLEDB.4.0;Data Source=Student.mdb;Persist Security Info=False
	CommandType	2—adCmdTale
	RecordSource	Student
Command1	Caption	生成报表
Label1	Caption	学号
Label2	Caption	姓名
Label3	Caption	班级
Label4	Caption	生日
Label5	Caption	性别
Text1	DataSource	Adodc1
	DataField	Stu_id
Text2	DataSource	Adodc1
	DataField	Name
Text3	DataSource	Adodc1
	DataField	Class
Text4	DataSource	Adodc1
	DataField	Birthday
Text5	DataSource	Adodc1
	DataField	Sex
Image1	DataSource	Adodc1
	DataField	Photo
	Stretch	True

学生个人信息浏览设计界面如图 10.33 所示。

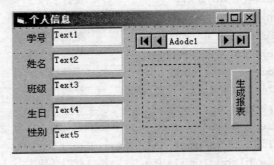

图 10.33　学生个人信息浏览界面设计

在 VB 工程窗口的 DataEnvironment 环境设置 Connection1 与数据库 Student.mdb 连接，并生成 Command1 对象，在 Command1 的属性框中输入 SQL 代码：

```
Select * from Student Where Stu_id=[Pstu_id]
```

结果如图 10.34 所示。

这里 Pstu_id 是一个代表学号的中间参数，可任意命名。它的作用是为数据报表传递学生个人的学号，其值随当前数据记录指针的移动而做相应的变化，从而可为每个学生生成个人信息报表。

在 DataReport 报表窗口设置的 DataSource 属性为 DataEnvironment1，DataMember 属性为 Command1。设置 DataReport 的 RptTextBox 属性与数据库字段绑定（具体步骤参考例 10.4）。界面设计结果如图 10.35 所示（报表中的方形虚线框是 RptImage 控件，用于显示学生照片）。

图 10.34　DataEnvironment 设置窗口　　　　　图 10.35　报表界面设计

由于 RptImage 控件不支持字段绑定，所以定义 ReadImage 函数从数据表的 OLE 字段获取图片（以下程序如无必要不必深究，在当前窗体 FrmView 的代码窗口输入即可）。

```
'ReadImage 函数用于从数据表 OLE 字段读取图片
Private Function ReadImage(blobColumn As ADODB.Field) As String
    Dim strFileName As String
    strFileName = "ImageTmp"                 '取得一个临时性文件
    Dim FileNumber   As Integer              '文件号
    Dim DataLen   As Long                    '文件长度
    Dim Chunks   As Long                     '数据块数
    Dim ChunkAry()  As Byte                  '数据块数组
    Dim ChunkSize   As Long                  '数据块大小
    Dim Fragment   As Long                   '零碎数据大小
    Dim lngI     As Long                     '计数器
    On Error GoTo errHander
    ChunkSize = 2048                         '定义块大小为 2KB
    If IsNull(blobColumn) Then Exit Function
    DataLen = blobColumn.ActualSize          '获得图像大小
    If DataLen<8 Then Exit Function          '图像大小小于 8B 时认为不是图像信息
    FileNumber = FreeFile                    '产生随机的文件号
    ' Open--打开存放图像数据文件
    Open strFileName For Binary Access Write As FileNumber
    Chunks = DataLen \ ChunkSize             '数据块数
    Fragment = DataLen Mod ChunkSize         '零碎数据
```

```
      If Fragment > 0 Then                              '有零碎数据,则先读该数据
         ReDim ChunkAry(Fragment - 1)
         ChunkAry = blobColumn.GetChunk(Fragment)
         Put FileNumber, , ChunkAry                     '写入文件
      End If
      ReDim ChunkAry(ChunkSize - 1)                     '为数据块重新开辟空间
      For lngI = 1 To Chunks                            '循环读出所有块
         ChunkAry=blobColumn.GetChunk(ChunkSize)        '在数据库中连续读数据块
         Put FileNumber, , ChunkAry()                   '将数据块写入文件中
      Next lngI
      Close FileNumber                                  '关闭文件
      ReadImage = strFileName
      Exit Function
      errHander:
      ReadImage = ""
   End Function
```

在图 10.31 的"生成报表"按钮的 **Command1_Click** 事件中的代码:

```
'以下为生成报表按钮的单击事件代码
Private Sub Command1_Click()
   Call DataEnvironment1.Command1(Adodc1.Recordset. _
      Fields("Stu_id").Value)
   Set DataReport1.Sections("section1").Controls("image1").Picture= _
      LoadPicture(ReadImage(Adodc1.Recordset.Fields("photo")))
   DataReport1.Show
End Sub
```

语句 Call DataEnvironment1.Command1(Adodc1.Recordset.Fields("Stu_id").Value)的作用是通过数据环境窗口向数据报表窗口传递某个学生的信息,以便为该生生成个人信息报表。Adodc1.Recordset.Fields("Stu_id").Value 的值实际上代表当前记录指针所指向的学生的学号,它被传递给了中间参数 **Pstu_id**。由于 **RptImage** 控件不支持字段绑定,所以需用语句

```
Set DataReport1.Sections("section1").Controls("image1").Picture = _
   LoadPicture(ReadImage(Adodc1.Recordset.Fields("photo")))
```

从数据表的 OLE 字段 Photo 读取学生照片数据到报表中,使得照片能够在学生个人信息报表中显示出来。学生个人信息浏览运行界面及个人信息报表分别如图 10.36 和图 10.37 所示。

（4）在当前 VB 工程中,通过工程窗口增加一个窗体,将该窗体命名为"FrmLogin"。窗体 FrmLogin 用于设计登录界面,如图 10.38 所示,包括两个 Label 控件、两个 TextBox 控件、一个 Adodc 控件、两个 OptionButton 控件和两个 CommandButton 控件。除了 Adodc 控件,其他控件的属性设置如表 10.15 所示。登录界面运行如图 10.39 所示。

图 10.36　学生个人信息浏览

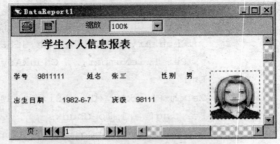

图 10.37　学生个人信息报表

表 10.15　登录界面控件的属性设置

对象名	属　性	属性值
Label1	Caption	用户名
Label2	Caption	密码
Text1	Text	清空
Text2	Text	清空
Option1	Caption	教务管理人员
Option2	Caption	学生
Command1	Caption	登录
Command2	Caption	取消

图 10.38　登录界面设计

图 10.39　登录界面运行

登录窗体相关代码如下：

```
Private Sub Command1_Click()          '登录按钮事件
    If Option1.Value = True Then      '教务管理人员登录认证
        Adodc1.ConnectionString="Provider=Microsoft.Jet.OLEDB.4.0;" _
        + "Data Source=" + App.Path & "\student.mdb;Persist _
        Security Info=False"
        Adodc1.CommandType = adCmdText
        Adodc1.RecordSource = "select * from Admin " _
        + " where Name='" & Text1.Text & "' and pwd='" & Text2.Text & "'"
        Adodc1.Refresh
        If Adodc1.Recordset.RecordCount = 1 Then
            FrmStudent.Show
```

```
        Else
           MsgBox "用户名或密码错误!"
        End If
    End If
    If Option2.Value = True Then              '学生登录认证
        FrmView.Adodc1.ConnectionString = "Provider= _
        Microsoft.Jet.OLEDB.4.0;"+"Data Source=" + App.Path _
        & "\student.mdb;Persist Security  Info=False"
        FrmView.Adodc1.CommandType = adCmdText
        FrmView.Adodc1.RecordSource = "select * from student " _
        + " where Name='" & Text1.Text & "' and pwd='" & Text2.Text & "'"
        FrmView.Adodc1.Refresh
        If FrmView.Adodc1.Recordset.RecordCount = 1 Then
           FrmView.Show
        Else
           MsgBox "用户名或密码错误!"
        End If
    End If
End Sub
Private Sub Form_Load()
    Adodc1.Visible = False
End Sub
```

小　　结

　　本章主要体现的是基于 VB 6.0 的数据库应用程序开发技术。介绍了数据库的基本概念及相关术语、SQL 语言基础。运用 VB 6.0 的可视化数据管理器创建数据库，基于 ADO 对象模型可直接操作数据库，另一种比较简单的访问数据库的方法是利用 ADO 数据控件。通过数据报表设计器 DataReport 很容易制作数据报表。最后通过一个简易的学生信息管理系统集中展示了一般数据库应用程序的实现过程。

参 考 文 献

陈明锐．2008．Visual Basic 程序设计及应用教程[M]．北京：高等教育出版社．

冯阿芳．2011．Visual Basic 程序设计实践教程[M]．北京：机械工业出版社．

匡松，蒋义军．2010．Visual Basic 大学应用教程[M]．北京：高等教育出版社．

林卓然．2009．Visual Basic 程序设计教程[M]．第 2 版．北京：电子工业出版社．

刘彩虹，沈大林．2008．Visual Basic 程序设计案例教程[M]．北京：中国铁道出版社．

刘瑞新．2009．Visual Basic 程序设计教程[M]．第 3 版．北京：电子工业出版社．

潘地林．2009．Visual Basic 程序设计[M]．第 2 版．北京：高等教育出版社．

王贺明．2009．Visual Basic 程序设计教程[M]．北京：高等教育出版社．

王卫东，陈希球．2004．Visual Basic 程序设计实用教程[M]．北京：中国电力出版社．

于秀敏．2011．Visual Basic 程序设计实用教程[M]．北京：机械工业出版社．

俞建家．2007．Visual Basic 程序设计与应用教程[M]．厦门：厦门大学出版社．

朱国华．2009．Visual Basic 程序设计[M]．北京：中国铁道出版社．